CMP BOOKS

机工IT

人工智能科学与技术丛书

ARTIFICIAL INTELLIGENCE SCIENCE AND TECHNOLOGY SERIES

TensorFlow Lite 移动端深度学习

朱元涛 / 编著

本书循序渐进地讲解了在移动设备中使用 TensorFlow Lite 开发机器学习和深度学习程序的核心知识，并通过具体实例演练了各知识点的使用方法和流程。全书共 9 章，分别讲解了人工智能开发基础、编写第一个 TensorFlow Lite 程序、创建模型、转换模型、推断、优化处理、微控制器、物体检测识别系统和姿势预测器。全书简洁而不失技术深度，内容丰富全面，以简明的文字介绍了复杂的案例。同时书中配有二维码视频，结合视频讲解可加深对相关内容的理解，是学习 TensorFlow Lite 开发的实用教程。

本书适用于已经了解 Python 语言基础语法和 TensorFlow 基础，希望进一步提高自己 Python 开发水平的读者阅读，还可以作为大中专院校和相关培训学校的专业教程。

图书在版编目（CIP）数据

TensorFlow Lite 移动端深度学习/朱元涛编著．—北京：机械工业出版社，2022. 1

（人工智能科学与技术丛书）

ISBN 978-7-111-69879-1

Ⅰ. ①T…　Ⅱ. ①朱…　Ⅲ. ①机器学习　Ⅳ. ①TP181

中国版本图书馆 CIP 数据核字（2021）第 260158 号

机械工业出版社（北京市百万庄大街 22 号　邮政编码 100037）

策划编辑：李晓波　责任编辑：李晓波

责任校对：徐红语　责任印制：张　博

中教科（保定）印刷股份有限公司印刷

2022 年 2 月第 1 版第 1 次印刷

184mm × 240mm · 17. 25 印张 · 366 千字

标准书号：ISBN 978-7-111-69879-1

定价：109. 00 元

电话服务	网络服务
客服电话：010-88361066	机　工　官　网：www. cmpbook. com
010-88379833	机　工　官　博：weibo. com/cmp1952
010-68326294	金　　书　　网：www. golden-book. com
封底无防伪标均为盗版	机工教育服务网：www. cmpedu. com

前言

PREFACE

人工智能是研究、开发用于模拟、延伸和扩展人类智能的理论、方法、技术及应用系统的一门新的技术科学。TensorFlow Lite 是一种用于设备端推断的开源深度学习框架，可帮助开发者在移动设备、嵌入式设备和 IoT 设备上运行 TensorFlow 模型。也就是说，通过用 TensorFlow Lite，可以开发出能够在 Android 设备、iOS 设备和 IoT 设备上使用的深度学习程序。

本书特色

1. 内容全面

本书详细讲解了使用 TensorFlow Lite 开发人工智能程序的相关知识，循序渐进地引出这些知识的使用方法和技巧，帮助读者快速步入 Python 人工智能开发高手之列。

2. 实例驱动

本书采用理论加实例的讲解方式，通过实例实现了对知识点的横向切入和纵向比较，让读者有更多的实践演练机会，并且可以从不同的方位展现一个知识点的用法，真正实现了拔高的教学效果。

3. 详解 TensorFlow Lite 开发流程

本书从一开始便对 TensorFlow Lite 开发的流程进行了详细介绍，而且在讲解中结合了多个实用性很强的数据分析项目案例，带领读者掌握 TensorFlow Lite 开发的相关知识，以解决实际工作中的问题。

4. 视频讲解

本书正文的每一个二级目录都有一个视频来辅助读者学习，读者可以通过扫描旁边的二维码来直接观看。

本书读者对象

软件开发工程师。

- Python 机器学习开发者。
- Python 深度学习开发者。
- 数据库工程师和系统管理员。
- 大学及中学教育工作者。

致谢

本书在编写过程中，得到了机械工业出版社编辑的大力支持，正是各位编辑的求实、耐心和高效工作，才使得本书能够顺利出版。另外，也十分感谢我的家人给予的巨大支持。由于编者水平有限，书中难免存在纰漏之处，诚请读者提出宝贵意见和建议，以便修订时加以完善。作者 QQ：150649826。

最后感谢您购买本书，希望本书能成为您编程路上的领航者！

编　者

CONTENTS 目录

人工智能开发基础

在最近几年，随着人工智能技术的飞速发展，机器学习和深度学习技术成为程序员们的学习热点。本章将详细介绍人工智能的基础知识，讲解和人工智能、机器学习、深度学习相关的概念，为读者学习后面的知识打下基础。

1.1 人工智能的基础知识

1.1.1 人工智能介绍

人工智能是涵盖领域十分广泛的科学，如语言识别、视觉识别、自然语言处理等，总的说来，人工智能研究的一个主要目标是使机器能够胜任一些通常需要人类智慧才能完成的复杂工作。

那么什么是智能呢？如果人类创造了一个机器人，这个机器人能有像人类一样甚至超过人类的推理、学习、感知处理等能力，那么就可以将这个机器人称为是一个有智能的机器。

通常将人工智能分为弱人工智能和强人工智能。在电影里看到的一些人工智能体大部分都是强人工智能，它们能像人类一样思考如何处理问题，甚至能在一定程度上做出比人类更好的决定。它们能自适应周围的环境，解决一些程序中没有设置的突发事件。但是在现实世界中，大部分人工智能只属于弱人工智能，只具备观察和感知的能力，在经过一定的训练后才能处理一些复杂的事情，但是它并没有自适应能力，也就是它不会处理突发的情况，只能处理程序中已经设置好的、已经预测到的事情。

1.1.2 人工智能的发展历程

1950 年，一位名叫马文·明斯基（“人工智能之父”）的大四学生与他的同学邓恩·埃德蒙一起，建造了世界上第一台神经网络计算机。同样是在1950年，被称为“计算机之父”的阿兰·图灵提出了一个举世瞩目的想法：图灵测试。按照图灵的设想，如果一台机器能够与人类展开对话而不能被人类辨别出其机器身份，那么这台机器就具有智能。而就在这一年，图灵还大胆预言了真正具备智能机器的可行性，大胆预测了可以制造出有人工智能的机器。

时间跳转到20世纪70年代，人工智能也步入了一段艰难险阻的岁月。由于科研人员对于难度估量过低和缺乏经费的原因，导致与美国国防高级研究计划署的合作计划失败，使很多研究经费被转移到了其他项目上，这也让大家对人工智能的前景表示担忧。

人工智能产业面临衰落，但科技并不会因外界因素而停止发展，20世纪80年代初期人工智能产业开始崛起。从20世纪90年代中期开始，随着人工智能技术（尤其是神经网络技术）的逐步发展，以及人们对人工智能开始有客观理性的认知，人工智能技术开始进入平稳发展时期。1997年5月11日，IBM的计算机系统“深蓝”战胜了国际象棋世界冠军卡斯帕罗夫，又一次在公众领域引发了现象级的人工智能话题讨论。这也是人工智能发展的一个重要里程碑。

2006年，Geoffrey Hinton（杰弗里·辛顿）在神经网络的深度学习领域取得突破，人们又一次看到机器赶超人类的希望，也是标志性的技术进步。紧接着谷歌、微软、百度等互联网巨头，还有众多的初创科技公司，纷纷加入人工智能领域，掀起又一轮的智能化狂潮。

2016年，Google公司的AlphaGo战胜韩国棋手李世石，再度引发人工智能热潮。

1.1.3 人工智能的两个重要发展阶段

（1）推理期

20世纪50年代，人工智能的发展经历了“推理期”，通过赋予机器逻辑推理能力使其获得智慧。当时的人工智能程序能够证明一些著名的数学定理，但由于机器缺乏知识储备，远不能实现真正的智能。

（2）知识期

20世纪70年代，人工智能的发展进入“知识期”，即将人类的知识总结出来教给机器，使机器获得智慧。在这一时期，大量的专家系统问世，在很多领域取得大量成果。但由于人类知识量巨大，故出现“知识工程瓶颈”。

无论是“推理期”还是“知识期”，机器都是按照人类设定的规则和总结的知识运作，永远无法超越人类。于是，一些学者就想到，如果机器能自我学习问题不就迎刃而解了吗？因此，机器学习便应运而生，从此人工智能便进入到“机器学习”时期。

1.1.4 和人工智能相关的几个重要概念

1. 监督学习

监督学习的任务是学习一个模型，这个模型可以处理任意的一个输入，并且针对每个输入都可以映射输出一个预测结果。这里模型就相当于数学中一个函数，输入就相当于数学中的 X，而预测的结果就相当于数学中的 Y。对于每一个 X，都可以通过一个映射函数映射出一个结果。

2. 非监督学习

非监督学习是指直接对没有标记的训练数据进行建模学习。注意，在这里的数据是没有标记的数据，与监督学习最基本的区别之一就是建模的数据是否有标签。例如聚类（将物理或抽象对象的集合分成由类似的对象组成的多个类的过程）就是一种典型的非监督学习，分类就是一种典型的监督学习。

3. 半监督学习

当有标记的数据很少、未被标记的数据很多，且人工标记又比较昂贵时，可以根据一些条件（查询算法）查询一些数据，让专家进行标记。这是半监督学习与其他算法的本质区别。所以说对主动学习的研究主要是设计一种框架模型，运用新的查询算法查询需要专家来人工标注的数据。最后用查询到的样本训练分类模型来提高模型的精确度。

4. 主动学习

当使用一些传统的监督学习方法做分类处理时，通常是训练样本的规模越大，分类的效果就越好。但是在现实中的很多场景中，标记样本的获取是比较困难的，因为这需要领域内的专家来进行人工标注，所花费的时间成本和经济成本都很大。而且，如果训练样本的规模过于庞大，则训练花费的时间也会比较多。那么问题来了：有没有一种有效办法，能够使用较少的训练样本来获得性能较好的分类器呢？答案是肯定的，主动学习（Active Learning）提供了这种可能。主动学习通过一定的算法查询出最有用的未标记样本，并交由专家进行标记，然后用查询到的样本训练分类模型来提高模型的精确度。

在人类的学习过程中，通常利用已有的经验来学习新的知识，又依靠获得的知识来总结和积累经验，经验与知识不断交互。同样，机器学习就是模拟人类学习的过程，利用已有的知识训练出模型去获取新的知识，并通过不断积累的信息去修正模型，以得到更加准确有用的新模型。不同于被动地接受知识，主动学习能够有选择性地获取知识。

1.2 机器学习

在人工智能的两个发展阶段中，都会存在如下两个缺点。

1）机器都是按照人类设定的规则和总结的知识运作的，永远无法超越其创造者——人类。

2）人力成本太高，需要专业人才具体实现。

基于上述两个缺点，人工智能技术的发展出现了一个瓶颈。为了突破这个瓶颈，一些权威学者就想到，如果机器能够自我学习，问题不就迎刃而解了吗？于是，机器学习（Machine Learning，ML）技术应运而生了，人工智能进入“机器学习”时代。在本节的内容中，将简要介绍机器学习的基本知识。

1.2.1 什么是机器学习

机器学习是一门多领域交叉学科，涉及概率论、统计学、逼近论、凸分析、算法复杂度理论等多门学科。机器学习专门研究计算机怎样模拟或实现人类的学习行为，以获取新的知识或技能，重新组织已有的知识结构使之不断改善自身的性能。

机器学习是一类算法的总称，这些算法试图从大量历史数据中挖掘出其中隐含的规律，并用于预测或者分类。更具体地说，机器学习可以看作是寻找一个函数，输入的是样本数据，输出的是期望的结果，只是这个函数过于复杂，以至于不太方便形式化表达。需要注意的是，机器学习的目标是使学到的函数很好地适用于“新样本”，而不仅仅是在训练样本上表现很好。学到的函数适用于新样本的能力，称为泛化（Generalization）能力。

机器学习有一个显著的特点，也是机器学习最基本的做法之一，就是使用一个算法从大量的数据中解析并得到有用的信息，并从中学习，然后对真实世界中将会发生的事情进行预测并作出判断。机器学习需要海量的数据进行训练，并从这些数据中得到有用的信息，然后反馈到真实世界的用户中。

可以用一个简单的例子来说明机器学习。例如在网上购物的时候，网站会向消费者推送商品信息，这些推荐的商品往往是消费者感兴趣的东西，这个过程就是通过机器学习完成的。其实这些推送的商品是网站根据消费者以前的购物订单和经常浏览的商品记录而得出的结论，可以从中得出哪些商品是消费者感兴趣的，并且大概率会购买的，然后将这些商品定向推送给消费者。

1.2.2 机器学习的 3 个发展阶段

机器学习是人工智能的核心，是使计算机具有智能的根本途径，其应用遍及人工智能的各个领域，它主要使用归纳、综合而不是演绎。机器学习的发展分为如下 3 个阶段。

1）20 世纪 80 年代，连接主义较为流行，代表方法有感知机（Perceptron）和神经网络（Neural Network）。

2）20 世纪 90 年代，统计学习方法开始占据主流舞台，代表性方法有支持向量机（Support Vector Machine）。

3）21 世纪初，深度神经网络技术被提出，连接主义卷土重来。随着数据量和计算能力的不断提升，以深度学习（Deep Learning）为基础的诸多人工智能应用逐渐成熟。

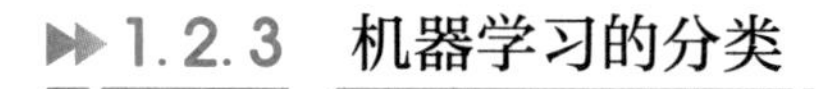

1.2.3 机器学习的分类

根据不同的划分角度，可以将机器学习划分为不同的类型。

（1）按任务类型划分

机器学习模型按任务类型可以分为回归模型、分类模型和结构化学习模型，具体说明如下。

1）回归模型：又叫预测模型，输出的是一个不能枚举的数值。

2）分类模型：又分为二分类模型和多分类模型。常见的二分类问题有垃圾邮件过滤，常见的多分类问题有文档自动归类。

3）结构化学习模型：此类型的输出不再是一个固定长度的值，如图片语义分析输出是图片的文字描述。

（2）按方法划分

机器学习按方法可以分为线性模型和非线性模型，具体说明如下。

1）线性模型：虽然比较简单，但是其作用不可忽视。线性模型是非线性模型的基础，很多非线性模型都是在线性模型的基础上变换而来的。

2）非线性模型：又可以分为传统机器学习模型（如 SVM，KNN，决策树等）和深度学习模型。

（3）按学习理论划分

机器学习模型可以分为有监督学习、半监督学习、无监督学习、迁移学习和强化学习，具体说明如下。

1）训练样本带有标签时是有监督学习。

2）训练样本部分有标签、部分无标签时是半监督学习。

3）训练样本全部无标签时是无监督学习。

4）迁移学习就是把已经训练好的模型参数迁移到新的模型上，以帮助新模型训练。

5）强化学习是一个学习最优策略（Policy），可以让本体（Agent）在特定环境（Environment）中，根据当前状态（State）做出行动（Action），从而获得最大回报（Reward）。强化学习和有监督学习最大的不同是，每次的决定没有对与错，只是希望获得最多的累积奖励。

1.2.4 深度学习和机器学习的对比

机器学习是一种实现人工智能的方法，而深度学习是一种实现机器学习的技术。深度学习本来并不是一种独立的学习方法，其本身也会用到有监督和无监督的学习方法来训练深度神经网络。但由于近几年该领域发展迅猛，一些特有的学习手段相继被提出（如残差网络等），因此越来越多的人将其单独看作一种学习的方法。

假设需要识别某个照片是狗还是猫，如果是用传统机器学习的方法，首先会定义一些特征，如有没有胡须，耳朵、鼻子、嘴巴的模样等。总之，首先要确定相应的“面部特征”作为机器学习的特征，以此将对象进行分类识别。而深度学习的方法则更进一步，它会自动找出这个分类问题所需要的重要特征，而传统机器学习则需要人工地给出特征。那么，深度学习是如何做到这一点的呢？继续以猫狗识别的例子进行说明，步骤如下。

1）首先确定出有哪些边和角与识别出猫狗的关系最大。

2）然后根据上一步找出的很多小元素（如边、角等）构建层级网络，找出它们之间的各种组合。

3）在构建层级网络之后，就可以确定哪些组合可以识别出猫和狗了。

注意：其实深度学习并不是一个独立的算法，在训练神经网络的时候也通常会用到监督学习和无监督学习。但是由于一些独特的学习方法被提出，也可以把它看成是单独的一种学习算法。深度学习可以大致理解成包含多个隐含层的神经网络结构，深度学习的深指的就是隐藏层的深度。

在机器学习方法中，几乎所有的特征都需要通过行业专家再确定，然后就特征进行人工编码，而深度学习算法会自己从数据中学习特征。这也是深度学习十分引人注目的一点，毕竟特征工程是一项十分烦琐、耗费很多人力物力的工作，深度学习的出现大大减少了发现特征的成本。

在解决问题时，传统机器学习算法通常先把问题分成多块，一个个地解决好之后，再重新组合起来。深度学习则是一次性地、端到端地解决。

假设一个任务：识别出在某图片中有哪些物体，并找出它们的位置。

传统机器学习的做法是把问题分为两步：发现物体和识别物体。首先，使用盒型检测算法找出几个物体的边缘，把所有可能的物体都框选出来。然后，再使用物体识别算法识别出这些物体中分别是什么。图 1-1 所示为一个机器学习识别的例子。

但是深度学习不同，它会直接在图片中把对应的物体识别出来，同时还能标明对应物体的名字。这样就可以做到实时的物体识别，例如 YOLO 可以在视频中实时识别物体，图 1-2 所示为 YOLO 在视频中实现深度学习识别的例子。

● 图 1-1　机器学习的识别

● 图 1-2　深度学习的识别

注意：人工智能、机器学习、深度学习三者的关系如下。

机器学习是实现人工智能的方法，深度学习是机器学习算法中的一种，是实现机器学习的技术和学习方法。

1.3 使用 Python 学习人工智能开发

Python 语言和人工智能的发展是相辅相成的。正是因为近几年人工智能的快速发展，才促进了 Python 语言的飞速发展，使其成为世界上使用最多的开发语言之一。

1.3.1 Python 在人工智能方面的优势

在开发人工智能程序方面，Python 语言拥有如下的优势。

（1）更加人性化的设计

Python 的设计更加人性化，具有快速、坚固、可移植性、可扩展性的特点。这些特点十分适合人工智能，并且内置了很多强大的库，可以轻松实现更强大的功能。

（2）拥有很多 AI（人工智能）库，包括机器学习库

Python 可以使用很多已经存在的人工智能库，也同样拥有很多可用的机器学习库。这些库的功能非常强大，可以提高开发效率。Python 语言可用的人工智能库的数量最多，这是其他语言所不能比的。

（3）强大的自然语言处理库和文本处理库

Python 具有丰富而强大的自然语言处理库和文本处理库，能够将其他语言制作的各种模块很轻松地连接在一起。

（4）可移植

Python 语言的设计非常好，可以被移植到许多平台上，Python 程序无须修改就能够运行到所有的系统平台。

（5）可扩展

如果想让某段关键代码运行得更快或者希望某些算法不公开，可以把部分程序用 C 或者 C ++ 编写，然后再在 Python 程序中调用它们。

1.3.2 常用的 Python 库

在使用 Python 语言开发人工智能程序时，可以使用人工智能库快速实现所需功能。

1. 数据处理库

（1）Numpy

Numpy 是构建科学计算代码集的最基础的库之一，它提供了许多进行 N 维数组和矩阵操作

的功能。Numpy 库提供了 Numpy 数组类型的数学运算向量化，可以改善性能，从而加快执行速度。

（2） Scipy

Scipy 包含了致力于科学计算中常见问题的各个工具箱，其不同子模块实现不同的应用，例如插值、积分、优化、图像处理、统计、特殊函数等。因为 Scipy 的主要功能是建立在 Numpy 基础之上的，所以它使用了大量的 Numpy 数组结构。Scipy 库通过其特定的子模块提供高效的数学运算功能。

（3） Pandas

Pandas 是一个简单直观的应用于“带标记的”和“关系性的”数据的 Python 库，可以快速地进行数据操作、聚合和可视化操作。

（4） MatPlotlib

MatPlotlib 是一个可以实现数据可视化的库。与之功能相似的库是 Seaborn，并且 Seaborn 是建立在 MatPlotlib 基础之上的。

2. 机器学习库

（1） PyBrain

PyBrain 是一个灵活、简单而有效的，针对机器学习任务的算法库。它是模块化的 Python 机器学习库，并且提供了多种预定义好的环境来测试和比较自定义的算法。

（2） PyML

PyML 一个用 Python 编写的双边框架，重点研究 SVM 和其他内核方法，支持 Linux 和 macOS。

（3） Scikit-Learn

Scikit-Learn 库旨在提供简单而强大的解决方案，可以在不同的上下文中重用。Scikit-Learn 是机器学习领域最常用的一个多功能工具，集成了经典的机器学习的算法，方便开发者开发出功能强大的机器学习程序。

（4） MDP-Toolkit

MDP-Toolkit 是一个 Python 数据处理的框架，可以很容易地在其基础上进行扩展。MDP-Toolkit 还收集了监管学习算法、非监管学习算法和其他数据处理单元，可以组合成数据处理序列或者更复杂的前馈网络结构。可用的算法是在不断地升级并增加的，包括信号处理方法（如主成分分析、独立成分分析、慢特征分析）、流型学习方法（如局部线性嵌入）、集中分类、概率方法（如因子分析、RBM）和数据预处理方法等。

（5） Crab

Crab 是基于 Python 语言开发的推荐库，它实现了 item 和 user 的协同过滤功能，可以快速开发出 Python 推荐系统。

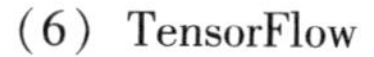

（6）TensorFlow

TensorFlow 是当今最流行的机器学习库之一，是谷歌公司推出的一个开源库，也是目前市场占有率最高的机器学习库。本书将以 TensorFlow 库为主题，详细讲解 TensorFlow 库的使用知识。

1.4 TensorFlow 开源库

TensorFlow 是谷歌公司推出的一个开源库，可以开发和训练机器学习和深度学习模型。

1.4.1 TensorFlow 介绍

TensorFlow 是一个端到端的开源机器学习平台。它拥有一个全面而灵活的生态系统，其中包含各种工具、库和社区资源，可助力研究人员推动先进机器学习技术的发展，并使开发者能够轻松地构建和部署由机器学习提供支持的应用。

TensorFlow 由谷歌人工智能团队谷歌大脑（Google Brain）负责开发和维护，拥有包括 TensorFlow Hub、TensorFlow Lite、TensorFlow Research Cloud 等在内的多个项目以及各类应用程序接口（Application Programming Interface，API）。自 2015 年 11 月 9 日起，TensorFlow 依据 Apache 2.0 协议开放源代码。

在机器学习框架领域，PyTorch、TensorFlow 已分别成为目前学术界和工业界使用最广泛的两大框架，而紧随其后的 Keras、MXNet 等框架也由于其自身的独特性受到开发者的喜爱。截至 2020 年 8 月，主流机器学习库在 Github 网站活跃度如图 1-3 所示。由此可见，在众多机器学习库中，本书将要讲解的 TensorFlow 最受开发者的欢迎。

	TensorFlow	Keras	MXNet	PyTorch
star	148k	49.4k	18.9k	41.3k
folk	82.5k	18.5k	6.7k	10.8k
contributors	2692	864	828	1540

● 图 1-3 主流机器学习库在 Github 网站的活跃度

1.4.2 TensorFlow 的优势

TensorFlow 是当前最受开发者欢迎的机器学习库，之所以能有现在的地位，主要原因有如下两点。

1）谷歌几乎在所有应用程序中都使用 TensorFlow 来实现机器学习，再加上谷歌在深度学习领域的影响力和强大的推广能力，TensorFlow 一经推出关注度就居高不下。

2）TensorFlow 本身设计宏大，不仅可以为深度学习提供强力支持，而且灵活的数值计算核心也能广泛应用于其他涉及大量数学运算的科学领域。

除了上述两点之外，TensorFlow 库的主要优点还有如下几个方面。

- 支持 Python、JavaScript、C ++ 、Java、Go、C#和 Julia 等多种编程语言。
- 灵活的架构支持多 GPU、分布式训练，跨平台运行能力强。
- 自带 TensorBoard 组件，能够可视化计算图，便于让用户实时监控观察训练过程。
- 官方文档非常详尽，可供开发者查询的资料众多。
- 开发者社区庞大，大量开发者活跃于此，可以共同学习，互相帮助，一起解决学习过程中的问题。

1.4.3 TensorFlow Lite 介绍

TensorFlow Lite 是一组工具，可帮助开发者在移动设备、嵌入式设备和 IoT 设备上运行 TensorFlow 模型。TensorFlow Lite 支持设备端机器学习推断，延迟较低，并且二进制文件很小。

TensorFlow Lite 允许开发者在多种设备上运行 TensorFlow 模型。TensorFlow 模型是一种数据结构，这种数据结构包含了在解决一个特定问题时，训练得到的机器学习网络的逻辑和知识。

在实际开发过程中，可以通过多种方式获得 TensorFlow 模型，从使用预训练模型（Pretrained Models）到训练自定义的模型。因为 TensorFlow Lite 只支持它自己所独有的数据模型，为了在 TensorFlow Lite 中使用模型，必须将模型转换成 TensorFlow Lite 支持的特殊格式。

编写第一个TensorFlow Lite程序

经过第1章的学习，已经了解了人工智能和机器学习的基本概念，并且对TensorFlow库有了一个大致的了解。在使用TensorFlow库之前，必须先在计算机中安装TensorFlow。在本章的内容中，将详细讲解搭建TensorFlow开发环境的知识，并编写第一个TensorFlow Lite程序。

2.1 安装环境要求

在安装并使用TensorFlow库之前，需要先确保计算机的硬件配置和软件环境满足安装要求。在本节的内容中，将详细讲解TensorFlow开发所需要的环境要求。

2.1.1 硬件要求

（1）GPU（图形处理器、显卡）

机器学习和深度学习对计算机硬件的要求比较高，现在主流的深度学习都是通过多显卡计算来提升系统的计算能力。因为机器学习的核心计算都是需要依托GPU进行的，所以硬件要求的核心是显卡（GPU）。建议读者在采购计算机时，尽量使用12GB以上的GPU。

（2）内存

内存要根据CPU的配置来购买，建议使用16GB以上的内存。

（3）硬盘

建议SSD（固态硬盘）和HDD（机器硬盘）结合使用，SSD用作系统盘，HDD用作存储。建议SSD至少250GB，HDD至少1TB。

（4）CPU

对CPU的主频要求比较高，对核心数的要求并不高。但是为了提高效率，建议采用高配置。

注意：上面只是列出了对主要硬件的建议，读者可以根据自己的预算采购。如果编写的机器学习项目太大，对硬件要求极高的话，可以考虑使用云服务器，例如阿里云等。

2.1.2 软件要求

在安装 TensorFlow 库之前，必须在计算机中安装好 Python。不同版本的 Python，对应 TensorFlow 的版本也不同。安装 TensorFlow 时，一定要下载正确的版本。例如在笔者计算机中安装的是 Python 3.8，并且是 64 位的 Windows 10 操作系统，所以只能安装适用于 Python 3.8 和 64 位 Windows 10 操作系统的 TensorFlow。

2.2 安装 TensorFlow

在准备好硬件环境和软件环境后，接下来开始正式安装 TensorFlow。在本节的内容中，将详细讲解常用的几种安装 TensorFlow 的方法。

2.2.1 使用 pip 安装 TensorFlow

安装 TensorFlow 的最简单方法是使用 pip 命令。在使用这种安装方式时，无须考虑当前所使用的 Python 和操作系统的版本，pip 命令会自动安装适合当前环境的 TensorFlow。在安装 Python 时，会自动安装 pip。

1）在 Windows 操作系统中单击左下角的图标■，在弹出界面中找到“命令提示符”，然后右击“命令提示符”，在弹出的菜单中依次选择“更多”→“以管理员身份运行”命令，如图 2-1 所示。

• 图 2-1　以管理员身份运行“命令提示符”

2）在弹出的“管理员：命令提示符”界面中输入如下命令即可安装库 TensorFlow，如图 2-2 所示。

```
pip install TensorFlow
```

在输入上述 pip 安装命令后，会弹出下载并安装 TensorFlow 的提示信息。因为 TensorFlow 库

的容量比较大，所以下载过程会比较慢，并且还需要安装相关的其他库，所以整个下载安装过程会比较慢，需要大家耐心等待，确保 TensorFlow 能够正确安装成功。

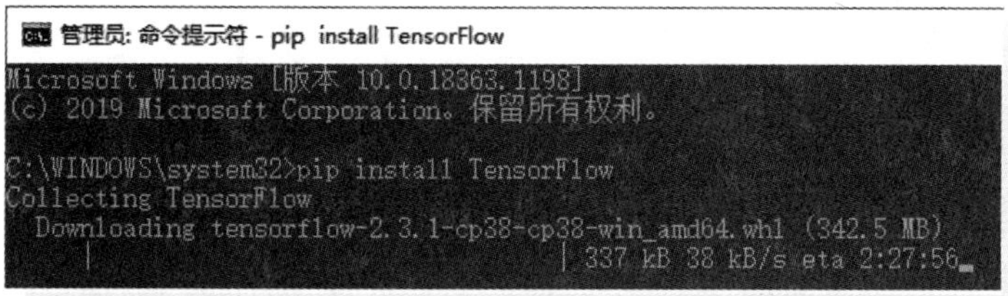

```
管理员: 命令提示符 - pip install TensorFlow
Microsoft Windows [版本 10.0.18363.1198]
(c) 2019 Microsoft Corporation。保留所有权利。

C:\WINDOWS\system32>pip install TensorFlow
Collecting TensorFlow
  Downloading tensorflow-2.3.1-cp38-cp38-win_amd64.whl (342.5 MB)
     |                                  | 337 kB 38 kB/s eta 2:27:56
```

● 图 2-2　下载并安装 TensorFlow 界面

由图 2-2 所示可知，自动默认的安装文件是 tensorflow-2. 3. 1-cp38-cp38-win_amd64. whl。在这个安装文件的名字中，各字段的含义如下。

- tensorflow-2. 3. 1：表示 TensorFlow 的版本号是 2. 3. 1。
- cp38：表示适用于 Python 3. 8 版本。
- win_amd64：表示适用于 64 位的 Windows 操作系统。

在使用 pip 方式下载安装 TensorFlow 时，能够安装成功的一个关键因素是网速。如果网速过慢，这时候可以考虑在网络中搜索一个 TensorFlow 下载包。例如，目前适合本机的最新版本的安装文件是 tensorflow-2. 3. 1-cp38-cp38-win_amd64. whl，那么可以在网络中搜索这个文件，然后下载。下载完成后保存到本地硬盘中，例如保存位置是 D：\ tensorflow-2. 2. 4-cp38-cp38-win _ amd64. whl，那么在“管理员：命令提示符”界面中定位到 D 盘根目录，然后运行如下命令就可以安装 TensorFlow 了，具体安装过程如图 2-3 所示。

```
pip install tensorflow-2.3.1-cp38-cp38-win_amd64. whl
```

● 图 2-3　在 Windows 10 的“管理员：命令提示符”界面中安装 TensorFlow

2.2.2 使用 Anaconda 安装 TensorFlow

使用 Anaconda 安装 TensorFlow 的方法和 pip 方式相似，具体流程如下。

1）在 Windows 操作系统中单击左下角的图标，在弹出界面中找到“Anaconda Powershell Prompt”，然后右击“Anaconda Powershell Prompt”，在弹出的菜单中依次选择“更多”→“以管理员身份运行”命令，如图 2-4 所示。

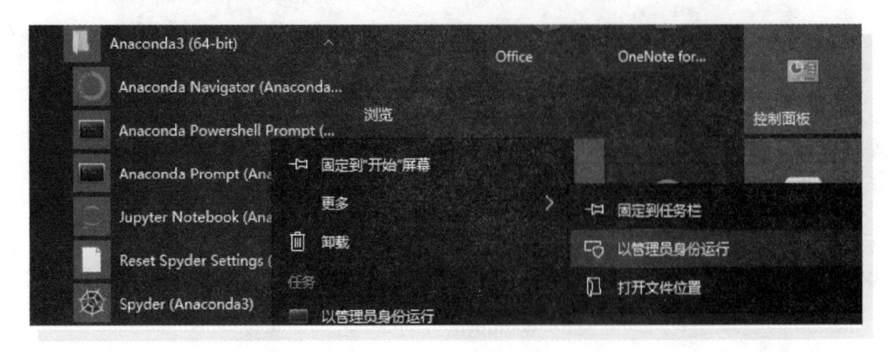

● 图 2-4　以管理员身份运行“Anaconda Powershell Prompt”

2）在弹出的“管理员：命令提示符”界面中输入如下命令即可安装 TensorFlow 库。

```
pip install TensorFlow
```

在输入上述 pip 安装命令后，会弹出下载并安装 TensorFlow 的提示信息，安装成功后的界面效果如图 2-5 所示。

● 图 2-5　下载和安装 TensorFlow 界面

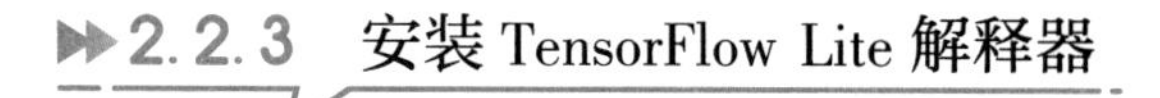

2.2.3 安装 TensorFlow Lite 解释器

如果想要使用 Python 快速运行 TensorFlow Lite 模型，需要安装 TensorFlow Lite 解释器，而无须安装本书 2.2.1 和 2.2.2 节中介绍的所有 TensorFlow 软件包。

只包含 TensorFlow Lite 解释器的软件包是完整 TensorFlow 软件包的一小部分，其中只包含使用 TensorFlow Lite 运行所需要的最少代码（仅包含 Python 类 tf. lite. Interpreter）。如果只想执行 . tflite 模型，而不希望庞大的 TensorFlow 库占用磁盘空间，那么只安装这个小软件包是最理想的选择。

注意：如果需要访问其他 Python API（如 TensorFlow Lite 转换器），则必须安装完整的 TensorFlow 软件包。

在计算机中可以使用 pip install 命令安装 TensorFlow Lite，假如读者的 Python 版本是 3. 9，则可以使用以下命令安装 TensorFlow Lite。

```
pip install https://dl.google.com/coral/python/tflite_runtime-2.1.0.post1-cp39-cp39m-linux_armv7l
```

2.2.4 解决速度过慢的问题

在使用 pip 方式安装 TensorFlow 库时，经常会因为网速过慢而安装失败。这是因为 TensorFlow 库的安装包保存在国外的服务器中，所以国内用户在下载时会遇到网速过慢的问题。为了解决这个问题，国内很多网站也为开发者提供了常用的 Python 库安装包，例如清华大学和豆瓣网等。

1）使用清华源（清华大学提供）安装 Python 库的语法格式如下。

```
pip install -i https://pypi.tuna.tsinghua.edu.cn/simple 库的名字
```

例如，在 Windows 10 操作系统的“管理者：命令提示符”界面中，输入下面的命令即可安装 TensorFlow。

```
pip install -i https://pypi.tuna.tsinghua.edu.cn/simple TensorFlow
```

2）使用豆瓣源（豆瓣网提供）安装 Python 库的语法格式如下。

```
pip install 库的名字 -i http://pypi.douban.com/simple/ --trusted-host pypi.douban.com
```

例如，在 Windows 10 操作系统的“管理者：命令提示符”界面中，输入下面的命令即可安装 TensorFlow。

```
pip install TensorFlow -i http://pypi.douban.com/simple/ --trusted-host pypi.douban.com
```

2.3 准备开发工具

对于 Python 开发者来说，建议使用 PyCharm 开发并调试运行 TensorFlow 程序。另外，为了提高开发效率，谷歌为开发者提供了 Google Colaboratory 工具，这样可以在谷歌浏览器中调试运行 TensorFlow 程序，非常方便。

2.3.1 使用 PyCharm 开发并调试运行 TensorFlow 程序

1）打开 PyCharm，新建一个名为“first”的 Python 工程，如图 2-6 所示。

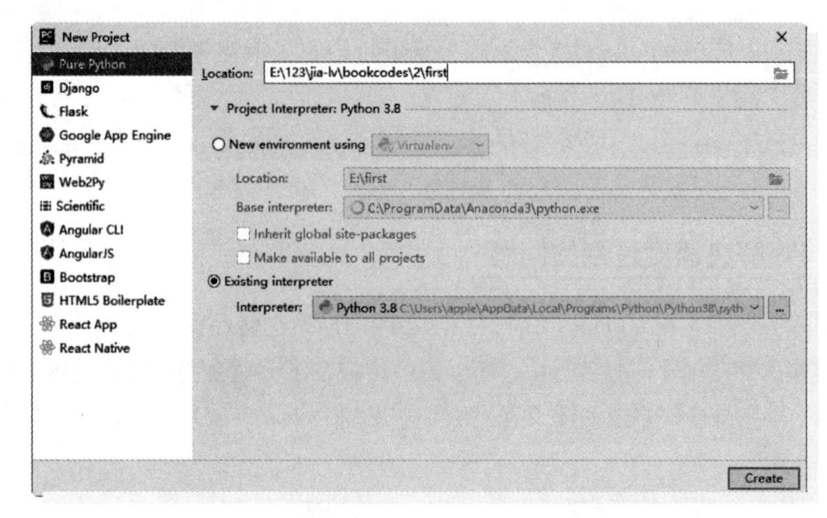

图 2-6　新建一个名为“first”的 Python 工程

2）在工程“first”中新建一个 Python 程序文件 first. py，然后编写如下所示的代码。

```
import tensorflow as tf
print(tf.__version__)
print(tf.__path__)
```

上述代码的功能是，分别打印输出在当前计算机中安装的 TensorFlow 的版本和路径，在笔者计算机中执行后会输出如下结果。

```
2.2.4
['C:\\Users\\apple\\AppData\\Local\\Programs\\Python\\Python38\\lib\\site-packages\\tensor-
flow', 'C:\\Users\\apple\\AppData\\Local\\Programs\\Python\\Python38\\lib\\site-packages\\
tensorflow_estimator\\python\\estimator\\api\\_v2', 'C:\\Users\\apple\\AppData\\Local\\Pro-
grams\\Python\\Python38\\lib\\site-packages\\tensorboard\\summary\\_tf', 'C:\\Users\\apple
```

```
\\AppData\\Local\\Programs\\Python\\Python38\\lib\\site-packages\\tensorflow', 'C:\\Users
\\apple\\AppData\\Local\\Programs\\Python\\Python38\\lib\\site-packages\\tensorflow\\_api
\\v2']
```

2.3.2 使用 Colaboratory 开发并调试运行 TensorFlow 程序

Google 在推出 TensorFlow 开源库之后，为了提高开发者的效率，特意推出了开发工具 Colaboratory 来协助开发者快速实现 AI 开发。Colaboratory 是基于云端搭建的 Jupyter Notebook 环境，最大的好处是不需要进行任何配置就可以使用，并且完全在云端运行，开发者只需谷歌浏览器就可以开发并运行 TensorFlow 程序。

Jupyter Notebook 是以网页的形式打开的，可以在网页中直接编写代码和运行代码，代码的运行结果也会直接在代码块下显示。如果在编程过程中需要编写说明文档，可在同一个页面中直接编写，以便做及时的说明和解释。

使用 Colaboratory 的好处如下。

- 可以在云端服务器中使用 Jupyter Notebook 创建 Python 程序文件。
- 可以在云端服务器中编写 Python 代码和 TensorFlow 代码。
- 可以在线运行 Python 程序和 TensorFlow 程序。
- 所有 TensorFlow 程序的编写和调试运行等工作都是通过浏览器实现的，无须开发者安装 TensorFlow 库，省略了搭建开发环境的工作，大大提高了开发效率。

具体步骤如下。

1）通过 Google Chrome 浏览器登录 Colaboratory 云端服务器，输入谷歌账号信息登录 Colaboratory。依次单击“文件”→“新建笔记本”命令创建一个新的 Jupyter Notebook 文件，第一个文件会被自动命名为“Untitled0. ipynb”，如图 2-7 所示。

2）在弹出的界面中输入获取当前安装的 TensorFlow 的版本和路径的代码，如图 2-8 所示。

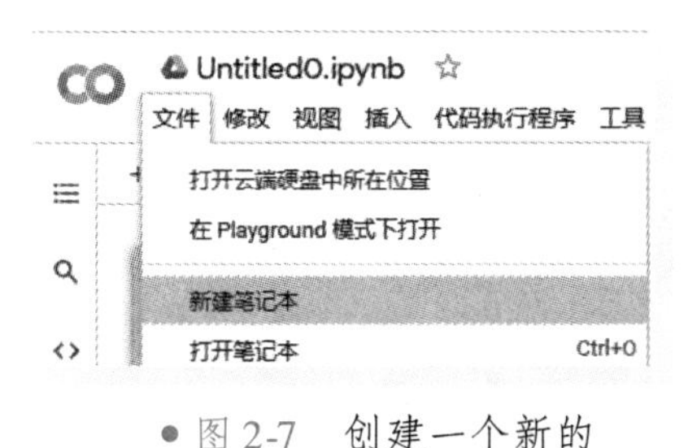

● 图 2-7 创建一个新的 Jupyter Notebook 文件

文件 修改 视图 插入 代码执行程序 工具 帮助 已保存所有更改

+ 代码 + 文本

```
import tensorflow as tf
print(tf.__version__)
print(tf.__path__)
```

● 图 2-8 输入代码

上述代码的功能是，分别打印输出在当前计算机中安装的 TensorFlow 的版本和路径。因为这是在云端编写的代码，所以执行后会显示在云端服务器中安装的 TensorFlow 的版本和路径。单击按钮运行这段代码，执行效果如图 2-9 所示。

```
2.3.0
['/usr/local/lib/python3.6/dist-packages/tensorflow', '/usr/local/lib/python3.6/dist-packages/tensorflow_estimator/python/estimator/api/_v2', '/usr/local/lib/python3.
```

• 图 2-9　在 Colaboratory 云端的执行效果

3）我们可以修改步骤 1）中创建的 Jupyter Notebook 文件，假如想将“Untitled0. ipynb”的文件名修改为“first. py”，可以依次单击“文件”→“重命名笔记本”命令，如图 2-10 所示。

4）此时文件名“Untitled0. ipynb”将变为可编辑状态，将其重命名为“first. py”，如图 2-11 所示。

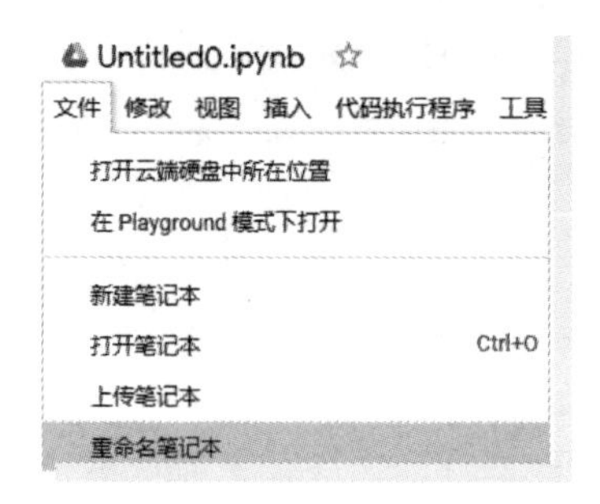

• 图 2-10　单击“重命名笔记本”命令

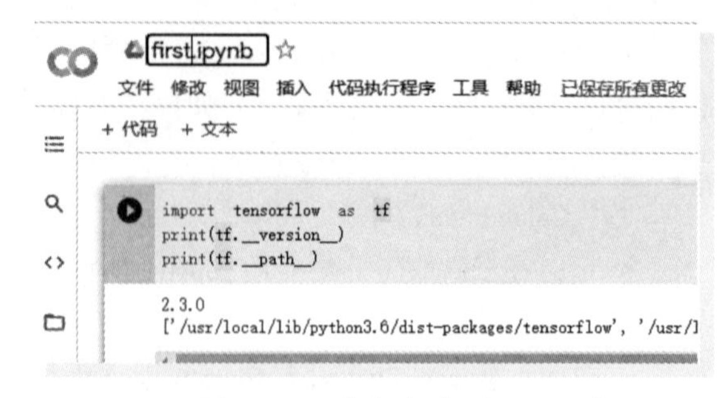

• 图 2-11　重命名为“first. py”

5）在使用 Colaboratory 时，可以设置 GPU/TPU 加速，方法是依次单击“代码执行程序”→“更改运行时类型”命令，如图 2-12 所示。

6）在弹出的对话框中可以选择硬件加速器，例如选择“GPU”，然后单击“保存”按钮，如图 2-13 所示。此时在 Colaboratory 中运行 TensorFlow 程序时，将使用云服务器提供的 GPU 加速器运行该程序，会发现运行速度会大大提高。

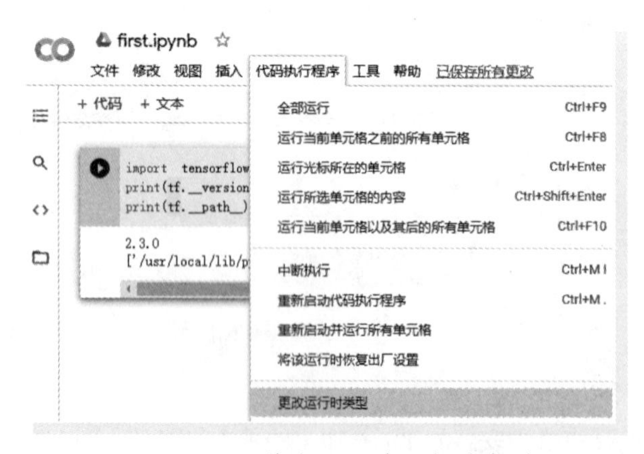

• 图 2-12　单击“更改运行时类型”

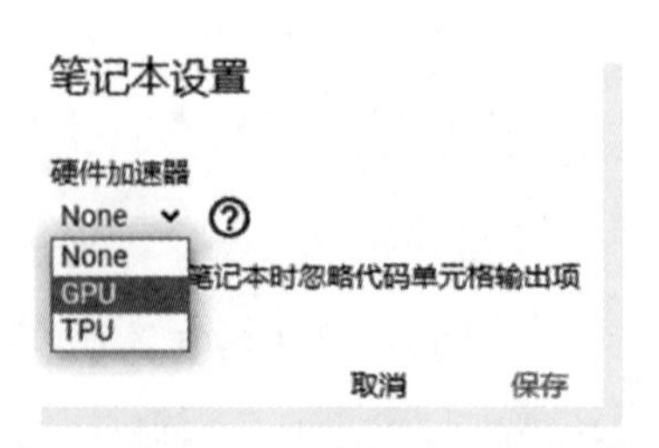

• 图 2-13　选择硬件加速器

2.4 开发 TensorFlow Lite 程序的流程

在 TensorFlow Lite 程序中，需要使用 TensorFlow 开发的模型，然后利用这些模型实现识别和分类等深度学习功能。在本节的内容中，将详细介绍开发 TensorFlow Lite 程序的基本流程。

2.4.1 准备模型

TensorFlow Lite 提供了转换 TensorFlow 模型的工具，还提供了可以在移动端（Mobile）、嵌入式（Embeded）和物联网（IoT）设备上运行 TensorFlow 模型所需的所有工具。TensorFlow Lite 允许在多种设备上运行 TensorFlow 模型。TensorFlow 模型是一种数据结构，这种数据结构包含了在解决一个特定问题时，训练得到的机器学习网络的逻辑和知识。

在 TensorFlow Lite 程序中，可以通过多种方式获得 TensorFlow 模型，如使用预训练模型（Pre-Trained Models）和训练自定义的模型等。为了在 TensorFlow Lite 中使用模型，必须将模型转换成一种特殊格式。

注意：并不是所有的 TensorFlow 模型都能在 TensorFlow Lite 中运行，因为解释器只支持部分 TensorFlow 运算符。

1. 使用预训练模型

TensorFlow Lite 官方为开发者提供了一系列预训练模型，用于解决各种机器学习问题。官方将这些模型进行了转换处理，这样可以与 TensorFlow Lite 一起使用，且可以在应用程序中使用。

TensorFlow Lite 官方提供的部分预训练模型如下。

- 图像分类模型（Image Classification）。
- 物体检测模型（Object Detection）。
- 智能回复模型（Smart Reply）。
- 姿态估计模型（Pose Estimation）。
- 语义分割模型（Segmentation）。

还可以在模型列表中查看预训练模型的完整列表。

2. 使用其他来源的模型

开发者还可以使用其他来源的预训练模型，包括 TensorFlow Hub。在大多数情况下，这些模型不会以 TensorFlow Lite 格式提供，必须在使用前转换这些模型。

TensorFlow Hub 是用于存储可重用机器学习资产的仓库，在 hub. tensorflow. google. cn 仓库中提供了许多预训练模型，如文本嵌入、图像分类模型等。开发者可以从 tensorflow_hub 库下载资源，并以最少的代码量在 TensorFlow 程序中重用这些资源。

3. 重新训练模型

重新训练模型也叫迁移学习（Transfer Learning），迁移学习允许开发者采用训练好的模型重新训练，以执行其他任务。例如，可以重新训练一个图像分类模型以识别新的图像类别。与从头开始训练的模型相比，重新训练花费的时间更少，所需的数据更少。开发者可以使用迁移学习，根据自己的应用程序定制预训练模型。

4. 训练自定义模型

如果要训练自定义的 TensorFlow 模型，或者训练从其他来源得到的模型，训练前，需要将此模型转换成 TensorFlow Lite 格式。

TensorFlow Lite 解释器是一个库，能够接收一个模型文件，在执行模型文件，需要在输入数据（Input Data）上定义运算符（Operations），并提供对输出（output）的访问。

2.4.2 转换模型

TensorFlow Lite 的目的是在各种设备上高效执行模型，这种高效部分源于在存储模型时，采用了一种特殊的格式。在 TensorFlow Lite 使用 TensorFlow 模型之前，必须转换成这种格式。

转换模型不仅减小了模型文件大小，还引入了不影响准确性的优化措施。开发人员可以在进行一些取舍的情况下，进一步减小模型文件大小，并提高执行速度。可以使用 TensorFlow Lite 转换器（Converter）选择要执行的优化措施。

注意：因为 TensorFlow Lite 支持部分 TensorFlow 运算符，所以并非所有模型都能转换。

通过使用转换器，可以将各种输入类型转换为模型。

1. TensorFlow Lite 转换器

TensorFlow Lite 转换器是一个将训练好的 TensorFlow 模型转换成 TensorFlow Lite 格式的工具，在里面引入了优化措施参数以实现更精确的设置。转换器以 Python API 的形式提供。例如，在下面的代码中，演示了将一个 TensorFlow SavedModel 转换成 TensorFlow Lite 格式的过程。

```
import tensorflow as tf

converter = tf.lite.TFLiteConverter.from_saved_model(saved_model_dir)
tflite_model = converter.convert()
open("converted_model.tflite", "wb").write(tflite_model)
```

开发者可以用类似的方法转换 TensorFlow 2.0 模型，虽然也能用命令行进行转换，但是仍推荐用 Python API 进行转换。

2. 转换选项

1）当转换 TensorFlow 1.x 模型时，可转换类型如下。

- SavedModel 文件夹。
- FrozenGraphDef（通过 freeze_graph. py 生成的模型）。
- Keras HDF5 模型。
- 从 tf. Session 得到的模型。

2）当转换为 TensorFlow 2. x 模型时，可转换类型如下。

- SavedModel 文件夹。
- tf. keras 模型。
- 具体函数（Concrete Functions）：用户自定义函数。

可以将转换器配置为使用各种优化参数，这些优化措施可以提高性能，减少文件大小。

到目前为止，TensorFlow Lite 仅支持一部分 TensorFlow 运算符，长期目标是将来能支持全部的 TensorFlow 运算符。

如果在需要转换的模型中含有不受支持的运算符，可以使用 TensorFlow Select 中包含的来自 TensorFlow 的运算符，但这会使得部署到设备上的二进制文件更大。

2.4.3 使用模型进行推断

推断是通过模型运行数据以获得预测的过程。这个过程需要模型、解释器和输入数据。

1. TensorFlow Lite 解释器

TensorFlow Lite 解释器是一个库，该库会接收模型文件，执行它对输入数据定义的运算，并提供对输出的访问。该解释器适用于多个平台，提供了一个简单的 API，用于在 Java、Swift、Objective-C、C ++ 和 Python 程序中运行 TensorFlow Lite 模型。例如，下面的代码演示了从 Java 程序调用解释器的过程。

```
try (Interpreter interpreter = new Interpreter(tensorflow_lite_model_file)) {
  interpreter.run(input, output);
}
```

2. GPU 加速和委托

在现实应用中，很多设备为机器学习运算提供了硬件加速，如手机 GPU 能够比 CPU 更快地执行浮点矩阵运算，而且这种速度的提升效果可能会非常可观。例如，当使用 GPU 加速时，MobileNet v1 图像分类模型在 Pixel 3 手机上的运行速度能够提高 5. 5 倍。

在使用 TensorFlow Lite 解释器时可以配置委托，以利用不同设备上的硬件加速。GPU 委托允许解释器在设备的 GPU 上运行适当的运算。例如，下面的代码展示了在 Java 程序中使用的 GPU 委托的方法。

```
GpuDelegate delegate = new GpuDelegate();
Interpreter.Options options = (new Interpreter.Options()).addDelegate(delegate);
Interpreter interpreter = new Interpreter(tensorflow_lite_model_file, options);
try {
  interpreter.run(input, output);
}
```

如果要添加对新硬件加速器的支持，开发者可以自定义委托。

3. Android 和 iOS

在 Android 和 iOS 移动平台中，可以非常容易地使用 TensorFlow Lite 解释器。在开始使用时需要先准备所需的库：Android 开发人员应该使用 TensorFlow Lite AAR；iOS 开发人员应该使用 CocoaPods for Swift or Objective-C。

4. 微控制器

用于微控制器的 TensorFlow Lite 是 TensorFlow Lite 的实验性端口，主要针对只有千字节内存的微控制器和其他设备。

5. 运算符

如果模型需要尚未在 TensorFlow Lite 中实现的 TensorFlow 运算，则可以使用 TensorFlow Select 在模型中使用它们，此时需要构建一个包括该 TensorFlow 运算的自定义版本解释器。开发者可以自定义运算符，或者将新运算符移植到 TensorFlow Lite 中。

2.4.4 优化模型

在 TensorFlow Lite 中提供了优化模型大小和性能的工具，这对预测结果的准确性影响甚微。在使用优化模型时可能需要稍微复杂的训练、转换或集成。

机器学习中的优化是一个不断发展的领域，TensorFlow Lite 的模型优化工具包（Model Optimization Toolkit）也在随着新技术的发展而不断发展。

（1）性能

模型优化的目标是在给定设备上达到性能、模型大小和准确率的理想平衡，帮助指导开发者完成优化过程。

（2）量化

量化通过降低模型中数值和运算符的精度，可以减小模型的大小和推断所需的时间。对很多模型而言，这样的操作只有极小的准确性损失。

TensorFlow Lite 转换器让量化 TensorFlow 模型变得简单。例如，下面的 Python 代码演示了量化一个 SavedModel 并将其保存在硬盘中。

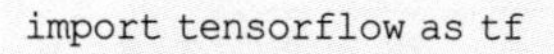

```
import tensorflow as tf

converter = tf.lite.TFLiteConverter.from_saved_model(saved_model_dir)
converter.optimizations = [tf.lite.Optimize.OPTIMIZE_FOR_SIZE]
tflite_quant_model = converter.convert()
open("converted_model.tflite", "wb").write(tflite_quantized_model)
```

TensorFlow Lite 支持将值的精度从全浮点数降低到半精度浮点（float16）数或 8 位整数，每种设置都要在模型大小和准确度上进行权衡取舍，而且有些运算有针对这些降低了精度的类型的优化实现。

（3）模型优化工具包

模型优化工具包是一套工具和技术，旨在使开发人员可以轻松地优化它们的模型。虽然其中的许多技术可以应用于所有 TensorFlow 模型，并非特定于 TensorFlow Lite，但在资源有限的设备上进行推断时，它们特别有价值。

2.5 在 Android 中创建 TensorFlow Lite

Android 是谷歌旗下的一款产品，跟计算机中的操作系统（如 Windows 和 Linux）类似，是一款智能设备操作系统，可以运行在手机、平板计算机等设备中。

2.5.1 需要安装的工具

Android 开发工具由多个开发包组成，具体说明如下。

- JDK：可以通过链接 http://www.oracle.com/technetwork/java/javase/downloads/index.html 下载。
- Android Studio：可以到 Android 的官方网站 https://developer.android.google.cn/ 下载。
- Android SDK：在安装 Android Studio 后，通过 Android Studio 可以安装 Android SDK。

2.5.2 新建 Android 工程

1）打开 Android Studio，单击“Start a new Android Studio project”按钮新建一个 Android 工程，如图 2-14 所示。

2）在“Name”文本框中设置工程名为“android”，在“Language”选项中设置所使用的开发语言是“Java”，如图 2-15 所示。

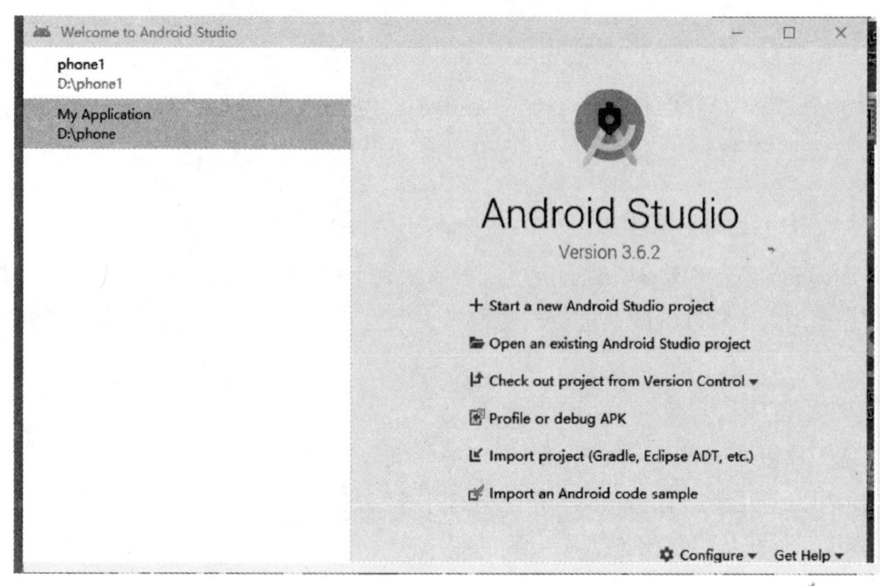

● 图 2-14　单击 “Start a new Android Studio project” 按钮

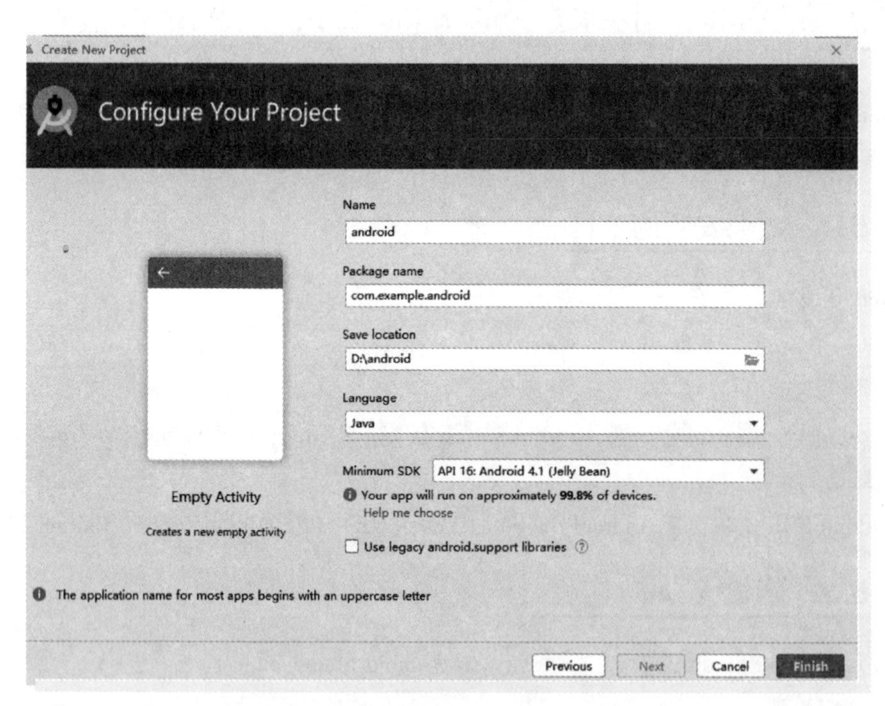

● 图 2-15　设置所使用的开发语言是 “Java”

3）最终的目录结构如图 2-16 所示。

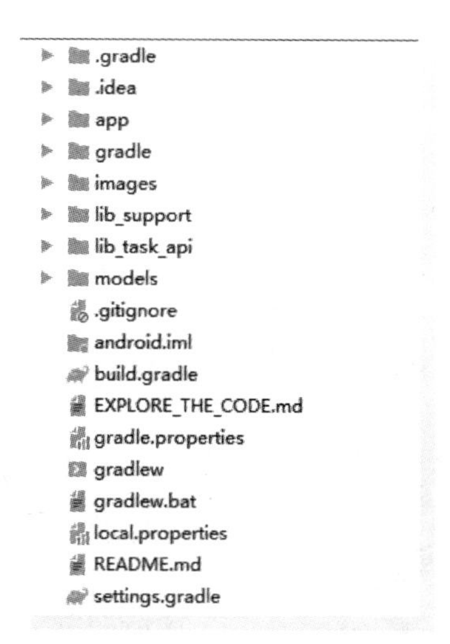

● 图 2-16 Android 工程的目录结构

2.5.3 使用 JCenter 中的 TensorFlow Lite AAR

如果要在 Android 应用程序中使用 TensorFlow Lite，建议读者使用在 JCenter 中托管的 TensorFlow Lite AAR，其里面包含了 Android ABIs 中的所有的二进制文件。例如，在下面实例中，可以在 build. gradle 依赖中通过如下代码来使用 TensorFlow Lite。

```
dependencies {
    implementation 'org.tensorflow:tensorflow-lite:0.0.0-nightly'
}
```

在现实应用中，建议通过只包含需要支持的 ABIs 来减少应用程序的二进制文件大小，建议读者删除其中的 x86、x86_64 和 arm32 的 ABIs。例如，可以通过如下所示的 Gradle 配置代码实现。

```
android {
    defaultConfig {
      ndk {
        abiFilters 'armeabi-v7a', 'arm64-v8a'
      }
    }
}
```

在上述配置代码中，设置只包括了 armeabi-v7a 和 arm64-v8a，该配置能涵盖现实中大部分的 Android 设备。

2.5.4 运行和测试

本节所述实例是一个能够在 Android 上运行 TensorFlow Lite 的应用程序，功能是使用图像分类模型对从设备后置摄像头看到的任何内容进行连续分类，然后使用 TensorFlow Lite Java API 执行推断。演示应用程序实时对图像进行分类，最后显示出最有可能的分类结果。

1）将 Android 手机连接到计算机，并确保批准手机上出现的任何 ADB 权限（Android 手机的一种权限）提示。

2）依次单击 Android Studio 主页的“Run”→“Run app”命令，开始运行程序，如图 2-17 所示。

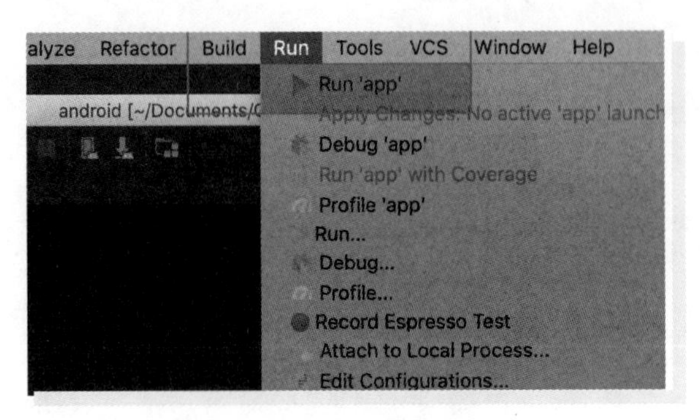

● 图 2-17　开始运行程序

3）在连接的设备中选择部署目标到将要安装应用程序的设备。安装完成后将自动运行本实例，执行效果如图 2-18 所示。

● 图 2-18　执行效果

创建模型

在 TensorFlow Lite 程序中，需要使用 TensorFlow 开发的模型，然后利用这些模型实现识别和分类等深度学习功能。在本章的内容中，将详细介绍开发 TensorFlow 模型的方法，为读者学习本书后面的知识打下基础。

3.1 创建 TensorFlow 模型

在本节的内容中，将使用 TensorFlow 编写第一个机器学习程序，程序的功能是创建一个简单的模型，然后分别在 PyCharm 环境和 Colaboratory 环境调试运行这个程序。

3.1.1 在 PyCharm 环境实现

实例 3-1： 使用 TensorFlow 开发第一个完整的机器学习程序。

源码路径：bookcodes/3/TF01/tf01. py。

首先打开 PyCharm，新建一个名为"TF01"的 Python 工程，然后在工程"TF01"中新建一个 Python 程序文件 tf 01. py。实例文件 tf 01. py 的具体实现流程如下。

1）使用 import 语句导入 TensorFlow 库，并在代码中将 TensorFlow 库简写为 tf，代码如下。

```
import tensorflow as tf
```

2）加载导入 MNIST 数据集，并将样本数据类型由整数转换为浮点数，代码如下。

```
mnist = tf.keras.datasets.mnist
  (x_train, y_train), (x_test, y_test) =mnist.load_data()
```

3）用于对数据进行归一化处理，像素范围是 0 ~ 255，所以都除以 255，归一化到（0，1）

之间，代码如下。

```
x_train, x_test = x_train / 255.0, x_test / 255.0
```

在库 TensorFlow 中已内置了 MNIST 数据集，可以直接使用上述代码加载导入 MNIST 数据集。

4）将模型的各层堆叠起来，以搭建 tf. keras. Sequential 模型，代码如下。

```
model = tf.keras.models.Sequential([
  tf.keras.layers.Flatten(input_shape = (28, 28)),
  tf.keras.layers.Dense(128, activation = 'relu'),
  tf.keras.layers.Dropout(0.2),
  tf.keras.layers.Dense(10, activation = 'softmax')
])
```

- tf. keras. layers. Flatten （input _ shape = （28，28））：用于添加 Flatten 层，将数据变成[28 * 28]格式。
- tf. keras. layers. Dense （128，activation =' relu ')：Dense( )函数是定义网络层的基本方法，此行代码的功能是将网络层设置为 128 个。
- tf. keras. layers. Dropout （0. 2）：在深度学习网络的训练过程中，对于神经网络单元，按照一定的概率将其暂时从网络中丢弃，这样可以用来防止过拟合。这些功能是通过 Dropout( )函数实现的，此行代码的功能是按照 0. 2 的概率丢弃神经网络单元。
- tf. keras. layers. Dense （10，activation =' softmax ')：使用 Dense( )函数修改网络层的个数。

5）为机器学习训练选择优化器和损失函数，代码如下。

```
model.compile(optimizer = 'adam',
              loss = 'sparse_categorical_crossentropy',
              metrics = [ 'accuracy'])
```

model. compile( )函数用于设置训练方法的参数，设置在训练时用的优化器、损失函数和准确率评测标准。

- 参数 optimizer：用于设置优化器，可以是字符串形式的优化器名字，也可以是函数形式，使用函数形式可以设置学习率、动量和超参数。
- 参数 loss：用于设置损失函数，可以是字符串形式的损失函数的名字，也可以是函数形式。
- 参数 metrics：表示准确率。

6）训练并验证模型，代码如下。

```
model.fit(x_train, y_train, epochs = 5)
model.evaluate(x_test,  y_test, verbose = 2)
```

- model. fit （x_train，y_train，epochs = 5）：功能是根据样本进行训练，通过 fit( )函数展示

训练过程，展示了损失函数和其他指标的数值随 epochs（训练总轮数）值而变化的情况。

- model. evaluate（x_test，y_test，verbose =2）：使用 evaluate( )函数评估已经训练过的模型，分别返回损失值和准确率。

运行实例文件 tf01. py，执行完毕后会得到下面的结果。

```
Epoch 1/5
1875/1875 [==============================] - 5s 2ms/step - loss: 0.3014 - accuracy: 0.9120
Epoch 2/5
1875/1875 [==============================] - 5s 3ms/step - loss: 0.1455 - accuracy: 0.9567
Epoch 3/5
1875/1875 [==============================] - 5s 3ms/step - loss: 0.1065 - accuracy: 0.9672
Epoch 4/5
1875/1875 [==============================] - 5s 3ms/step - loss: 0.0893 - accuracy: 0.9723
Epoch 5/5
1875/1875 [==============================] - 5s 3ms/step - loss: 0.0761 - accuracy: 0.9761
313/313 - 0s - loss: 0.0762 - accuracy: 0.9762
```

通过上述执行结果可知，训练模型的精确度高达 97. 62%，这是一个非常优秀的结果。

3.1.2 在 Colaboratory 环境实现

实例 3-2：使用 TensorFlow 开发第一个完整的机器学习程序。

源码路径：bookcodes/3/TF01/tf02. ipynb。

1）通过 Google Chrome 浏览器登录 Colaboratory 云端服务器，依次单击右上角的“文件”→“新建笔记本”命令，创建一个新的 Jupyter Notebook 文件，将文件命名为“tf02. ipynb”。

2）在文件 tf02. ipynb 中编写如下所示的代码。

```
import tensorflow as tf

mnist = tf.keras.datasets.mnist
(x_train, y_train), (x_test, y_test) =mnist.load_data()
x_train, x_test = x_train / 255.0, x_test / 255.0

model = tf.keras.models.Sequential([
  tf.keras.layers.Flatten(input_shape = (28, 28)),
  tf.keras.layers.Dense(128, activation = 'relu'),
  tf.keras.layers.Dropout(0.2),
  tf.keras.layers.Dense(10, activation = 'softmax')
])

model.compile(optimizer = 'adam',
```

```
              loss='sparse_categorical_crossentropy',
              metrics=['accuracy'])

model.fit(x_train, y_train, epochs=5)
model.evaluate(x_test,  y_test, verbose=2)
```

3）使用 Colaboratory 加速器运行实例文件 tf02. ipynb，依次单击菜单栏中的“代码执行程序”→“更改运行时类型”命令，如图 3-1 所示。在弹出的对话框中选择硬件加速器，例如选择“GPU”，然后单击“保存”按钮，如图 3-2 所示。

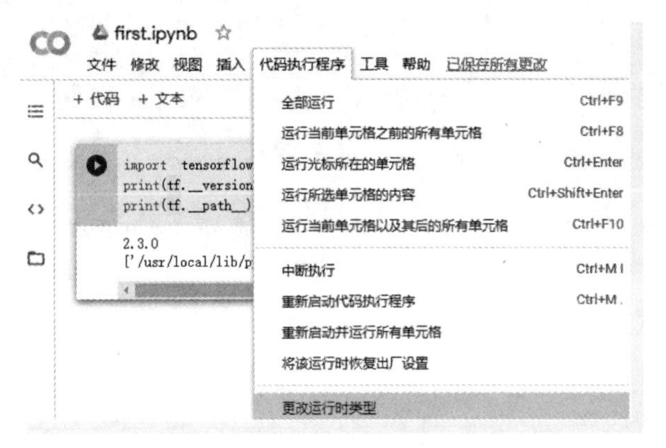

● 图 3-1 单击“更改运行时类型”命令

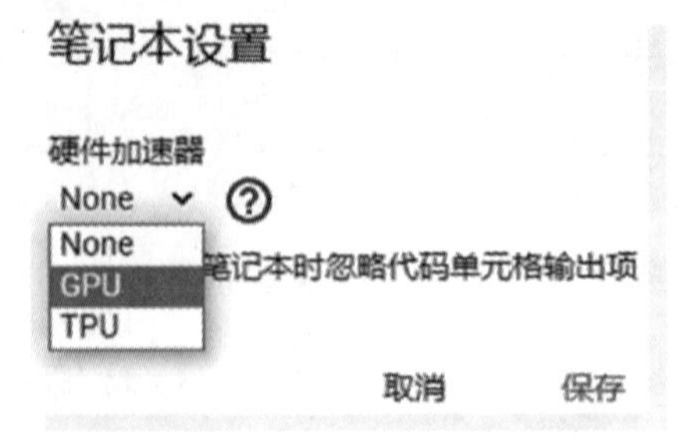

● 图 3-2 选择硬件加速器

4）单击按钮运行文件 tf02. ipynb，执行效果如图 3-3 所示。

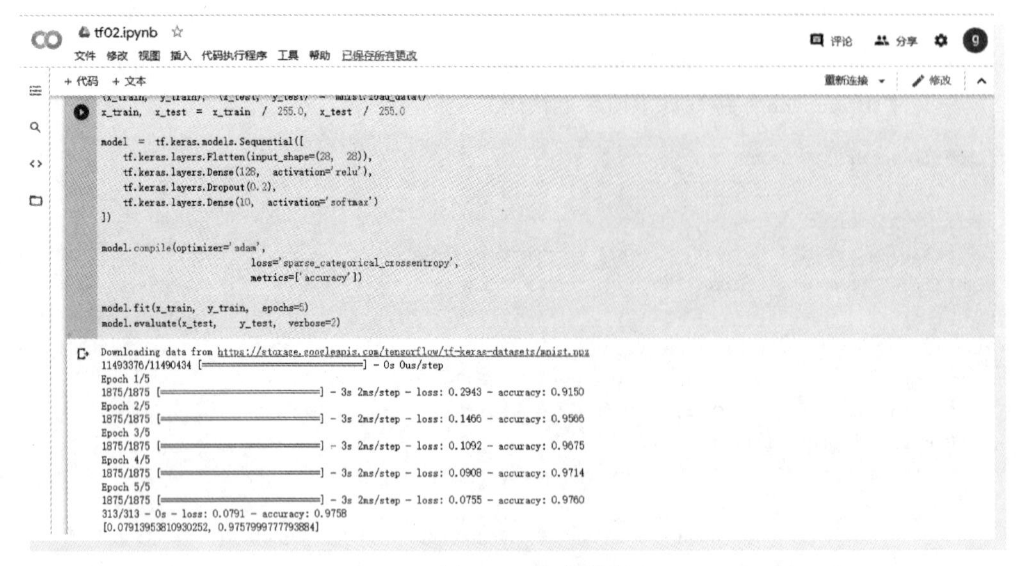

● 图 3-3 执行效果

3.2 基于 TensorFlow 机器学习核心算法创建模型

TensorFlow 既可以实现机器学习算法，也可以实现深度学习算法。在本节的内容中，将详细讲解 TensorFlow 常用机器学习核心算法的知识，并通过具体实例讲解这些算法的用法。

3.2.1 线性回归算法

线性回归（Linear Regression）算法是利用数理统计中的回归分析，来确定两种或两种以上变量间相互依赖的定量关系的一种统计分析方法。在人工智能领域，经常用线性回归算法解决回归问题。在统计学中，线性回归是利用线性回归方程的最小平方函数对一个或多个自变量和因变量之间关系进行建模的一种回归分析。这种函数是一个或多个回归系数的模型参数的线性组合。只有一个自变量的情况称为简单回归，大于一个自变量的情况称为多元回归。

线性回归模型经常用最小二乘法逼近来拟合，但它们也可能用别的方法来拟合。最小二乘法逼近可以用来拟合那些非线性的模型。因此，尽管最小二乘法和线性模型是紧密相连的，但它们是不能画等号的。

实例 **3-3**：使用 keras 接口实现线性回归训练。

源码路径：bookcodes/3/zhang/Linear01. py。

在下面的实例中，将介绍如何使用 tensorflow2. x 推荐的 keras 接口更方便地实现线性回归的训练。编写实例文件 Linear01. py，功能是使用 TensorFlow 框架构造一个简单的线性回归模型（Linear Regression Model，LRM）。首先是构造数据集，使用的函数是 $y = wx + b$ 的形式。然后初始化参数 $w = 0.5$ 和 $b = 0.3$，使用梯度下降算法进行训练，得出参数的训练值。Loss 函数直接采用均方差的形式，进行 100 次迭代。文件 Linear01. py 的具体实现流程如下所示。

1）引入所需要的函数库，然后构造数据，分别设置权重 true_w 和偏置 true_b，生成 1000 个数据点。其中偏置其实就是函数的截距，与线性方程 $y = wx + b$ 中的 b 的意义是一致的，代码如下。

```
import tensorflow as tf
from tensorflow import keras
from tensorflow.keras import layers
from tensorflow import initializers as init
from tensorflow import losses
from tensorflow.keras import optimizers
from tensorflow import data as tfdata

#生成数据
num_inputs = 2     #数据有两个特征
num_examples = 1000     #共有 1000 条数据
true_w = [2, -3.4]     #两个特征的权重
```

```
true_b = 4.2    #偏置
features = tf.random.normal(shape = (num_examples, num_inputs),stddev = 1)    #随机生成一个
1000* 2 的矩阵,每行代表一条数据
labels = true_w[0] * features[:, 0] + true_w[1] * features[:, 1] + true_b    #计算 y 值
labels + = tf.random.normal(labels.shape,stddev = 0.01)    #加上一个偏差
```

2）开始组合数据，随机打乱生成的1000个数据点，其中一个batch包含10条元数据。然后分别定义模型、网络层、损失函数和优化器，代码如下。

```
#组合数据
batch_size = 10
#将训练数据的特征和标签组合
dataset =tfdata.Dataset.from_tensor_slices((features, labels))    #按第 0 维进行切分并和标签
组合
#随机读取小批量数据
dataset = dataset.shuffle(buffer_size = num_examples)    #随机打乱 1000 条数据
dataset = dataset.batch(batch_size)
data_iter = iter(dataset)    #生成一个迭代器

model =keras.Sequential()    # 定义模型
model.add(layers.Dense(1, kernel_initializer = init.RandomNormal(stddev = 0.01)))    # 定义网
络层

loss = losses.MeanSquaredError()  # 定义损失函数
trainer = optimizers.SGD(learning_rate = 0.03)  #定义优化器算法为随机梯度下降
```

3）开始训练数据，将全体数据循环3次，每次遍历完毕后将输出显示损失，代码如下。

```
loss_history = []
num_epochs = 3
for epoch in range(1, num_epochs + 1):
    for (batch, (X, y)) in enumerate(dataset):    #对每一个 batch 循环
        with tf.GradientTape() as tape:    # 定义梯度
            l = loss(model(X, training = True), y)
        loss_history.append(l.numpy().mean())  # 记录该 batch 的损失
        grads = tape.gradient(l, model.trainable_variables)    # 调用 tape.gradient 函数找到变量的
梯度
        trainer.apply_gradients(zip(grads, model.trainable_variables))    #更新权重

    l = loss(model(features), labels)  #遍历完一次全体数据后的损失
    print('epoch %d, loss: %f' % (epoch, l))
```

执行后会输出：

```
epoch 1, loss: 0.000273
epoch 2, loss: 0.000104
epoch 3, loss: 0.000104
```

在本实例中，因为要求循环所有数据3次，而每一次循环都是小批量数据循环，每个小批量数据里都有10条数据，所以首先写出两个for循环，最里层的循环是每次循环10条数据。通过调用tensorflow. GradientTape记录动态图梯度，之前定义的损失函数是均方误差，需要真实值和模型值，于是把model（X）和y输入loss里。

可以记录每个batch的损失添加到loss_history中。通过model. trainable_variables找到需要更新的变量，并用trainer. apply_gradients更新权重，完成一步训练。

3.2.2 逻辑回归算法

逻辑回归（Logistic Regression）算法是一种广义的线性回归分析模型，常用于数据挖掘、疾病自动诊断、经济预测等领域。简单来说，逻辑回归是一种用于解决二分类（0或1）问题的机器学习方法，用于估计某种事物的可能性。比如某用户购买某商品的可能性、某病人患有某种疾病的可能性，以及某广告被用户点击的可能性等。注意，这里用的是“可能性”，而非数学上的“概率”，逻辑回归的结果并非数学定义中的概率值，不可以直接当作概率值来用。该结果往往用于和其他特征值加权求和，而非直接相乘。

逻辑回归与线性回归有什么关系？逻辑回归与线性回归都是一种广义线性模型（Generalized Linear Model）。逻辑回归假设因变量y服从伯努利分布，而线性回归假设因变量y服从高斯分布。因此，逻辑回归与线性回归有很多相同之处，如果去除Sigmoid映射函数的话，逻辑回归算法就是一个线性回归算法。可以说，逻辑回归是以线性回归为理论支持的，但是逻辑回归算法通过Sigmoid函数引入了非线性因素，因此可以轻松处理二分类（0或1）问题。

实例3-4： 使用Logistic Regression算法处理信用卡欺诈数据集。

源码路径：bookcodes/3/zhang/logistic01. py。

在下面的实例文件Logistic01. py中，使用的数据集是信用卡欺诈数据集credit-a. csv，然后使用逻辑回归算法进行处理。

1）首先是读取数据集的信息，代码如下。

```
import tensorflow as tf
import pandas as pd
import matplotlib.pyplot as plt
#读取数据集
data = pd.read_csv('dataset/credit-a.csv')
print(data.head())
```

执行后会输出：

```
  0  30.830.1  0.2  0.3  9  0.4  1.25  0.5  0.6  1  1.1  0.7  202  0.8   -1
0 1  58.674.4600    0    8  1    3.04  0    0    6  1    0    43   560.0-1
1 1  24.500.5000    0    8  1    1.50  0    1    0  1    0    280  824.0-1
```

```
2  0  27.831.5400  0  9  0  3.75  0  0  5  0  0  100  3.0     -1
3  0  20.175.6250  0  9  0  1.71  0  1  0  1  2  120  0.0     -1
4  0  32.084.0000  0  6  0  2.50  0  1  0  0  0  360  0.0     -1
```

从上述输出结果可以看出，此数据集没有表头，把第一行数据当成了表头，通过如下代码重读一遍数据，查看第15列结果有几类。

```
#查看第15列结果有几类
data.iloc[:,-1].value_counts()
```

此时执行后会输出：

```
[5 rows x 16 columns]
  0     1      2  3  4  5  6    7  8  9 10  11  12   13     14   15
0  0  30.83  0.000  0  0  9  0  1.25  0  0  1  1  0  202    0.0  -1
1  1  58.67  4.460  0  0  8  1  3.04  0  0  6  1  0   43  560.0  -1
2  1  24.50  0.500  0  0  8  1  1.50  0  1  0  1  0  280  824.0  -1
3  0  27.83  1.540  0  0  9  0  3.75  0  0  5  0  0  100    3.0  -1
4  0  20.17  5.625  0  0  9  0  1.71  0  1  0  1  2  120    0.0  -1
Model: "sequential_2"
```

2）使用逻辑回归对数据进行处理，所以先把 -1 全部替换成0，代码如下。

```
#构造 x,y
x = data.iloc[:,:-1]
y = data.iloc[:,-1].replace(-1,0)
#构建一个输入为15、隐藏层为[10 10]、输出层为1的神经网络,由于是逻辑回归,最后输出层的激活函数为 sigmoid
model = tf.keras.Sequential([
    tf.keras.layers.Dense(10,input_shape=(15,),activation='relu'),
    tf.keras.layers.Dense(10,activation='relu'),
    tf.keras.layers.Dense(1,activation='sigmoid')
])
model.summary()
```

3）设置优化器和损失函数，然后训练80次，代码如下。

```
model.compile(
    optimizer = 'adam',     #优化器
    loss='binary_crossentropy',     #损失函数,交叉熵
    metrics=['acc']     #准确率
)
#训练80次
history = model.fit(x,y,epochs=80)
```

4）通过如下代码绘制训练次数与 loss（损失函数）的图像。

```
plt.plot(history.epoch, history.history.get('loss'))
```

执行后的效果如图3-4所示。

5）通过如下代码绘制训练次数与准确率的图像。

```
plt.plot(history.epoch, history.history.get('acc'))
```

执行后的效果如图 3-5 所示。

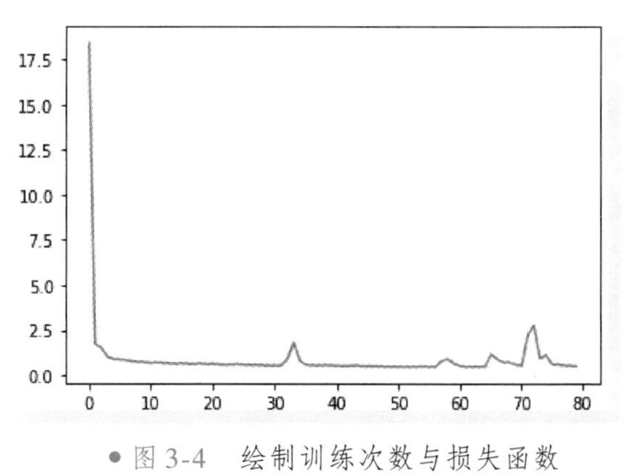

● 图 3-4　绘制训练次数与损失函数

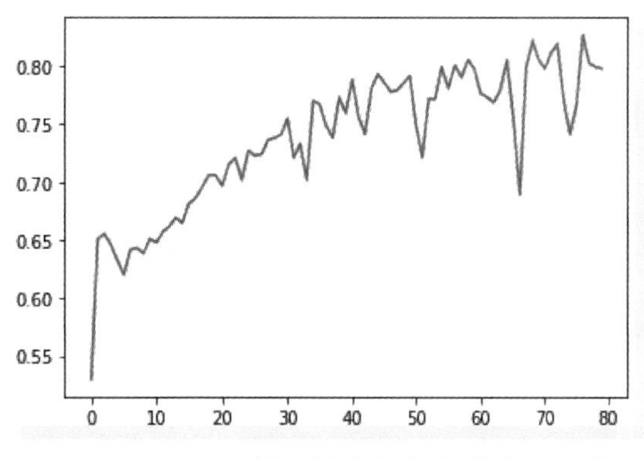

● 图 3-5　绘制训练次数与准确率的图像

3.2.3　二元决策树算法

二元决策树就是基于属性做一系列的二元（是/否）决策。在每次决策后，要么会引出另外一个决策，要么会生成最终的结果。

学习过二叉树的读者会知道二叉树是一个连通的无环图，每个节点最多有两个子树的树结构。图 3-6a 就是一个深度 k = 3 的二叉树。二元决策树与此类似，只不过二元决策树是基于属性做一系列二元（是/否）决策。每次决策从下面的两种决策中选择一种，然后又会引出另外两种决策，依次类推直到叶子节点：即最终的结果。也可以将二元决策树理解为是对二叉树的遍历，或者是很多层的 if…else 嵌套。

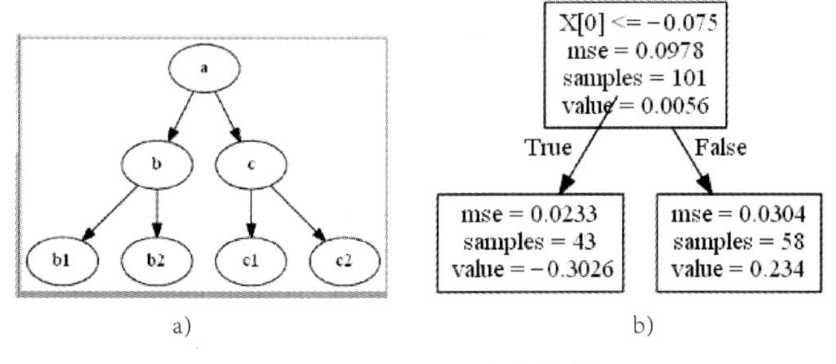

● 图 3-6　二元决策树

读者需要特别注意的是：二元决策树中的深度算法与二叉树中的深度算法是不一样的。二叉树的深度是指有多少层，而二元决策树的深度是指经过多少层计算。以图 3-6a 为例，二叉树的深度 k = 3，而在二元决策树中深度 k = 2。图 3-6b 就是一个二元决策树的例子，其中最关键的是如何选择切割点：即 X [0] < = -0.075 中的 -0.0751 是如何选择出来的。

逻辑回归与决策树的区别如下。

1）逻辑回归通常用于分类问题，决策树可回归、可分类。

2）逻辑回归是线性函数，决策树是非线性函数。

3）逻辑回归的表达式很简单，回归系数就能确定模型。

在二元决策树算法中，切割点的选择是最核心的部分。其基本思路是遍历所有数据，尝试将每个数据作为分割点，并计算此时左右两侧数据的离差平方和，并从中找到最小值。然后找到离差平方和最小时对应的数据，这个数据就是最佳分割点。

实例 3-5：选择二元决策树切割点。

源码路径：bookcodes/3/zhang/binary01. py。

请看下面的实例文件 binary01. py，功能是根据上面描述的算法思想选择二元决策树切割点，具体实现代码如下。

```
import numpy
import matplotlib.pyplot as plot

#建立一个有 100 条数据的测试集
nPoints = 100

#x 的取值范围：-0.5 ~ +0.5 的 nPoints 等分数列
xPlot = [ -0.5 +1/nPoints* i for i in range(nPoints + 1)]

#y 值:在 x 的取值上加一定的随机值或者叫噪声数据
#设置随机数算法生成数据时的开始值,保证随机生成的数值一致
numpy.random.seed(1)
#随机生成宽度为 0.1 的标准正态分布的数值
#上面的设置是为了保证 numpy.random 这步生成的数据一致
y = [s + numpy.random.normal(scale=0.1) for s in xPlot]


#离差平方和列表
sumSSE = []
for i in range(1, len(xPlot)):
    #以 xPlot[i]为界,分成左侧数据和右侧数据
    lhList = list(xPlot[0:i])
    rhList = list(xPlot[i:len(xPlot)])

    #计算每侧的平均值
```

```
    lhAvg = sum(lhList) / len(lhList)
    rhAvg = sum(rhList) / len(rhList)

    #计算每侧的离差平方和
    lhSse = sum([ (s - lhAvg) * (s - lhAvg) for s in lhList])
    rhSse = sum([ (s - rhAvg) * (s - rhAvg) for s in rhList])

    #统计总的离差平方和,即误差和

    sumSSE.append(lhSse + rhSse)

#找到最小的误差和
minSse = min(sumSSE)
#产生最小误差和时对应的数据索引
idxMin = sumSSE.index(minSse)
#打印切割点数据及切割点位置
print("切割点位置:" + str(idxMin))     #49
print("切割点数据:" + str(xPlot[idxMin]))## - 0.010000000000000009

#绘制离差平方和随切割点变化而变化的曲线
plot.plot(range(1, len(xPlot)), sumSSE)
plot.xlabel('Split Point Index')
plot.ylabel('Sum Squared Error')
plot.show()
```

执行后，会绘制出根据测试数据选择二元决策树切割点的曲线图，如图3-7所示。

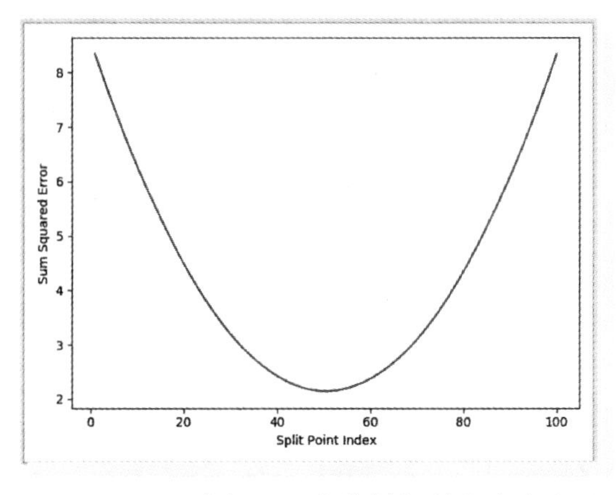

图3-7 选择二元决策树切割点的曲线图

3.2.4 Bagging算法

Bagging算法的英文全称是Bootstrap Aggregating，通常被翻译为引导聚集算法，又称为装袋算法，是机器学习领域的一种团体学习算法。Bagging 算法最初由 Leo Breiman 于 1996 年提出，此算法可与其他分类、回归算法相结合，在提高准确率和稳定性的同时，通过降低结果方差的方式避免发生过拟合。

在人工智能领域，集成学习有两个流派，一个是 Boosting 流派，它的特点是各弱学习器之间有依赖关系。另一种是 Bagging 流派，它的特点是各弱学习器之间没有依赖关系，可以并行拟合。

Bagging 是通过结合几个模型降低泛化误差的技术，主要方法是分别训练几个不同的模型，然后让所有模型表决测试样例的输出。这是机器学习中常规策略的一个例子，被称为模型平均（Model Averaging），采用这种策略的技术被称为集成方法。

模型平均奏效的原因是不同的模型通常不会在测试集上产生完全相同的误差，模型平均是一个减少泛化误差的非常强大可靠的方法。在作为科学论文算法的基准时，通常不鼓励使用模型平均，因为任何机器学习算法都可以从模型平均中大幅获益（以增加计算和存储为代价）。

Bagging 算法的基本步骤是给定一个大小为 n 的训练集 D，Bagging 算法从中均匀、有放回（即使用自主抽样法，简单随机抽样的操作方式之一）地选出 m 个大小为 n的子集 Di 作为新的训练集。在这 m 个训练集上可以使用分类、回归等算法得到 m 个模型，再通过取平均值、取多数票等方法得到 Bagging 的结果。

Bagging 算法的原理如图 3-8 所示，主要方法是分别构造多个弱学习器，多个弱学习器相互之间是并行的关系，可以同时训练，最终将多个弱学习器结合起来。

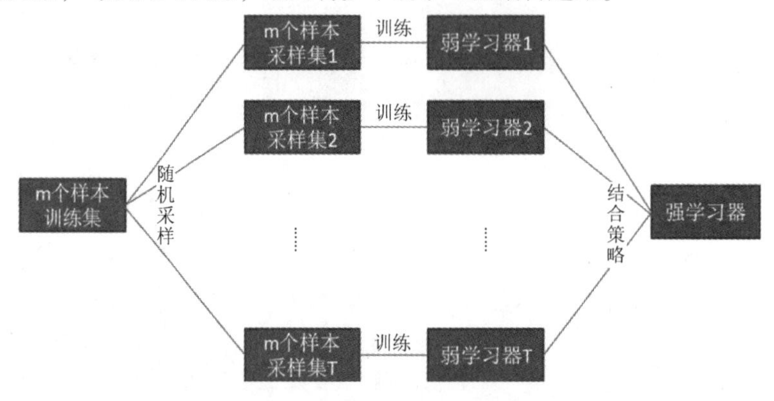

● 图 3-8　Bagging 算法的原理

Bagging 算法的主要特点在于随机采样（Bootstrap Sample），那么什么是随机采样（自主采样）？随机采样表示从 n 个数据点中有放回地重复随机抽取一个样本（即同一个样本可被多次抽取），一共抽取 n 次。创建一个与原数据大小相同的数据集，但有些数据点会缺失（大约缺失 1/3），有些会重复。请看下面的举例说明。

```
原数据集:['a', 'b', 'c', 'd']
随机采样 1:['c', 'd', 'c', 'a']
```

```
随机采样2:['d', 'd', 'a', 'b']
…
```

一般将缺失的数据点称为袋外数据（Out Of Bag，OOB），因为这些数据没有参与训练集模型的拟合，所以可以用来检测模型的泛化能力。

Bagging算法的主要功能是实现采样，可以从数据集中随机选择行数据，并将它们添加到新列表来创建数据集成为新的样本。可以重复对固定数量的行进行此操作，或者一直到新数据集的大小与原始数据集的大小的比率达到要求为止。每采集一次数据，都会进行放回，然后再次采集。例如在实例文件Bagging01.py中，通过函数subsample()实现了上述采样过程。随机模块中的函数randrange()用于选择随机行索引，以便在循环的每次迭代中将其添加到样本中，样本默认数量的大小是原始数据集的大小。在函数subsample()中创建了一个包含20行，里面的数字是0～9之间的随机值，并且计算它们的平均值。然后可以制作原始数据集的自主样本集，不断重复这个过程，直到有一个均值列表，然后计算平均值，这个平均值跟整个样本的平均值是非常接近的。

实例**3-6**：　使用Bagging算法实现采样。

源码路径：bookcodes/3/zhang/Bagging01.py。

实例文件Bagging01.py的具体实现代码如下所示。

```
from random import seed
from random import randrange

#使用 replacement 从数据集中创建随机子样本
def subsample(dataset, ratio=1.0):
    sample = list()
    n_sample = round(len(dataset) * ratio)
    while len(sample) < n_sample:
        index =randrange(len(dataset))
        sample.append(dataset[index])
    return sample


#计算一系列数字的平均数
def mean(numbers):
    return sum(numbers) / float(len(numbers))


seed(1)
#真实值
dataset = [[randrange(10)] for i in range(20)]
print('True Mean: %.3f' % mean([row[0] for row in dataset]))
#估计值
ratio = 0.10
```

```
for size in [1, 10, 100]:
    sample_means = list()
    for i in range(size):
        sample = subsample(dataset, ratio)
        sample_mean = mean([row[0] for row in sample])
        sample_means.append(sample_mean)
    print('Samples = % d, Estimated Mean: % .3f' % (size, mean(sample_means)))
```

在上述代码中，每个自举样本都是原始样本的 10%，也就是 2 个样本。然后通过创建原始数据集的 1 个、10 个、100 个自举样本计算它们的平均值，最后使用这些估计的平均值来进行实验。执行后会打印输出要估计的原始数据的平均值，打印输出如下。

```
True Mean: 4.500
Samples =1, Estimated Mean: 4.000
Samples =10, Estimated Mean: 4.700
Samples =100, Estimated Mean: 4.570
```

接下来可以从各种不同数量的自举样本中看到估计的平均值。通过平均值的结果可以看到，通过 100 个样本可以很好地估计平均值。

3.2.5 Boosting 算法

Boosting 算法又被称为提升方法，是一种用来减小监督式学习中偏差的机器学习算法。Boosting 算法来源于迈可·肯斯（Michael Kearns）提出的问题：一组“弱学习者”的集合能否生成一个“强学习者”？弱学习者一般是指一个分类器（在机器学习中，分类器的作用是在标记好类别的训练数据基础上判断一个新的观察样本所属的类别），它的结果只比随机分类好一点；强学习者是指分类器的结果非常接近真值。

Valiant 和 Kearns 提出了弱学习和强学习的概念，将识别错误率小于 1/2，即准确率仅比随机猜测略高的学习算法称为弱学习算法。将识别准确率很高并能在多项式时间（在决定型机器上是最小的复杂度类别）内完成的学习算法称为强学习算法。同时，Valiant 和 Kearns 首次提出了 PAC 学习模型中弱学习算法和强学习算法的等价性问题，也就是任意给定仅比随机猜测略好的弱学习算法，是否可以将其提升为强学习算法？如果二者等价，那么只需找到一个比随机猜测略好的弱学习算法就可以将其提升为强学习算法，而不必寻找很难获得的强学习算法。1990 年，Schapire 最先构造出一种多项式级的算法，这就是最初的 Boosting 算法。1995 年，Freund 和 Schapire 改进了 Boosting 算法，提出了 AdaBoost（Adap tive Boosting）算法，该算法效率和 Freund 于 1991 年提出的 Boosting 算法几乎相同，但不需要任何关于弱学习器的先验知识，因而更容易应用到实际问题当中。之后，Freund 和 Schapire 进一步提出了改变 Boosting 投票权重的 AdaBoost.M1、AdaBoost.M2 等算法，在机器学习领域受到了极大的关注。

Boosting 算法的训练数据都一样，但是每个新的分类器都会根据上一个分类器的误差来做相应调整，最终由这些分类器加权求和得到预测结果。Bagging 算法和 Boosting 算法的区别如下。

- Bagging 算法的每个训练集都不一样，而 Boosting 算法的每个训练集都一样。
- Bagging 算法在最终投票时，每个分类器的权重都一样，而 Boosting 算法在最终投票时，每个分类器权重都不一样。

在现实应用中，最常用的 Boosting 算法是 Adaboost 算法，这是一种迭代算法，其核心思想是针对同一个训练集训练不同的分类器（弱分类器），然后把这些弱分类器集合起来，构成一个更强的最终分类器（强分类器）。

Adaboost 算法解决问题的基本思路如下。

1）通过训练数据训练出一个最优分类器。

2）查看分类器的错误率，把错误分类的样本数据提高一定权重，分类正确的样本数据降低一定权重，然后按每个数据样本不同权重来训练新的最优分类器。

3）最终的投票结果由这些分类器按不同权重来投票决定，其中各分类器的权重，按其预测的准确性来决定。

请看下面的实例文件 Adaboost. py，功能是使用 Adaboost 算法根据心绞痛采样数据进行训练，将训练出的分类器来做预测，并绘制统计假阳性率和真阳性率的 ROC 曲线图。

实例 3-7：使用 Adaboost 算法训练心绞痛采样数据。

源码路径：bookcodes/3/zhang/Adaboost. py。

实例文件 Adaboost. py 的具体实现代码如下所示。

```
from numpy import *

#载入数据
def loadSimpData():
    datMat = matrix([[1., 2.1],
                     [2., 1.1],
                     [1.3, 1.],
                     [1., 1.],
                     [2., 1.]])
    classLabels = [1.0, 1.0, -1.0, -1.0, 1.0]
    return datMat, classLabels

#载入数据
def loadDataSet(fileName):
    numFeat = len(open(fileName).readline().split('\t'))
    dataMat = []
    labelMat = []
```

```
    fr = open(fileName)
    for line in fr.readlines():
        lineArr = []
        curLine = line.strip().split('\t')
        for i in range(numFeat - 1):
            lineArr.append(float(curLine[i]))
        dataMat.append(lineArr)
        labelMat.append(float(curLine[-1]))
    return dataMat, labelMat

#预测分类
def stumpClassify(dataMatrix, dimen, threshVal, threshIneq):
    retArray = ones((shape(dataMatrix)[0], 1))
    if threshIneq == 'lt':     #比阈值小,就归为 -1
        retArray[dataMatrix[:, dimen] <= threshVal] = -1.0
    else:
        retArray[dataMatrix[:, dimen] > threshVal] = -1.0
    return retArray

#建立单层决策树
def buildStump(dataArr, classLabels, D):
    dataMatrix = mat(dataArr)
    labelMat = mat(classLabels).T
    m, n = shape(dataMatrix)
    numSteps = 10.0
    bestStump = {}
    bestClasEst = mat(zeros((m, 1)))
    minError = inf
    for i in range(n):
        rangeMin = dataMatrix[:, i].min()
        rangeMax = dataMatrix[:, i].max()
        stepSize = (rangeMax - rangeMin) / numSteps
        for j in range(-1, int(numSteps) + 1):
            for inequal in ['lt', 'gt']:    #less than 和 greater than
                threshVal = (rangeMin + float(j) * stepSize)
                predictedVals = stumpClassify(dataMatrix, i, threshVal,inequal)
                errArr = mat(ones((m, 1)))
                errArr[predictedVals == labelMat] = 0    #分类错误的标记为 1,正确的标记为 0
                weightedError = D.T * errArr    #增加分类错误的权重
                print("split: dim %d, thresh %.2f, threshineqal: %s, the weighted error is %.3f" \
                      % (i,threshVal, inequal, weightedError))
                if weightedError < minError:
                    minError = weightedError
                    bestClasEst = predictedVals.copy()
                    bestStump['dim'] = i
```

```
                bestStump['thresh'] = threshVal
                bestStump['ineq'] = inequal
    return bestStump, minError, bestClasEst

#训练分类器
def adaBoostTrainDS(dataArr, classLabels, numIt=40):
    weakClassArr = []
    m = shape(dataArr)[0]
    D = mat(ones((m, 1)) / m)  #设置一样的初始权重值
    aggClassEst = mat(zeros((m, 1)))
    for i in range(numIt):
        bestStump, error, classEst = buildStump(dataArr, classLabels, D)  #得到单层最优决策树
        print("D:",D.T)
        alpha = float(0.5 * log((1.0 - error) / max(error, 1e-16)))  #计算 alpha 值
        bestStump['alpha'] = alpha
        weakClassArr.append(bestStump)  #存储弱分类器
        print("classEst: ",classEst.T)
        expon = multiply(-1 * alpha * mat(classLabels).T, classEst)
        D = multiply(D, exp(expon))  # 更新分类器权重
        D = D / D.sum()     #保证权重的和为 1
        aggClassEst += alpha * classEst
        print("aggClassEst: ",aggClassEst.T)
        aggErrors = multiply(sign(aggClassEst) != mat(classLabels).T, ones((m, 1)))     #检
查分类出错的类别
        errorRate = aggErrors.sum() / m
        print("total error: ",errorRate)
        if errorRate == 0.0:
            break
    return weakClassArr, aggClassEst

#用训练出的分类器来做预测
def adaClassify(datToClass, classifierArr):
    dataMatrix = mat(datToClass)
    m = shape(dataMatrix)[0]
    aggClassEst = mat(zeros((m, 1)))
    for i in range(len(classifierArr)):
        classEst = stumpClassify(dataMatrix, classifierArr[i]['dim'], \
                    classifierArr[i]['thresh'], \
                    classifierArr[i]['ineq'])
        aggClassEst += classifierArr[i]['alpha'] * classEst
        print(aggClassEst)
    return sign(aggClassEst)

#绘制 ROC 曲线
```

```
def plotROC(predStrengths, classLabels):
    import matplotlib.pyplot as plt
    cur = (1.0, 1.0)
    ySum = 0.0
    numPosClas = sum(array(classLabels) == 1.0)
    yStep = 1 / float(numPosClas)
    xStep = 1 / float(len(classLabels) - numPosClas)
    sortedIndicies = predStrengths.argsort()
    fig =plt.figure()
    fig.clf()
    ax =plt.subplot(111)
    for index insortedIndicies.tolist()[0]:
        if classLabels[index] == 1.0:
            delX = 0
            delY = yStep
        else:
            delX = xStep
            delY = 0
            ySum += cur[1]
        ax.plot([cur[0], cur[0] - delX], [cur[1], cur[1] - delY], c='b')
        cur = (cur[0] -delX, cur[1] - delY)
    ax.plot([0, 1], [0, 1], 'b--')
    plt.xlabel('False positive rate')
    plt.ylabel('True positive rate')
    plt.title('ROC curve for AdaBoost horse colic detection system')
    ax.axis([0, 1, 0, 1])
    print("the Area Under the Curve is: ",ySum * xStep)
    plt.show()

if __name__=='__main__':
    filename='horseColicTraining2.txt'
    dataMat,classLabels=loadDataSet(filename)
    weakClassArr, aggClassEst=adaBoostTrainDS(dataMat,classLabels,50)
    plotROC(aggClassEst.T,classLabels)
```

执行后，会将采样数据文件 horseColicTraining2. txt 中的数据进行分类，打印输出下面的分类结果，并使用 Matplotlib 绘制 ROC 曲线，如图 3-9 所示。

```
 1.33293375e+00   1.04464866e-02  -6.15330221e-02  -1.22204712e+00
 1.44950920e+00  -1.55332550e-01  -1.40228115e-01   7.72058165e-01
-1.27237534e+00  -9.64136810e-01  -9.54502029e-01   1.96492679e-02
 2.09790623e+00  -4.81065170e-01   5.10669628e-01   2.61981663e-01
-6.18506290e-01  -5.85793822e-01   3.35764949e-02   1.26445156e+00
-1.41207316e+00   2.14000355e+00   1.69479791e-01   1.07154609e+00
 1.82514963e+00  -4.53144925e-01  -5.58659802e-01   2.09784185e-01
```

```
  1.12743676e+00   4.65909171e-01  5.13407679e-01  1.31611626e+00
  5.60353925e-01   6.26494907e-01 -1.07556829e-01 -2.11320145e-01
 -1.73416247e+00  -5.03280007e-01  2.50745313e-01  8.38002351e-01
  1.43974637e+00   1.99765336e+00  1.31770817e-01  1.79942156e+00
 -6.72795056e-01  -6.55312488e-01  6.64368626e-02  2.25567450e+00
  1.05580742e+00  -1.26959276e+00  4.61697970e-02  1.15089233e-01
  1.72851784e+00   1.88191527e+00 -8.69559981e-01 -1.09087641e+00
 -5.90055252e-01   2.74827155e+00 -1.56792975e-01 -1.18393543e+00
 -1.25859153e+00  -1.92186396e-01  5.70361732e-01]]
total error:  0.18729096989966554
the Area Under the Curve is:  0.8953941870182941
```

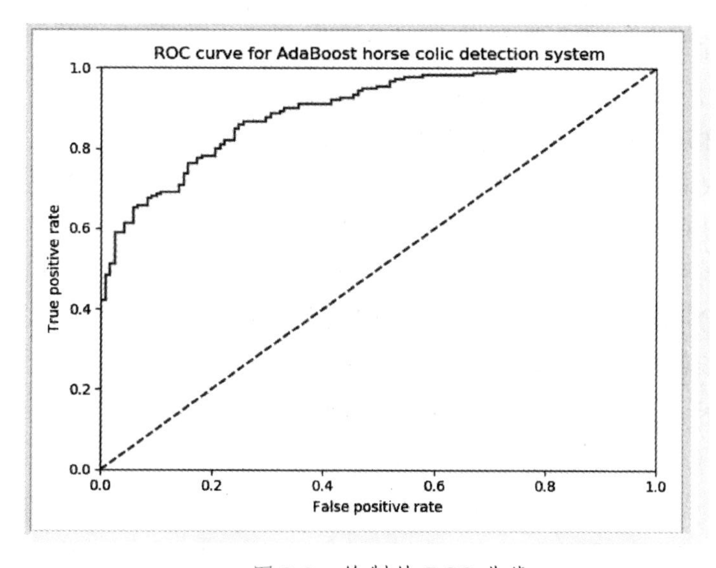

● 图 3-9 绘制的 ROC 曲线

注意：总结 Bagging 和 Boosting 二者之间的区别如下。

(1) 样本选择

- Bagging：训练集是在原始集中有放回地选取的，从原始集中选出的各轮训练集之间是独立的。
- Boosting：每一轮的训练集不变，只是训练集中每个样例在分类器中的权重发生变化，而权重值是根据上一轮的分类结果进行调整的。

(2) 样例权重

- Bagging：使用均匀取样，每个样例的权重相等。
- Boosting：根据错误率不断调整样例的权重值，错误率越大则权重越大。

(3) 预测函数

- Bagging：所有预测函数的权重相等。
- Boosting：每个弱分类器都有相应的权重，对于分类误差小的分类器会有更大的权重。

（4）并行计算

- Bagging：各预测函数可以并行生成。
- Boosting：各预测函数只能顺序生成，因为后一个模型的参数需要前一轮模型的结果。

3.2.6 随机森林算法

随机森林这个术语是1995年由贝尔实验室的Tin Kam Ho所提出的随机决策森林（Random Decision Forests，RF）而来的。在机器学习中，随机森林算法是一个包含多个决策树的分类器，并且其输出的类别是由个别树输出的类别的众数而定的。

随机森林算法是Bagging算法的演进版，进行了一定的改进。随机森林算法具体改进如下所示。

（1）随机森林算法使用了CART决策树作为弱学习器。

（2）在使用决策树的基础上，随机森林算法对决策树的建立做了改进。对于普通的决策树，会在节点上所有的n个样本特征中选择一个最优的特征来做决策树的左右子树划分；但是随机森林算法通过随机选择节点上的一部分样本特征，这个数字小于n，通常用nsub表示；然后在这些随机选择的nsub个样本特征中，选择一个最优的特征来做决策树的左右子树划分，这样进一步增强了模型的泛化能力。

实例3-8：对声纳数据样本进行训练并预测分类结果。

源码路径：bookcodes/3/zhang/Randomtree. py。

请看下面的实例文件Randomtree. py，功能是对声纳数据样本进行训练和预测分类处理，展示了随机森林算法在处理声纳数据集时的作用。读者需要登录如下网址下载声纳数据集文件：

https://archive. ics. uci. edu/ml/datasets/Connectionist + Bench + (Sonar, + Mines + vs. + Rocks)

在上述网址中下载文件sonar. all-data，并将此文件重命名为sonar. all-data. csv。在文件中有208行60列特征（值域为0~1），标签为R/M。表示208个观察对象，60个不同角度返回的力度值，二分类结果是岩石/金属。

将下载的CSV类型的数据集特征转换为浮点型，将标签转换为整型，设置交叉验证集数为5，设置最深为10层，设置叶子节点最少有一个样本。sample_size = 1即不做数据集采样，以（nsub-1）开根号作为列采样数的限制。分别建立1、5、10棵树，对每种树规模（1，5，10）运行5次，取均值作为最后模型效果，最后评估算法。

文件Randomtree. py的具体实现代码如下所示。

```
from random import seed
from random import randrange
```

```
from csv import reader
from math import sqrt

#加载 CSV 文件
def load_csv(filename):
    dataset = list()
    with open(filename, 'r') as file:
        csv_reader = reader(file)
        for row in csv_reader:
            if not row:
                continue
            dataset.append(row)
    return dataset


#将 string 列转换为 float
def str_column_to_float(dataset, column):
    for row in dataset:
        row[column] = float(row[column].strip())


#将 string 列转换为 int
def str_column_to_int(dataset, column):
    class_values = [row[column] for row in dataset]
    unique = set(class_values)
    lookup =dict()
    for i, value in enumerate(unique):
        lookup[value] = i
    for row in dataset:
        row[column] = lookup[row[column]]
    return lookup

#将数据集拆分为 k 个折叠
def cross_validation_split(dataset, n_folds):
    dataset_split = list()
    dataset_copy = list(dataset)
    fold_size = int(len(dataset) / n_folds)
    for i in range(n_folds):
        fold = list()
        while len(fold) < fold_size:
            index =randrange(len(dataset_copy))
            fold.append(dataset_copy.pop(index))
        dataset_split.append(fold)
    return dataset_split
```

```
#计算准确率
def accuracy_metric(actual, predicted):
    correct = 0
    for i in range(len(actual)):
        if actual[i] == predicted[i]:
            correct += 1
    return correct / float(len(actual)) * 100.0

#使用交叉验证拆分评估算法
def evaluate_algorithm(dataset, algorithm, n_folds, *args):
    folds = cross_validation_split(dataset, n_folds)
    scores = list()
    for fold in folds:
        train_set = list(folds)
        train_set.remove(fold)
        train_set = sum(train_set, [])
        ceshi_set = list()
        for row in fold:
            row_copy = list(row)
            ceshi_set.append(row_copy)
            row_copy[-1] = None
        predicted = algorithm(train_set, ceshi_set, *args)
        actual = [row[-1] for row in fold]
        accuracy = accuracy_metric(actual, predicted)
        scores.append(accuracy)
    return scores

#基于属性和属性值拆分数据集
def ceshi_split(index, value, dataset):
    left, right = list(), list()
    for row in dataset:
        if row[index] < value:
            left.append(row)
        else:
            right.append(row)
    return left, right

#计算分割数据集的基尼索引
defgini_index(groups, classes):
    #在分割点计算所有样本
    n_instances = float(sum([len(group) for group in groups]))
    #对每组的和加权基尼指数
    gini = 0.0
```

```
    for group in groups:
        size = float(len(group))
        #避免除 0
        if size == 0:
            continue
        score = 0.0
        #根据每个 class 的分数给小组打分
        for class_val in classes:
            p = [row[-1] for row in group].count(class_val) / size
            score += p * p
        #以相对大小衡量小组得分
        gini += (1.0 - score) * (size / n_instances)
    return gini


#为数据集选择最佳分割点
def get_split(dataset, n_features):
    class_values = list(set(row[-1] for row in dataset))
    b_index, b_value, b_score, b_groups = 999, 999, 999, None
    features = list()
    while len(features) < n_features:
        index = randrange(len(dataset[0]) - 1)
        if index not in features:
            features.append(index)
    for index in features:
        for row in dataset:
            groups = ceshi_split(index, row[index], dataset)
            gini = gini_index(groups, class_values)
            if gini < b_score:
                b_index, b_value, b_score, b_groups = index, row[index],gini, groups
    return {'index': b_index, 'value': b_value, 'groups': b_groups}


#创建终端节点值
def to_terminal(group):
    outcomes = [row[-1] for row in group]
    return max(set(outcomes), key=outcomes.count)


#为节点创建子拆分或生成终端
def split(node, max_depth, min_size, n_features, depth):
    left, right = node['groups']
    del (node['groups'])
    #检查是否有不分裂
    if not left or not right:
```

```
        node['left'] = node['right'] = to_terminal(left + right)
        return
    #检查最大深度
    if depth >= max_depth:
        node['left'], node['right'] = to_terminal(left), to_terminal(right)
        return
    #处理左子级
    if len(left) <= min_size:
        node['left'] = to_terminal(left)
    else:
        node['left'] = get_split(left, n_features)
        split(node['left'], max_depth, min_size, n_features, depth + 1)
    #处理右子级
    if len(right) <= min_size:
        node['right'] = to_terminal(right)
    else:
        node['right'] = get_split(right, n_features)
        split(node['right'], max_depth, min_size, n_features, depth + 1)


#建立决策树
def build_tree(train, max_depth, min_size, n_features):
    root = get_split(train, n_features)
    split(root, max_depth, min_size, n_features, 1)
    return root


#用决策树进行预测
def predict(node, row):
    if row[node['index']] < node['value']:
        if isinstance(node['left'], dict):
            return predict(node['left'], row)
        else:
            return node['left']
    else:
        if isinstance(node['right'], dict):
            return predict(node['right'], row)
        else:
            return node['right']


#从数据集中创建随机子样本
def subsample(dataset, ratio):
    sample = list()
    n_sample = round(len(dataset) * ratio)
```

```
    while len(sample) < n_sample:
        index = randrange(len(dataset))
        sample.append(dataset[index])
    return sample

#用 Bagged Tree 算法作预测
def bagging_predict(trees, row):
    predictions = [predict(tree, row) for tree in trees]
    return max(set(predictions), key=predictions.count)

#随机森林算法
def random_forest(train, test, max_depth, min_size, sample_size, n_trees, n_features):
    trees = list()
    for i in range(n_trees):
        sample = subsample(train, sample_size)
        tree = build_tree(sample, max_depth, min_size, n_features)
        trees.append(tree)
    predictions = [bagging_predict(trees, row) for row in test]
    return (predictions)


#测试随机森林算法
seed(2)
# load and prepare data
filename = 'sonar.all-data.csv'
dataset = load_csv(filename)
#将字符串转换为整数
for i in range(0, len(dataset[0]) - 1):
    str_column_to_float(dataset, i)
#将 class 列转换为整数
str_column_to_int(dataset, len(dataset[0]) - 1)
#评估算法
n_folds = 5
max_depth = 10
min_size = 1
sample_size = 1.0
n_features = int(sqrt(len(dataset[0]) - 1))
for n_trees in [1, 5, 10]:
    scores = evaluate_algorithm(dataset, random_forest, n_folds, max_depth, min_size, sample
_size, n_trees, n_features)
    print('Trees: %d' % n_trees)
    print('Scores: %s' % scores)
    print('Mean Accuracy: %.3f%% ' % (sum(scores) / float(len(scores))))
```

在上述代码中，各自定义函数的具体说明如下。

- load_csv：读取 CSV 文件，按行保存到数组 dataset 中。

- str_column_to_float：将某列字符去掉前后空格，并转换为浮点数格式。
- str_column_to_int：根据分类种类建立字典，标号为 0，1，2，...，将字符串转换为整数。
- cross_validation_split：使用 randrange 函数将数据集划分为 n 个无重复元素的子集。
- accuracy_metric：计算准确率。
- evaluate_algorithm：使用交叉验证，建立 n 个训练集和测试集，返回各模型误差数组。
- test_split：根据特征及特征阈值分割左右子树集合。
- gini_index：在某个点分成了几个子节点并放在 groups 中，这些样本的类有多种，类集合为 classes，计算该点基尼（gini）指数。
- get_split：限定列采样特征个数 n_features，基尼指数代表的是不纯度，基尼指数越小越好，对列采样特征中的每个特征的每个值计算分割下的最小基尼值作为分割依据。
- to_terminal：输出 groups 中出现次数最多的标签，实质上就是多数表决法。
- split：根据树的最大深度、叶子节点最少样本数、列采样特征个数，迭代创作子分类器直到分类结束。
- build_tree：建立一棵树。
- predict：用一棵树预测类。
- subsample：按照一定比例实现 Bagging 采样。
- bagging_predict：用多棵树模型的预测结果做多数表决。
- random_forest：随机森林算法，返回测试集各样本做多数表决后的预测值。

运行上述代码后会输出：

```
Trees: 1
Scores: [56.09756097560976, 63.41463414634146, 60.97560975609756, 58.536585365853654, 73.
17073170731707]
Mean Accuracy: 62.439%
Trees: 5
Scores: [70.73170731707317, 58.536585365853654, 85.36585365853658, 75.60975609756098, 63.
41463414634146]
Mean Accuracy: 70.732%
Trees: 10
Scores: [82.92682926829268, 75.60975609756098, 97.5609756097561, 80.48780487804879, 68.
29268292682927]
Mean Accuracy: 80.976%
```

通过上面的运行结果可以看出，准确率会随着 Trees 数目的增加而上升。

3.2.7 K 近邻算法

K 近邻算法（K-Nearest Neighbor，KNN）是最简单的机器学习算法之一。K 近邻算法的思路是：在特征空间中，如果一个样本附近的K个最近（即特征空间中最邻近）样本的大多数属于某一个类别，则该样本也属于这个类别。

K近邻算法是一种基本分类和回归的方法，给定一个训练数据集，对新的输入实例，在训练数据集中找到与该实例最邻近的K个实例，这K个实例的多数属于某个类，就把该输入实例分类到这个类中。通过上述描述可知，K近邻算法类似于现实生活中少数服从多数的思想。请看图3-10，这是引自维基百科上的一幅图。

如图3-10所示，有两类不同颜色的样本数据，分别用蓝色的小正方形和红色的小三角形表示。图正中间的那个绿色的圆所表示的数据则是待分类的数据。下面根据K近邻算法的思想来给绿色圆点进行分类。

- 如果K = 3，绿色圆点的最邻近的3个点是2个红色小三角形和1个蓝色小正方形，少数从属于多数，基于统计的方法，判定绿色的这个待分类点属于红色小三角形一类。
- 如果K = 5，绿色圆点的最邻近的5个邻居是2个红色小三角形和3个蓝色小正方形，还是少数从属于多数，基于统计的方法，判定绿色的这个待分类点属于蓝色小正方形一类。

从上面例子可以看出，K近邻的算法思想非常简单，只要找到离它最近的K个实例，哪个类别最多即可。那应该怎么选取K近邻的K值呢？如果选取较小的K值，那么整体模型会变得复杂，容易发生过拟合。假设选取K = 1这个极端情况，怎么就使得模型变得复杂，又容易过拟合了呢？例如有训练数据和待分类数据如图3-11所示。

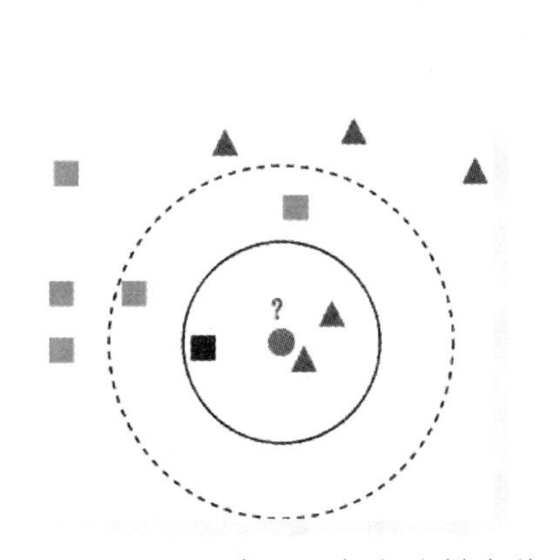

图3-10　两类不同颜色的样本数据

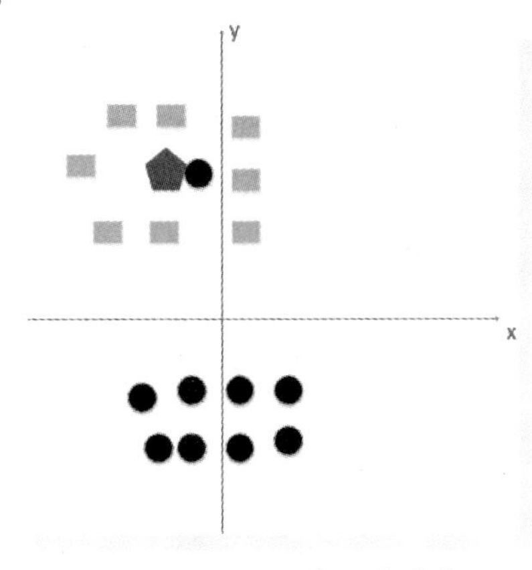

图3-11　待分类数据

在图3-11中有两类数据，一类是黑色的圆点，另一类是蓝色的长方形，待分类数据是红色的五边形。根据K近邻算法来决定待分类数据应该归为哪一类。由图3-11很容易看出来五边形离黑色的圆点最近，K又等于1，所以最终判定待分类数据属于黑色的圆点。

可以很容易感觉出上述处理过程的问题，如果K太小，比如等于1，那么模型就会太复杂。这样会容易学习到噪声。而在上图中，如果K大一点，例如K等于9，把长方形都包括进来，就很容易得到正确的分类应该是蓝色的长方形，如图 3-12 所示。

过拟合是指在训练集上准确率非常高，而在测试集上准确率非常低。经过上面的操作可以得出以下结论。

- 如果 K 太小会导致过拟合，很容易将一些噪声（如图 3-11 中离五边形很近的黑色圆点）学习到模型中，而忽略了数据的真实分布。
- 如果选取较大的 K 值，就相当于用较大邻域中的训练数据进行预测，这时与输入实例较远的（不相似）训练实例也会对预测起作用，使预测发生错误。K 值的增大意味着模型整体变得简单。

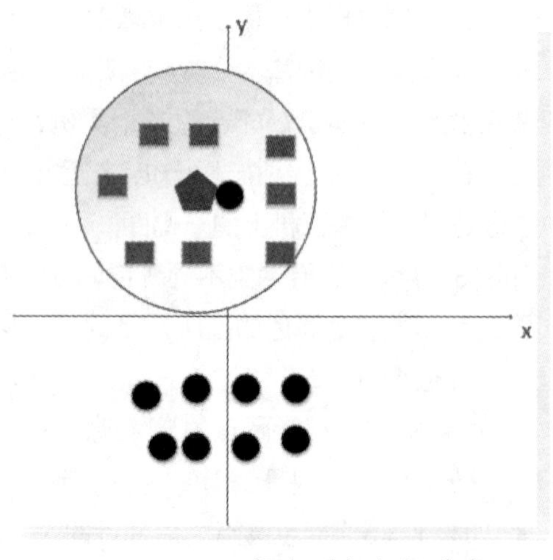

● 图 3-12　长方形都包括进来

如果 K = N，N 表示训练样本的个数，那么无论输入的实例是什么，都将简单地预测它属于在训练实例中最多的类。这时模型非常简单，相当于没有训练模型，直接将训练数据统计了一下各数据的类别，找出其中的数量最大的类别而已。

使用 K 近邻算法的基本步骤如下。

1）计算距离：给定测试对象，计算它与训练集中每个对象的距离。

2）找邻居：圈定距离最近的 K 个训练对象，作为测试对象的近邻。

3）做分类：根据这 K 个近邻归属的主要类别，来对测试对象进行分类。

实例 3-9：　使用 K 近邻算法分类 Fashion-MNIST 数据集中的图像。

源码路径：bookcodes/3/zhang/clothing-recognition。

请看下面的实例文件 knn. py，功能是使用 K 近邻算法 Fashion-MNIST 对数据集中的图像进行分类。实例的具体实现流程如下所示。

1）准备数据。本实例将使用来自 UCI 机器学习库的汽车评估数据集 car. data，下载地址是 http：//techwithtim. net/wp-content/uploads/2019/01/Car-Data-Set. zip。下载完成后向文件 car. data 中添加文件头 buying、maint、door、persons、lug_boot、safety、class，如图 3-13 所示。

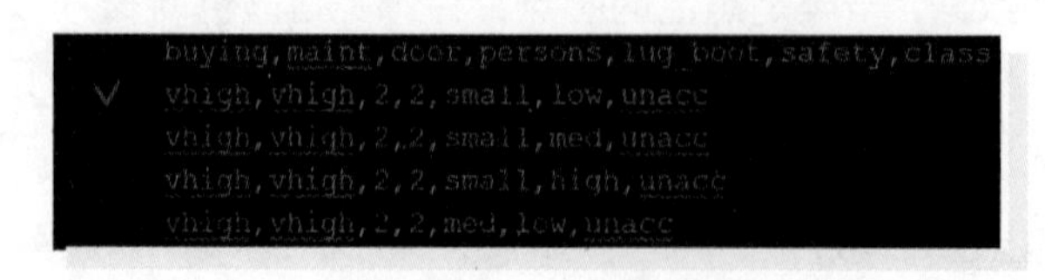

```
buying,maint,door,persons,lug_boot,safety,class
vhigh,vhigh,2,2,small,low,unacc
vhigh,vhigh,2,2,small,med,unacc
vhigh,vhigh,2,2,small,high,unacc
vhigh,vhigh,2,2,med,low,unacc
```

● 图 3-13　添加文件头

2）编写实例文件 knn_utils. py 实现 K 近邻算法分类。首先将训练数据拆分为“训练”集和“验证”集，然后将训练数据从（60000，（28，28））扁平化到（60000，784），最后实现数据归一化（除以 255 即可）。在本实例中将选择最佳的 k 参数和“接近度”参数。实例文件 knn_utils. py 的主要实现代码如下。

```
def candidate_k_values(min_k=1, max_k=25, step=1):
    """
    :return: list of candidates k values to check
    """
    return range(min_k, max_k, step)

def predict_prob(X_test, X_train, y_train, k):
    """
    :param X_test: test data matrix [N1xW]
    :param X_train: training data matrix [N2xW]
    :param y_train: real class labels for *x_train* object [N2X1]
    :param k: amount of nearest neighbours
    :return: matrix with probability distribution p(y|x) for every class and *x_test* object [N1xM]
    """
    distances = distances_methods[used_distance_number](X_test, X_train)
    sorted_labels = sort_train_labels(distances, y_train)
    return p_y_x(sorted_labels, k)

def predict_prob_with_batches(X_test, X_train, y_train, k, batch_size):
    """
    Split *x_test* to batches and for each one calc matrix with probability distribution p(y|
x) for every y class
    :param k: amount of nearest neighbours
    :return: list of matrices with probability distribution p(y|x) for every x_test batch
    """
    if batch_size < len(X_test):
        test_batches = split_to_batches(X_test, batch_size)
        batches_qty = len(test_batches)
        y_prob = [predict_prob(test_batches[i], X_train, y_train, k) for i in range(batches_qty)]
        return y_prob
    return [predict_prob(X_test, X_train, y_train, k)]
```

3）编写文件 knn_main. py 搜索最佳 K 值。对测试数据进行预测并计算之前已经找到的 K 的准确度，然后绘制训练图像，并绘制带有预测的示例图像。文件 knn_main. py 的主要实现代码如下。

```
def run_knn_test(val_size=VAL_SIZE, k=BEST_K):
    print('\n------------- KNN model - predicting  ')
    print('------------- Loading data  ')
```

```
    X_train, y_train, X_test, y_test = pre_processing_dataset()
    (X_train, y_train), (_, _) = split_to_train_and_val(X_train, y_train, val_size)
    start_total_time = time.time()
    print('------------ Making labels predictions for test data')
    start_time = time.time()
    predictions_list = predict_prob_with_batches(X_test, X_train, y_train, k, BATCH_SIZE)
    print("- Completed in: ", convert_time(time.time() - start_time))
    print('\n------------ Predicting labels for test data')
    predicted_labels = predict_labels_for_every_batch(predictions_list)
    print('------------ Saving prediction results to file')
    save_labels_to_csv(predicted_labels, LOGS_PATH,  PREDICT_CSV_PREFIX + distance_name + "
_k" + str(k))
    print('------------ Evaluating accuracy ')
    accuracy = calc_accuracy(predicted_labels, y_test)
    print('------------ Saving prediction results to file  ')
    print('------------ Results ')
    accuracy_file_path = LOGS_PATH + ACCURACY_TXT_PREFIX + str(k) + '_' + distances_name
[used_distance_number]
    clear_log_file(accuracy_file_path)
    log("KNN\n", accuracy_file_path)
    log('Distance calc algorithm: ' + distance_name, accuracy_file_path)
    log('k: ' + str(k), accuracy_file_path)
    log('Train images qty: ' + str(X_train.shape[0]), accuracy_file_path)
    log('Accuracy: ' + str(accuracy) + '% \nTotal calculation time= ' + str(
        convert_time(time.time() - start_total_time)), accuracy_file_path)
    print('\n------------ Result saved to file ')
    return predictions_list, predicted_labels

def select_best_k(X_train, y_train, val_size=VAL_SIZE, batch_size=BATCH_SIZE):
    print('------------ Searching for best k value')
    start_time = time.time()
    (X_train, y_train), (X_val, y_val) = split_to_train_and_val(X_train, y_train, val_size)
    err, k = model_select_with_splitting_to_batches(X_val, X_train, y_val, y_train, candi-
date_k_values(), batch_size)
    calc_time = convert_time(time.time() - start_time)
    k_searching_path = LOGS_PATH + K_SEARCHING_TXT_PREFIX + str(k)
    clear_log_file(k_searching_path)
    print('------------ Best k has been found ')
    log('One batch size: ' + str(batch_size), k_searching_path)
    log('Train images qty: ' + str(X_train.shape[0]), k_searching_path)
    log('Validation images qty: ' + str(X_val.shape[0]), k_searching_path)
    log('Distance calc algorithm: ' + distance_name, k_searching_path)
```

```
    log('Best k: ' + str(k) + '\nBest error: ' + str(err) + "\nCalculation time: " + str(calc
_time), k_searching_path)
    return k
def get_debased_data(batch_size=500):
    returntuple([split_to_batches(d, batch_size)[0] for d in [*pre_processing_dataset()]])

def plot_examples(predictions, predicted_labels):
    X_train, y_train, X_test, y_test = load_normal_data()
    X_train, X_test = scale_x(X_train, X_test)
    image_path = MODELS_PATH + EXAMPLE_IMG_PREFIX
    plot_rand_images(X_train, y_train, image_path, 'png')
    plot_image_with_predict_bar(X_test, y_test, predictions, predicted_labels, image_path, '
png')

if __name__ == "__main__":
    X_train, y_train, X_test, y_test = pre_processing_dataset()
    best_k = select_best_k(X_train, y_train)
    predictions_list, predicted_labels = run_knn_test(k=best_k)
    plot_examples(predictions_list[0], predicted_labels)
    exit(0)
```

在本实例中，通过 app. utils. data_utils. plot_rand_images 模块实现数据的归一化处理，处理结果如图 3-14 所示。

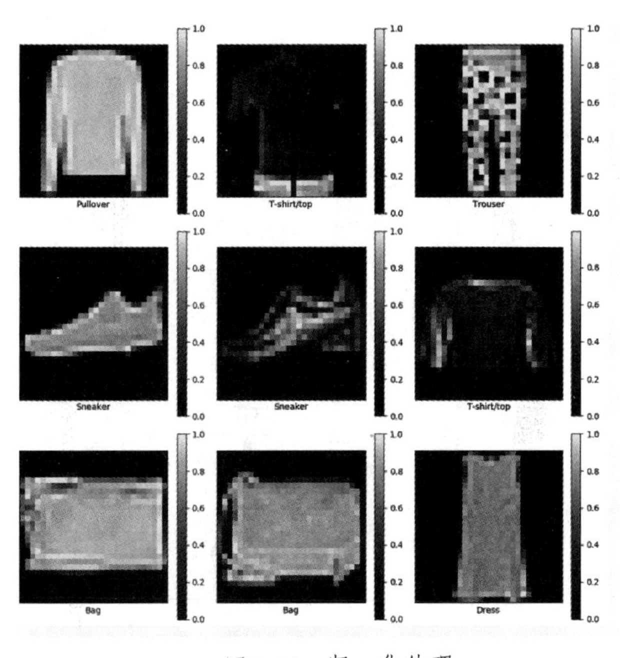

● 图 3-14　归一化处理

寻找 K 近邻算法最佳 K 值的过程如图 3-15 所示。

```
1 Searching best k for batch: 1/6
2 Done in: 0:03:03.158748
3 Searching best k for batch: 2/6
4 Done in: 0:03:34.378442
5 Searching best k for batch: 3/6
6 Done in: 0:03:06.844948
7 Searching best k for batch: 4/6
8 Done in: 0:03:00.084049
9 Searching best k for batch: 5/6
10 Done in: 0:02:58.408207
11 Searching best k for batch: 6/6
12 Done in: 0:03:08.503211
13 One batch size: 2500
14 Train images qty: 45000
15 Validation images qty: 15000
16 Distance calc algorithm: euclidean distance (L2)
17 Best k: 7
18 Best error: 0.1461
19 Calculation time: 0:18:51.386367
```

● 图 3-15　找到了最佳的参数 K=7

注意，为了在测试数据上测试算法并搜索最佳 K 值，首先需要将数据拆分为 6 批次（在例子中每个 size = 2000/2500 图像）。K 近邻算法非常占内存空间，如果不进行拆分，将需要 15 ~ 25GB 的可用 RAM 内存来评估矩阵计算。

在笔者计算机中执行后会输出如下结果。

```
Distance calc algorithm: Euclidean distance
k: 7
Train images qty: 45000
Accuracy: 84.77%
Total calculation time = 0:13:06.286543
```

最终的预测结果如图 3-16 所示。

● 图 3-16　预测结果

转换模型

在 Android 和 iOS 等移动设备中使用的数据模型是 TensorFlow Lite 模型，这和 TensorFlow 模型是有区别的。在现实应用中，可以将 TensorFlow 模型转换为 TensorFlow Lite 模型。在本章的内容中，将讲解转换 TensorFlow Lite 模型的相关知识，为读者步入本书后面知识的学习打下基础。

4.1 TensorFlow Lite 转换器

通过使用 TensorFlow Lite 转换器，可以根据输入的 TensorFlow 模型生成 TensorFlow Lite 模型。TensorFlow Lite 模型文件是一种优化的 FlatBuffer 格式，以“. tflite” 为文件扩展名。

4.1.1 转换方式

在开发过程中，可以通过以下两种方式使用 TensorFlow Lite 转换器。

- Python API（推荐）：这种方式可以更轻松地在模型开发流水线中转换模型、应用优化、添加元数据，并且拥有更多其他功能。
- 命令行：这种方式仅支持基本模型转换。

在接下来的内容中，将详细讲解这两种转换方式的知识和用法。

1. Python API

在使用 Python API 方式生成 TensorFlow Lite 模型之前，首先要确定已安装 TensorFlow 的版本，具体方法是运行如下代码。

```
print(tf.__version__)
```

如果要详细了解 TensorFlow Lite Converter API 的信息，请运行下面的代码。

```
print(help(tf.lite.TFLiteConverter))
```

如果开发者已经安装了 TensorFlow，则可以使用 tf. lite. TFLiteConverter 转换 TensorFlow 模型。TensorFlow 模型是使用 SavedModel 格式存储的，并通过高级 tf. keras. * API（Keras 模型）或低级 tf. * API（用于生成具体函数）生成。具体来说，开发者可以使用以下 3 个选项转换 TensorFlow 模型。

- tf. lite. TFLiteConverter. from_saved_model()（推荐）：转换 SavedModel。
- tf. lite. TFLiteConverter. from_keras_model()：转换 Keras 模型。
- tf. lite. TFLiteConverter. from_concrete_functions()：用来转换 Converter 函数。

下面详细讲解上述 3 种转换方式的用法。

（1）转换 SavedModel

例如在下面的代码中，演示了将 SavedModel 转换为 TensorFlow Lite 模型的过程。

```
import tensorflow as tf
#转换模型
converter = tf.lite.TFLiteConverter.from_saved_model(saved_model_dir)    # path to the
SavedModel directory
tflite_model = converter.convert()
#保存模型
with open('model.tflite', 'wb') as f:
  f.write(tflite_model)
```

（2）转换 Keras 模型

实例 4-1：将 keras 模型转换为 TensorFlow Lite 模型。

源码路径：bookcodes/4/cov01. py。

在下面的实例文件 cov01. py 中，演示了将 Keras 模型转换为 TensorFlow Lite 模型的过程。

```
import tensorflow as tf

#使用高级 tf.keras.* API 创建模型
model = tf.keras.models.Sequential([
    tf.keras.layers.Dense(units=1, input_shape=[1]),
    tf.keras.layers.Dense(units=16, activation='relu'),
    tf.keras.layers.Dense(units=1)
])
model.compile(optimizer='sgd', loss='mean_squared_error')    # 编译模型
model.fit(x=[-1, 0, 1], y=[-3, -1, 1], epochs=5)    # 训练模型
# (to generate aSavedModel) tf.saved_model.save(model, "saved_model_keras_dir")

#转换模型
```

```
converter = tf.lite.TFLiteConverter.from_keras_model(model)
tflite_model = converter.convert()

#保存模型
with open('model.tflite', 'wb') as f:
  f.write(tflite_model)
```

执行后会将创建的模型转换为 TensorFlow Lite 模型，并保存为 model. tflite 文件，如图 4-1 所示。

图 4-1 转换为 TensorFlow Lite 模型

（3）转换具体函数

到笔者写作本书时为止，目前仅支持转换单个具体函数。例如在下面的代码中，演示了将具体函数转换为 TensorFlow Lite 模型的过程。

```
import tensorflow as tf
#使用低级 tf.* API 创建模型
class Squared(tf.Module):
  @tf.function
  def __call__(self, x):
    return tf.square(x)
model = Squared()
# (ro run your model) result = Squared(5.0)    # 此处打印输出"25.0"
# (to generate aSavedModel) tf.saved_model.save(model, "saved_model_tf_dir")
concrete_func = model.__call__.get_concrete_function()

#转换模型
converter = tf.lite.TFLiteConverter.from_concrete_functions([concrete_func])
tflite_model = converter.convert()

#保存模型
with open('model.tflite', 'wb') as f:
  f.write(tflite_model)
```

注意：**在开发过程中，建议读者使用 Python API 方式转换 TensorFlow Lite 模型。**

2. 命令行工具

如果已经使用 pip 命令安装了 TensorFlow，请使用如下所示的 tflite_convert 命令（如果已从源代码安装了 TensorFlow，则可以在命令行中使用如下命令转换）。

```
tflite_convert
```

如果要查看所有的可用标记，可使用以下命令。

```
$tflite_convert --help

`--output_file`.Type: string.Full path of the output file.
```

```
`--saved_model_dir`.Type: string.Full path to theSavedModel directory.
`--keras_model_file`.Type: string.Full path to the Keras H5 model file.
`--enable_v1_converter`.Type: bool.(default False) Enables the converter and flags used in TF
1.x instead of TF 2.x.

You are required to provide the `--output_file` flag and either the `--saved_model_dir` or `--
keras_model_file` flag.
```

（1）转换 SavedModel

将 SavedModel 转换为 TensorFlow Lite 模型的命令如下。

```
tflite_convert \
  --saved_model_dir=/tmp/mobilenet_saved_model \
  --output_file=/tmp/mobilenet.tflite
```

（2）转换 Keras H5 模型

将 Keras H5 模型转换为 TensorFlow Lite 模型的命令如下。

```
tflite_convert \
  --keras_model_file=/tmp/mobilenet_keras_model.h5 \
  --output_file=/tmp/mobilenet.tflite
```

在使用命令行方式或者 Python API 方式转换为 TensorFlow Lite 模型后，接下来就可以在里面添加元数据了，从而在设备上部署模型时可以更轻松地创建平台专用封装容器代码。最后使用 TensorFlow Lite 解释器在客户端设备（例如移动设备、嵌入式设备等）上运行模型。

4.1.2 将 TensorFlow RNN 转换为 TensorFlow Lite

通过使用 TensorFlow Lite，能够将 TensorFlow RNN 模型转换为 TensorFlow Lite 的融合 LSTM（Long short-Term Memory，长短期记忆人工神经网络）运算。融合运算的目的是为了最大限度地提高其底层内核实现的性能，同时也提供了一个更高级别的接口来定义如量化之类的复杂转换。在 TensorFlow 中 RNN API 的变体有很多，转换方法主要包括如下两个方面。

- 为标准 TensorFlow RNN API（如 Keras LSTM）提供原生支持。
- 提供了进入转换基础架构的接口，用于插入用户自定义的 RNN 实现并转换为 TensorFlow Lite。在谷歌官方提供了几个有关此类转换的开箱即用的示例，这些示例使用的是 Lingvo 的 LSTMCellSimple 和 LayerNormalizedLSTMCellSimple RNN 接口。

（1）转换器 API

该功能是 TensorFlow 2.3 版本的一部分，也可以通过 tf-nightly pip 或从头部获得。当通过 SavedModel 或直接从 Keras 模型转换到 TensorFlow Lite 时，可以使用此转换功能。例如在下面的代码中，演示了将保存的模型转换为 TensorFlow Lite 模型的方法。

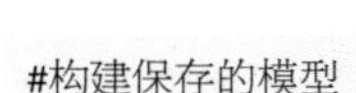

```
#构建保存的模型
#此处的转换函数是对应于包含一个或多个 Keras LSTM 层的 TensorFlow 模型的导出函数
saved_model, saved_model_dir = build_saved_model_lstm(...)
saved_model.save(saved_model_dir, save_format="tf", signatures=concrete_func)
#转换模型
converter = TFLiteConverter.from_saved_model(saved_model_dir)
tflite_model = converter.convert()
```

再看下面的代码，演示了将 Keras 模型转换为 TensorFlow Lite 模型的方法。

```
#建立一个 Keras 模型
keras_model = build_keras_lstm(...)
#转换模型
converter = TFLiteConverter.from_keras_model(keras_model)
tflite_model = converter.convert()
```

在现实应用中，使用最多的是实现 Keras LSTM 到 TensorFlow Lite 的开箱即用的转换。请看下面的实例文件 cov02. py，功能是使用 Keras 模型构建用于实现 MNIST 识别的 TFLite LSTM 融合模型，然后将其转换为 TensorFlow Lite 模型。

实例 **4-2**：　构建 TFLite LSTM 模型并将其转换为 TensorFlow Lite 模型。

源码路径：bookcodes/4/cov02. py。

实例文件 cov02. py 的具体实现流程如下。

1）构建 MNIST LSTM 模型，代码如下。

```
import numpy as np
import tensorflow as tf

model = tf.keras.models.Sequential([
    tf.keras.layers.Input(shape=(28, 28), name='input'),
    tf.keras.layers.LSTM(20, time_major=False, return_sequences=True),
    tf.keras.layers.Flatten(),
    tf.keras.layers.Dense(10, activation=tf.nn.softmax, name='output')
])
model.compile(optimizer='adam',
              loss='sparse_categorical_crossentropy',
              metrics=['accuracy'])
model.summary()
```

2）训练和评估模型，本实例将使用 MNIST 数据训练模型，代码如下。

```
#加载 MNIST 数据集
(x_train, y_train), (x_test, y_test) = tf.keras.datasets.mnist.load_data()
x_train, x_test = x_train / 255.0, x_test / 255.0
x_train = x_train.astype(np.float32)
```

```
x_test = x_test.astype(np.float32)

#如果要快速测试流,请将其更改为 True
#如果使用小数据集和仅 1 个 epoch 进行训练,该模型将工作得很差,但下面提供了一种测试转换是否端到端工作
#的快速方法
_FAST_TRAINING = False
_EPOCHS = 5
if _FAST_TRAINING:
  _EPOCHS = 1
  _TRAINING_DATA_COUNT = 1000
  x_train = x_train[:_TRAINING_DATA_COUNT]
  y_train = y_train[:_TRAINING_DATA_COUNT]

model.fit(x_train, y_train, epochs=_EPOCHS)
model.evaluate(x_test, y_test, verbose=0)
```

3）将 Keras 模型转换为 TensorFlow Lite 模型，代码如下。

```
run_model = tf.function(lambda x: model(x))
#这很重要,需要修正输入大小
BATCH_SIZE = 1
STEPS = 28
INPUT_SIZE = 28
concrete_func = run_model.get_concrete_function(
    tf.TensorSpec([BATCH_SIZE, STEPS, INPUT_SIZE], model.inputs[0].dtype))

#保存模型的目录
MODEL_DIR = "keras_lstm"
model.save(MODEL_DIR, save_format="tf", signatures=concrete_func)

converter = tf.lite.TFLiteConverter.from_saved_model(MODEL_DIR)
tflite_model = converter.convert()
```

4）检查转换后的 TensorFlow Lite 模型，加载 TensorFlow Lite 模型并使用 TensorFlow Lite Python 解释器来验证结果，代码如下。

```
#使用 TensorFlow 运行模型以获得预期结果
TEST_CASES = 10

#使用 TensorFlow Lite 运行模型
interpreter = tf.lite.Interpreter(model_content=tflite_model)
interpreter.allocate_tensors()
input_details = interpreter.get_input_details()
output_details = interpreter.get_output_details()

for i in range(TEST_CASES):
```

```
expected = model.predict(x_test[i:i+1])
interpreter.set_tensor(input_details[0]["index"], x_test[i:i+1, :, :])
interpreter.invoke()
result = interpreter.get_tensor(output_details[0]["index"])

#断言 TFLite 模型的结果是否与 TF 模型一致。
np.testing.assert_almost_equal(expected, result)
print("Done.The result of TensorFlow matches the result of TensorFlow Lite.")

#TfLite 融合的 LSTM 内核是有状态的,接下来需要重置状态,即清理内部状态
interpreter.reset_all_variables()
```

执行后会输出如下结果。

```
Model: "sequential"
_________________________________________________________________
Layer (type)                 Output ShapeParam    #
=================================================================
lstm (LSTM)                  (None, 28, 20)            3920
_________________________________________________________________
flatten (Flatten)            (None, 560)               0
_________________________________________________________________
output (Dense)               (None, 10)                5610
=================================================================
Totalparams: 9,530
Trainableparams: 9,530
Non-trainableparams: 0
_________________________________________________________________
Epoch 1/5
1875/1875 [==============================] - 33s 17ms/step - loss: 0.3559 - accuracy: 0.8945
Epoch 2/5
1875/1875 [==============================] - 32s 17ms/step - loss: 0.1355 - accuracy: 0.9589
Epoch 3/5
1875/1875 [==============================] - 32s 17ms/step - loss: 0.0974 - accuracy: 0.9708
Epoch 4/5
1875/1875 [==============================] - 33s 17ms/step - loss: 0.0769 - accuracy: 0.9764
Epoch 5/5
1875/1875 [==============================] - 31s 17ms/step - loss: 0.0658 - accuracy: 0.9796
Done.The result of TensorFlow matches the result of TensorFlow Lite.
Done.The result of TensorFlow matches the result of TensorFlow Lite.
Done.The result of TensorFlow matches the result of TensorFlow Lite.
Done.The result of TensorFlow matches the result of TensorFlow Lite.
Done.The result of TensorFlow matches the result of TensorFlow Lite.
```

```
Done.The result of TensorFlow matches the result of TensorFlow Lite.
Done.The result of TensorFlow matches the result of TensorFlow Lite.
Done.The result of TensorFlow matches the result of TensorFlow Lite.
Done.The result of TensorFlow matches the result of TensorFlow Lite.
Done.The result of TensorFlow matches the result of TensorFlow Lite.
```

并且在“keras_lstm”目录中会保存创建的模型文件，如图 4-2 所示。

5）最后检查转换后的 TFLite 模型，此时可以看到 LSTM 将采用融合格式，如图 4-3 所示。

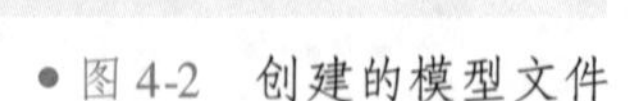

● 图 4-2　创建的模型文件

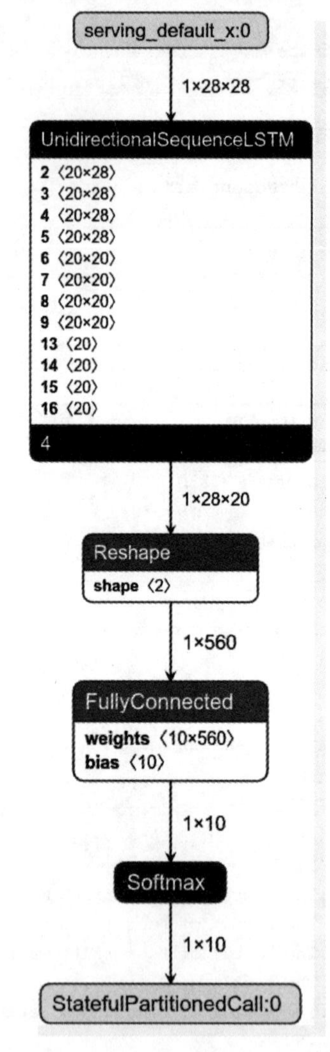

● 图 4-3　转换后的 TFLite 模型

请注意，本实例创建的是融合的 LSTM 版权而不是未融合的版本。并且不会试图将模型构建为真实世界的应用程序，而只是演示如何使用 TensorFlow Lite。读者可以使用 CNN 模型构建更好

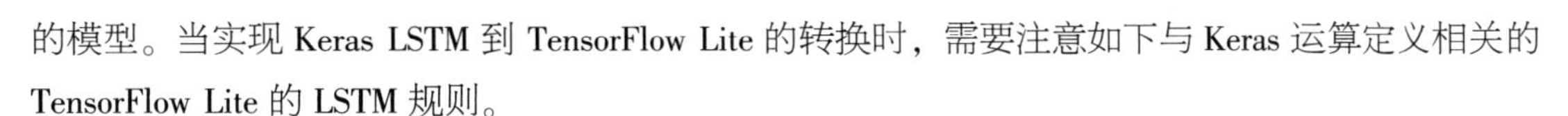
的模型。当实现 Keras LSTM 到 TensorFlow Lite 的转换时，需要注意如下与 Keras 运算定义相关的 TensorFlow Lite 的 LSTM 规则。

- input 张量的 0 维是批次 epoch 的大小。
- recurrent_weight 张量的 0 维是输出的数量。
- weight 和 recurrent_kernel 张量进行了转置。
- 转置后的 weight 张量和 recurrent_kernel 张量，以及 bias 张量沿着 0 维被拆分成了 4 个大小相等的张量，这些张量分别对应 input gate、forget gate、cell 和 output gate。

4.2 将元数据添加到 TensorFlow Lite 模型

TensorFlow Lite 元数据为模型描述提供了标准，元数据是关于模型做什么及其输入/输出信息的重要信息来源。元数据由以下两种元素组成。

- 在使用模型时的人类可读部分内容。
- 代码生成器可以利用的机器可读部分，例如 TensorFlow Lite Android 代码生成器 和 Android Studio ML 绑定功能。

在 TensorFlow Lite 托管模型和 TensorFlow Hub 上发布的所有图像模型中，都已经被填充了元数据。

4.2.1 具有元数据格式的模型

带有元数据和关联文件的 TFLite 模型的结构如图 4-4 所示。

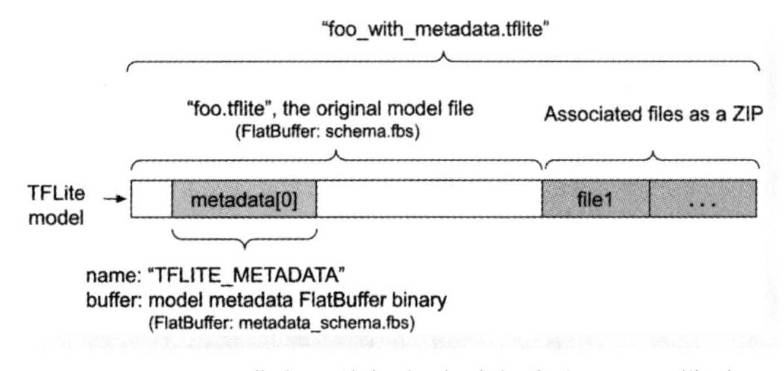

● 图 4-4 带有元数据和关联文件的 TFLite 模型

模型中的元数据定义了 metadata_schema. fbs，它存储在 TFLite 模型架构的 metadata 字段中，名称为 "TFLITE_METADATA"。某些模型可能包含相关文件，例如分类标签文件。这些文件使用 ZipFile "附加" 模式作为 ZIP 连接到原始模型文件的末尾。TFLite Interpreter 可以像以前一样使用新的文件格式。

在将元数据添加到模型之前，需要安装 tflite-support 工具，命令如下。

```
pip install tflite-support
```

4.2.2 使用 Flatbuffers Python API 添加元数据

如果要为 TensorFlow Lite 任务库中支持的 ML 任务创建元数据，需要使用 TensorFlow Lite 元数据编写库中的高级 API 。模型元数据的架构由以下 3 部分组成。

- 模型信息：模型的总体描述以及许可条款等项目。
- 输入信息：所需的输入和预处理（如规范化）的描述。
- 输出信息：所需的输出和后处理的描述，例如映射到标签。

由于此时生成的 TensorFlow Lite 仅支持单个子图，所以在显示元数据和生成代码时，TensorFlow Lite 代码生成器 和 Android Studio ML 绑定功能将使用 ModelMetadata. name 和 ModelMetadata. description 实现，而不是使用 SubGraphMetadata. name 和 SubGraphMetadata. description 实现。

（1）支持的输入/输出类型

在设计用于输入和输出的 TensorFlow Lite 元数据时，并没有考虑到特定的模型类型，而只是考虑了输入和输出类型。模型在功能上具体做什么并不重要，只要输入和输出类型由以下或以下组合组成，TensorFlow Lite 元数据就支持这个模型。

- 功能：无符号整数或 float32 的数字。
- 图像：元数据目前支持 RGB 和灰度图像。
- 边界框：矩形边界框。

（2）打包相关文件

TensorFlow Lite 模型可能带有不同的关联文件，例如，自然语言处理模型通常具有将单词片段映射到单词 ID 的 vocab 文件；分类模型可能具有指示对象类别的标签文件。如果没有相关文件，模型将无法正常运行。

可以通过元数据 Python 库将关联文件与模型捆绑在一起，这样新的 TensorFlow Lite 模型将变成一个包含模型和相关文件的 zip 文件，可以用常用的 zip 工具解压。这种新的模型格式继续使用相同的文件扩展名“. tflite.”，这与现有的 TFLite 框架和解释器兼容。

另外，关联的文件信息可以被记录在元数据中，根据文件类型将文件附加到对应的位置(即 ModelMetadata、SubGraphMetadata 和 TensorMetadata)。

（3）归一化和量化参数

归一化是机器学习中常见的数据预处理技术。归一化的目标是将值更改为通用标度，而不会扭曲值范围的差异。模型量化也是一种技术，它允许降低权重的精度以及可选的存储选项。在预处理和后处理方面，归一化和量化是两个独立的步骤，具体说明见表 4-1。

表 4-1　归一化和量化

	归　一　化	量　　化
MobileNet 中输入图像的参数值示例，分别用于 float 和 quant 模型	float 模型： - mean：127.5 -std：127.5 量化模型： - mean：127.5 - std：127.5	float 模型： - zeroPoint：0 - scale：1.0 定量模型： - zeroPoint：124.0 - scale：0.0078125f
什么时候调用	输入：如果在训练中对输入数据进行了归一化处理，则推理的输入数据也需要进行相应的归一化处理。 输出：输出数据一般不会被标准化	float 模型不需要量化。 量化模型在预处理/后处理中可能需要，也可能不需要量化。这取决于输入/输出张量的数据类型。 -float tensors：不需要在预处理/后处理中进行量化。 - int8/uint8 张量：需要在预处理/后处理中进行量化
公式	normalized _ input = (input - mean) /std	输入量化公式： q = f / scale + zeroPoint 输出去量化公式： f = (q - zeroPoint) * scale
参数在哪里	由模型创建者填充并存储在模型元数据中，如 NormalizationOptions	由 TFLite 转换器自动填充，并存储在 tflite 模型文件中
如何获取参数	通过 MetadataExtractorAPI [2]	通过 TFLite TensorAPI 或 MetadataExtractorAPI 获取
float 和 quant 模型共享相同的值吗	是的，float 和 quant 模型具有相同的归一化参数	否，模型不需要量化
TFLite 代码生成器或 Android Studio ML 绑定在数据处理中会自动生成吗	是	是

在处理 uint8 模型的图像数据时，有时会跳过归一化和量化步骤。当像素值在 [0, 255] 范围内时，这样做是可以的。但一般来说，应该始终根据适用的归一化和量化参数处理数据。如果在元数据中设置 NormalizationOptions 参数，TensorFlow Lite 任务库可以解决规范化工作，量化和去量化处理总是被封装在一起的。

实例 4-3：　在图像分类中创建元数据。

源码路径：bookcodes/4/cov03. py。

请看下面的实例文件 cov03. py，演示在图像分类中创建元数据的过程。

1）首先创建一个新的模型信息，代码如下。

```
from tflite_support import flatbuffers
from tflite_support import metadata as _metadata
from tflite_support import metadata_schema_py_generated as _metadata_fb

""" ..."""
"""为图像分类器创建元数据"""

# Creates model info.
model_meta = _metadata_fb.ModelMetadataT()
model_meta.name = "MobileNetV1 image classifier"
model_meta.description = ("Identify the most prominent object in the "
                          "image from a set of 1,001 categories such as "
                          "trees, animals, food, vehicles, person etc.")
model_meta.version = "v1"
model_meta.author = "TensorFlow"
model_meta.license = ("Apache License.Version 2.0 "
                      "http://www.apache.org/licenses/LICENSE-2.0.")
```

2）输入/输出信息。接下来介绍如何描述模型的输入和输出签名。自动代码生成器可以使用该元数据来创建预处理和后处理代码。创建有关张量的输入或输出信息的代码如下。

```
#创建输入
input_meta = _metadata_fb.TensorMetadataT()

#创建输出
output_meta = _metadata_fb.TensorMetadataT()
```

3）图片输入。图像是机器学习常见的输入类型，TensorFlow Lite 元数据支持颜色空间等信息和标准化等预处理信息。图像的尺寸不需要手动指定，因为它已经由输入张量的形状提供并且可以自动推断。实现图片输入的代码如下。

```
input_meta.name = "image"
input_meta.description = (
    "Input image to be classified.The expected image is {0} x {1}, with "
    "three channels (red, blue, and green) per pixel.Each value in the "
    "tensor is a single byte between 0 and 255.".format(160, 160))
input_meta.content = _metadata_fb.ContentT()
input_meta.content.contentProperties = _metadata_fb.ImagePropertiesT()
input_meta.content.contentProperties.colorSpace = (
    _metadata_fb.ColorSpaceType.RGB)
input_meta.content.contentPropertiesType = (
    _metadata_fb.ContentProperties.ImageProperties)
input_normalization = _metadata_fb.ProcessUnitT()
input_normalization.optionsType = (
    _metadata_fb.ProcessUnitOptions.NormalizationOptions)
```

```
input_normalization.options = _metadata_fb.NormalizationOptionsT()
input_normalization.options.mean = [127.5]
input_normalization.options.std = [127.5]
input_meta.processUnits = [input_normalization]
input_stats = _metadata_fb.StatsT()
input_stats.max = [255]
input_stats.min = [0]
input_meta.stats = input_stats
```

4）使用 TENSOR_AXIS_LABELS 实现标签输出，代码如下。

```
#创建输出信息
output_meta = _metadata_fb.TensorMetadataT()
output_meta.name = "probability"
output_meta.description = "Probabilities of the 1001 labels respectively."
output_meta.content = _metadata_fb.ContentT()
output_meta.content.content_properties = _metadata_fb.FeaturePropertiesT()
output_meta.content.contentPropertiesType = (
    _metadata_fb.ContentProperties.FeatureProperties)
output_stats = _metadata_fb.StatsT()
output_stats.max = [1.0]
output_stats.min = [0.0]
output_meta.stats = output_stats
label_file = _metadata_fb.AssociatedFileT()
label_file.name = os.path.basename("your_path_to_label_file")
label_file.description = "Labels for objects that the model can recognize."
label_file.type = _metadata_fb.AssociatedFileType.TENSOR_AXIS_LABELS
output_meta.associatedFiles = [label_file]
```

5）创建元数据 Flatbuffers，通过如下代码将模型信息与输入/输出信息结合起来。

```
#创建子图信息
subgraph = _metadata_fb.SubGraphMetadataT()
subgraph.inputTensorMetadata = [input_meta]
subgraph.outputTensorMetadata = [output_meta]
model_meta.subgraphMetadata = [subgraph]

b =flatbuffers.Builder(0)
b.Finish(
    model_meta.Pack(b),
    _metadata.MetadataPopulator.METADATA_FILE_IDENTIFIER)
metadata_buf = b.Output()
```

6）接下来将元数据和相关文件打包到模型中，在创建元数据 Flatbuffers 后，通过以下 populate 方法将元数据和标签文件写入 TFLite 文件中。

```
populator = _metadata.MetadataPopulator.with_model_file(model_file)
populator.load_metadata_buffer(metadata_buf)
populator.load_associated_files(["your_path_to_label_file"])
populator.populate()
```

可以将任意数量的关联文件打包到 load_associated_files 模型中，但是，至少需要打包元数据中记录的那些文件。在本例子中，打包标签文件是强制性的。

7）可视化元数据。可以使用 Netron 来可视化元数据，或者可以使用 metadata. MetadataDisplayer 将元数据从 TensorFlow Lite 模型读取为 JSON 格式。

```
displayer = _metadata.MetadataDisplayer.with_model_file(export_model_path)
export_json_file = os.path.join(FLAGS.export_directory,
                   os.path.splitext(model_basename)[0] + ".json")
json_file = displayer.get_metadata_json()
#可选,将元数据写入 JSON 文件
with open(export_json_file, "w") as f:
  f.write(json_file)
```

4.3 使用 TensorFlow Lite Task Library

TensorFlow Lite Task Library（可简称为 Task Library）包含了一套功能强大且易于使用的任务专用库，供开发者使用 TFLite 创建机器学习程序。Task Library 为热门的机器学习任务（如图像分类、问答等）提供了经过优化的、开箱即用的模型接口，其中的模型接口专为每个任务而设计，以实现最佳性能和可用性。Task Library 可以跨平台工作，支持 Java、C ++ 和 Swift。

在 Task Library 中主要提供了以下的内容。

（1）非机器学习专家也能使用的干净且定义明确的 API

只需 5 行代码就可以完成推断，使用 Task Library 中强大且易用的 API 构建模块，帮助开发者在移动设备上使用 TFLite 轻松进行机器学习开发。

（2）复杂但通用的数据处理

支持通用的视觉和自然语言处理逻辑，可以在数据和模型所需的数据格式之间进行转换。为训练和推断提供相同的、可共享的处理逻辑。

（3）高性能

数据处理时间不会超过几毫秒，保证了使用 TensorFlow Lite 的快速推断体验。

（4）可扩展性和自定义

可以利用 Task Library 基础架构提供的所有优势，轻松构建自己的 Android/iOS 推断 API。

下面是 Task Library 支持的任务类型列表，随着 TensorFlow 官网会继续提供越来越多的例子，

该列表还会继续增加。

1）视觉 API。

- ImageClassifier。
- ObjectDetector。
- ImageSegmenter。

2）自然语言处理（NLP）API。

- NLClassifier。
- BertNLCLassifier。
- BertQuestionAnswerer。

3）自定义 API。

扩展上述两种 API 的基础架构，并构建自定义 API。

4.4 手写数字识别器

经过前面内容的学习，读者已经学会了将 TensorFlow 模型转换为 TensorFlow Lite 模型的知识。在本节的内容中，将详细讲解使用 TensorFlow Lite 开发一个手写数字识别器的过程。

实例 4-4： 手写数字识别器。

源码路径：bookcodes/4/finigh。

4.4.1 系统介绍

机器学习已成为移动开发中的重要工具，为现代移动应用程序提供了许多智能功能。在本项目中，将基于 Codelab 开发机器学习模型，让读者体验训练机器学习模型的端到端过程。在 Codelab 完成模型创建工作后，可以在 Android 应用程序中使用这个模型，以识别手写的数字。

4.4.2 创建 TensorFlow 数据模型

在创建手写数字识别器之前，需要先创建识别模型。先使用 TensorFlow 创建普通的数据模型，然后转换为 TensorFlow Lite 数据模型。在本项目中，通过文件 mo. py 创建模型，接下来将详细讲解这个模型文件的具体实现过程。

1）首先导入 TensorFlow 和其他用于数据处理和可视化的支持库，代码如下。

```
import tensorflow as tf
from tensorflow import keras

import numpy as np
```

```
import matplotlib.pyplot as plt
import random

print(tf.__version__)
```

2）下载并创建 MNIST 数据集。在 MNIST 数据集中包含 60000 张训练图像和 10000 张手写数字测试图像。本实例将使用 MNIST 数据集来训练数字分类模型。MNIST 数据集中的每个图像都是一个 28px x 28px 的灰度图像，其中包含一个从 0～9 的数字，以及一个标识图像的数字标签，代码如下。

```
#Keras 提供了一个方便的 API 来下载 MNIST 数据集,并将它们分为 "train"和"test"
mnist = keras.datasets.mnist
(train_images, train_labels), (test_images, test_labels) = mnist.load_data()

#规范化输入图像,使每个像素值介于 0 ~1 之间。
train_images = train_images / 255.0
test_images = test_images / 255.0
print('Pixels are normalized')

#显示训练数据集中的前 25 个图像
plt.figure(figsize = (10,10))
for i in range(25):
  plt.subplot(5,5,i +1)
  plt.xticks([])
  plt.yticks([])
  plt.grid(False)
  plt.imshow(train_images[i], cmap = plt.cm.gray)
  plt.xlabel(train_labels[i])
plt.show()
```

执行后会输出显示 MNIST 数据集中的一些内容，如图 4-5 所示。

3）训练 TensorFlow 模型对数字进行分类。接下来使用 Keras API 构建 TensorFlow 模型，并在 MNIST “train” 数据集上对其进行训练。经过训练，模型将能够对数字图像进行分类。模型将 28px x 28px 灰度图像作为输入，并输出一个长度为 10 的浮点数组，表示图像是 0～9 数字的概率。本实例将使用一个简单的卷积神经网络，这是计算机视觉中常用的技术，代码如下。

```
#定义模型架构
model = keras.Sequential([
  keras.layers.InputLayer(input_shape = (28, 28)),
  keras.layers.Reshape(target_shape = (28, 28, 1)),
  keras.layers.Conv2D(filters = 32, kernel_size = (3, 3), activation = tf.nn.relu),
  keras.layers.Conv2D(filters = 64, kernel_size = (3, 3), activation = tf.nn.relu),
  keras.layers.MaxPooling2D(pool_size = (2, 2)),
```

```
  keras.layers.Dropout(0.25),
  keras.layers.Flatten(),
  keras.layers.Dense(10)
])

#定义如何训练模型
model.compile(optimizer='adam',
              loss=tf.keras.losses.SparseCategoricalCrossentropy(from_logits=True),
              metrics=['accuracy'])

#数字分类模型的训练
model.fit(train_images, train_labels, epochs=5)
```

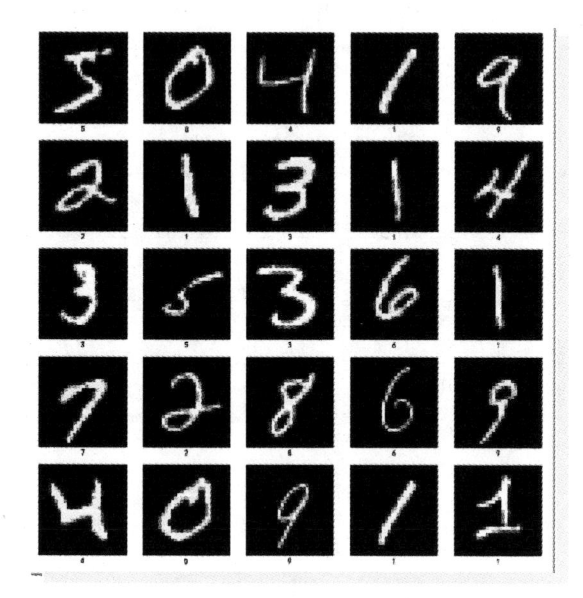

● 图 4-5 MNIST 数据集中的内容

然后通过如下代码查看当前模型的结构。

```
print(model.summary())
```

执行后会输出如下结果。

```
Epoch 1/5
1875/1875 [==============================] - 566s 302ms/step - loss: 0.1389 - accuracy: 0.9584
Epoch 2/5
1875/1875 [==============================] - 470s 250ms/step - loss: 0.0539 - accuracy:
0.9840
Epoch 3/5
```

```
1875/1875 [ ==============================] - 488s 260ms/step - loss: 0.0391 - accuracy:
0.9873
Epoch 4/5
1875/1875 [ ==============================] - 451s 241ms/step - loss: 0.0301 - accuracy:
0.9902
Epoch 5/5
1875/1875 [ ==============================] - 346s 185ms/step - loss: 0.0245 - accuracy:
0.9923
Model: "sequential"
_________________________________________________________________
Layer (type)                 Output ShapeParam    #
=================================================================
reshape (Reshape)              (None, 28, 28, 1)        0
_________________________________________________________________
conv2d (Conv2D)                (None, 26, 26, 32)      320
_________________________________________________________________
conv2d_1 (Conv2D)              (None, 24, 24, 64)       18496
_________________________________________________________________
max_pooling2d (MaxPooling2D) (None, 12, 12, 64)        0
_________________________________________________________________
dropout (Dropout)              (None, 12, 12, 64)       0
_________________________________________________________________
flatten (Flatten)              (None, 9216)             0
_________________________________________________________________
dense (Dense)                 (None, 10)                92170
=================================================================
Totalparams: 110,986
Trainableparams: 110,986
Non-trainableparams: 0
_________________________________________________________________
None
313/313 [ ==============================] - 38s 120ms/step - loss: 0.0379 - accuracy: 0.9887
Test accuracy: 0.9886999726295471
```

模型中的每一层都有一个额外的无形状维度，称为批量维度。在机器学习中，通常会批量处理数据以提高吞吐量，因此 TensorFlow 会自动添加维度。

4）评估模型。

在训练模型的过程中没有看到是否正确地分类出数据集中的元素，因此需要通过评估确认模型的正确率，代码如下。

```
#使用测试数据集中的所有图像评估模型
test_loss, test_acc = model.evaluate(test_images, test_labels)
print('Test accuracy:', test_acc)
```

虽然模型比较简单，但是能够实现高达 98% 左右的准确率。通过如下代码将预测过程进行可视化处理。

```
#根据其两个输入参数是否匹配,返回红色/黑色的辅助函数
def get_label_color(val1, val2):
  if val1 == val2:
    return 'black'
  else:
    return 'red'

#预测“测试”数据集中数字图像的标签
predictions = model.predict(test_images)

#由于模型输出10个浮点数,表示输入图像为0~9之间的数字的概率
#需要找到最大的概率值,以找出模型预测图像中最可能出现的数字
prediction_digits = np.argmax(predictions, axis=1)

#绘制100张随机测试图像及其预测标签
#如果预测结果与“测试”数据集中提供的标签不同,将以红色突出显示它
plt.figure(figsize=(18, 18))
for i in range(100):
  ax =plt.subplot(10, 10, i+1)
  plt.xticks([])
  plt.yticks([])
  plt.grid(False)
  image_index = random.randint(0, len(prediction_digits))
  plt.imshow(test_images[image_index], cmap=plt.cm.gray)
  ax.xaxis.label.set_color(get_label_color(prediction_digits[image_index],\
                                test_labels[image_index]))
  plt.xlabel('Predicted: %d' % prediction_digits[image_index])
plt.show()
```

4.4.3 将Keras模型转换为TensorFlow Lite

经过前面的介绍，已经成功训练了数字分类器模型。在接下来的内容中，将这个模型转换为TensorFlow Lite格式以进行移动部署。

1）将Keras模型转换为TFLite格式，代码如下。

```
#将Keras模型转换为TFLite格式
converter = tf.lite.TFLiteConverter.from_keras_model(model)
tflite_float_model = converter.convert()
#以KBs为单位显示模型大小
float_model_size = len(tflite_float_model) / 1024
print('Float model size = %dKBs.' % float_model_size)
```

2）当将模型部署到移动设备时，希望模型尽可能小和尽可能快。量化是一种常用技术，常

用于设备端机器学习以缩小机器学习模型。在这里将使用 8 位数字来近似 32 位的权重，反过来又将模型大小缩小了 4 倍，代码如下。

```
#使用量化将模型重新转换为 TFLite
converter.optimizations = [tf.lite.Optimize.DEFAULT]
tflite_quantized_model = converter.convert()

#以 KBs 为单位显示模型大小
quantized_model_size = len(tflite_quantized_model) / 1024
print('Quantized model size = %dKBs,' % quantized_model_size)
print('which is about %d%% of the float model size.'\
    % (quantized_model_size * 100 / float_model_size))
```

3）评估 TensorFlow Lite 模型。通过使用量化，通常会牺牲一些准确性来换取更小的模型。如果计算量化模型的准确率，会发现跟转换前的模型相比会有所下降，代码如下。

```
#使用"测试"数据集评估 TFLite 模型的辅助函数
def evaluate_tflite_model(tflite_model):
  #使用模型初始化 TFLite 解释器
  interpreter = tf.lite.Interpreter(model_content=tflite_model)
  interpreter.allocate_tensors()
  input_tensor_index = interpreter.get_input_details()[0]["index"]
  output = interpreter.tensor(interpreter.get_output_details()[0]["index"])

  #对"测试"数据集中的每个图像运行预测
  prediction_digits = []
  for test_image in test_images:
    #预处理:添加批次维度并转换为 float32 以匹配模型的输入数据格式
    test_image = np.expand_dims(test_image, axis=0).astype(np.float32)
    interpreter.set_tensor(input_tensor_index, test_image)

    #运行推断
    interpreter.invoke()

    #后处理:删除批次维度并找到概率最高的数字
    digit = np.argmax(output()[0])
    prediction_digits.append(digit)

  #将预测结果与图像底部的真实标签值进行比较,以计算精度
  accurate_count = 0
  for index in range(len(prediction_digits)):
    if prediction_digits[index] == test_labels[index]:
      accurate_count += 1
  accuracy = accurate_count * 1.0 / len(prediction_digits)
```

```
  return accuracy

#评估 TFLitefloat 模型,会发现它的精确度与原始 TF(Keras)模型相同
#因为它们本质上是以不同格式存储的同一个模型
float_accuracy = evaluate_tflite_model(tflite_float_model)
print('Float model accuracy = %.4f' % float_accuracy)
#评估 TFLite 量化模型
# 如果看到量化模型的精度高于原始 float 模型,不要感到惊讶,有时确实会发生这种情况
quantized_accuracy = evaluate_tflite_model(tflite_quantized_model)
print('Quantized model accuracy = %.4f' % quantized_accuracy)
print('Accuracy drop = %.4f' % (float_accuracy - quantized_accuracy))
```

4）下载 TensorFlow Lite 模型。接下来获取转换后的 TensorFlow Lite 模型，并将其集成到 Android 应用程序中，代码如下。

```
#将量化模型保存到文件下载目录
f = open('mnist.tflite', "wb")
f.write(tflite_quantized_model)
f.close()

#下载数字分类模型
from google.colab import files
files.download('mnist.tflite')

print('`mnist.tflite` has been downloaded')
```

4.4.4 Android 手写数字识别器

在使用 TensorFlow 定义和训练机器学习模型，并将训练好的 TensorFlow 模型转换为 TensorFlow Lite 模型后，接下来将使用这个模型开发一个 Android 手写数字识别器。

1. 准备工作

1）使用 Android Studio 导入本项目源码工程“finish”，如图 4-6 所示。

2）将 TensorFlow Lite 模型添加到工程。将在之前训练的 TensorFlow Lite 模型文件 mnist. tflite 复制 Android 工程，本实例复制到下面的目录中。

```
start/app/src/main/assets/
```

3）更新 build. gradle。打开 app 模块中的文件 build. gradle，分别设置 Android 的编译版本和运行版本，并添加一个 aaptOptions 选项以避免压缩 TFLite 模型文件。然后检查是否已训练并下载 TFLite 模型，最后通过代码' org. tensorflow：tensorflow-lite：2. 5. 0 '添加 TensorFlow Lite 模型，代码如下。

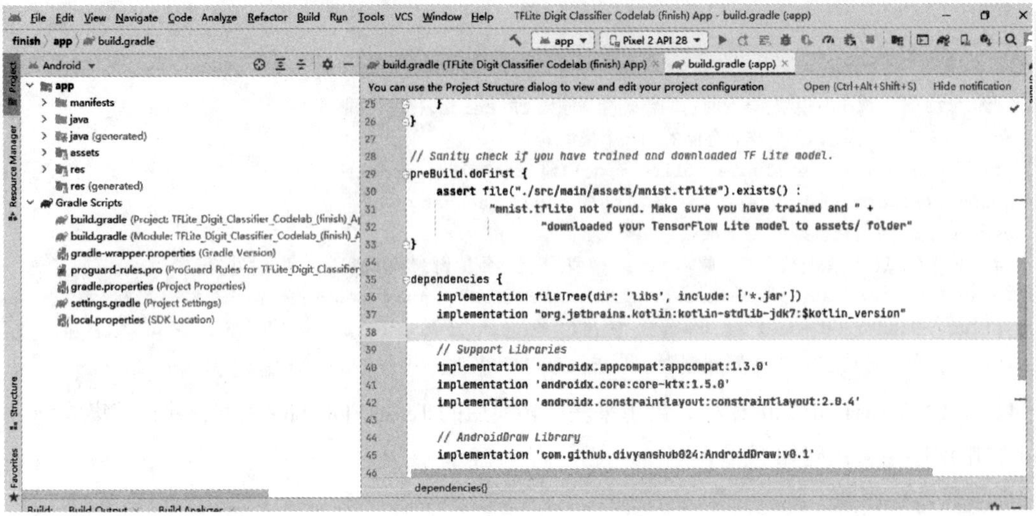

• 图 4-6　导入工程

```
android {
    compileSdkVersion 30
    defaultConfig {
        applicationId "org.tensorflow.lite.codelabs.digitclassifier"
        minSdkVersion 21
        targetSdkVersion 30
        versionCode 1
        versionName "1.0"
        testInstrumentationRunner "androidx.test.runner.AndroidJUnitRunner"
    }

    // TODO:添加一个选项以避免压缩 TFLite 模型文件
    aaptOptions {
        noCompress "tflite"
    }

    buildTypes {
        release {
            minifyEnabled false
            proguardFiles getDefaultProguardFile('proguard-android-optimize.txt'), 'pro-
guard-rules.pro'
        }
    }
}
```

```
//检查是否已训练并下载 TFLite 模型
preBuild.doFirst {
    assert file("./src/main/assets/mnist.tflite").exists() :
            "没有发现模型文件 mnist.tflite!!!!"
}

dependencies {
    implementation fileTree(dir: 'libs', include: ['* .jar'])
    implementation "org.jetbrains.kotlin:kotlin-stdlib-jdk7: $kotlin_version"

    // Support 库
    implementation 'androidx.appcompat:appcompat:1.3.0'
    implementation 'androidx.core:core-ktx:1.5.0'
    implementation 'androidx.constraintlayout:constraintlayout:2.0.4'

    //AndroidDraw 库
    implementation 'com.github.divyanshub024:AndroidDraw:v0.1'

    //任务 API
    implementation "com.google.android.gms:play-services-tasks:17.2.1"

    //TODO:添加 TFLite
    implementation 'org.tensorflow:tensorflow-lite:2.5.0'

    testImplementation 'junit:junit:4.13.2'
    androidTestImplementation 'androidx.test:runner:1.3.0'
    androidTestImplementation 'androidx.test.espresso:espresso-core:3.3.0'
}
```

2. 页面布局

本项目的页面布局文件是 activity_main. xml，功能是在 Android 解码中分别设置一个按钮、绘图板和识别结果文本框，代码如下。

```
<? xml version = "1.0" encoding = "utf-8"? >
<androidx.constraintlayout.widget.ConstraintLayout
    xmlns:android = "http://schemas.android.com/apk/res/android"
    xmlns:app = "http://schemas.android.com/apk/res-auto"
    xmlns:tools = "http://schemas.android.com/tools"
    android:layout_width = "match_parent"
    android:layout_height = "match_parent"
    tools:context = ".MainActivity" >

  <com.divyanshu.draw.widget.DrawView
     android:id = "@ +id/draw_view"
```

```
    android:layout_width = "match_parent"
    android:layout_height = "0dp"
    app:layout_constraintDimensionRatio = "1:1"
    app:layout_constraintTop_toTopOf = "parent"/>

  <TextView
    android:id = "@ +id/predicted_text"
    android:textStyle = "bold"
    android:layout_width = "wrap_content"
    android:layout_height = "wrap_content"
    android:text = "@ string/prediction_text_placeholder"
    android:textSize = "20sp"
    app:layout_constraintBottom_toTopOf = "@ id/clear_button"
    app:layout_constraintLeft_toLeftOf = "parent"
    app:layout_constraintRight_toRightOf = "parent"
    app:layout_constraintTop_toBottomOf = "@ id/draw_view"/>

  <Button
    android:id = "@ +id/clear_button"
    android:layout_width = "wrap_content"
    android:layout_height = "wrap_content"
    android:text = "@ string/clear_button_text"
    app:layout_constraintBottom_toBottomOf = "parent"
    app:layout_constraintLeft_toLeftOf = "parent"
    app:layout_constraintRight_toRightOf = "parent"/>

</androidx.constraintlayout.widget.ConstraintLayout>
```

3. 实现 Activity

Activity 是 Android 组件中最基本也是最为常见的 4 大组件（Activity、Service 服务、Content Provider 内容提供者、BroadcastReceiver 广播接收器）之一。Activity 是一个应用程序组件，其提供一个屏幕，用户可以用来交互以完成某项任务。Activity 中所有操作都与用户密切相关，可以通过 setContentView（View）来显示指定控件。

本项目的 Activity 功能是由文件 MainActivity. kt 实现的，功能是调用布局文件 activity_main. xml 显示一个绘图板界面，然后根据用户绘制的图形实现识别功能。文件 MainActivity. kt 的主要实现代码如下。

```
import android.annotation.SuppressLint
import android.graphics.Color
import android.os.Bundle
import androidx.appcompat.app.AppCompatActivity
import android.util.Log
```

```
import android.view.MotionEvent
import android.widget.Button
import android.widget.TextView
import com.divyanshu.draw.widget.DrawView

class MainActivity : AppCompatActivity() {

  private var drawView: DrawView? = null
  private var clearButton: Button? = null
  private var predictedTextView: TextView? = null
  private var digitClassifier = DigitClassifier(this)

  @SuppressLint("ClickableViewAccessibility")
  override fun onCreate(savedInstanceState: Bundle?) {
    super.onCreate(savedInstanceState)
    setContentView(R.layout.activity_main)

    //设置视图实例
    drawView = findViewById(R.id.draw_view)
    drawView?.setStrokeWidth(70.0f)
    drawView?.setColor(Color.WHITE)
    drawView?.setBackgroundColor(Color.BLACK)
    clearButton = findViewById(R.id.clear_button)
    predictedTextView = findViewById(R.id.predicted_text)

    //设置清除绘图按钮
    clearButton?.setOnClickListener {
      drawView?.clearCanvas()
      predictedTextView?.text = getString(R.string.prediction_text_placeholder)
    }

    //设置分类触发器,以便在绘制每个笔画后进行分类
    drawView?.setOnTouchListener { _, event ->
      //由于中断了 DrawView 的触摸活动,需要将触摸事件传递到实例,以便显示图形
      drawView?.onTouchEvent(event)

      //如果用户完成了触摸事件,则运行分类
      if (event.action == MotionEvent.ACTION_UP) {
        classifyDrawing()
      }

      true
```

```
    }

    //设置数字分类器
    digitClassifier
      .initialize()
      .addOnFailureListener { e -> Log.e(TAG, "Error to setting up digit classifier.", e) }
  }

  override funonDestroy() {
    //将 DigitClassifier 实例生命周期与 MainActivity 生命周期同步
    //并在活动被销毁后释放资源(例如 TFLite 实例)
    digitClassifier.close()
    super.onDestroy()
  }

  private funclassifyDrawing() {
    val bitmap = drawView?.getBitmap()

    if ((bitmap ! = null) && (digitClassifier.isInitialized)) {
      digitClassifier
        .classifyAsync(bitmap)
        .addOnSuccessListener {resultText -> predictedTextView?.text = resultText }
        .addOnFailureListener { e ->
          predictedTextView?.text = getString(
            R.string.classification_error_message,
            e.localizedMessage
          )
          Log.e(TAG, "Error classifying drawing.", e)
        }
    }
  }

  companion object {
    private const val TAG = "MainActivity"
  }
}
```

4. 实现 TensorFlow Lite 识别

编写文件 DigitClassifier. kt，功能是识别用户在绘图板中绘制的数字，使用 TensorFlow Lite 推断出识别结果。文件 DigitClassifier. kt 的具体实现流程如下。

1）导入需要的库文件，设置在后台运行推断任务，代码如下。

```
import android.content.Context
import android.content.res.AssetManager
import android.graphics.Bitmap
import android.util.Log
import com.google.android.gms.tasks.Task
import com.google.android.gms.tasks.TaskCompletionSource
import java.io.FileInputStream
import java.io.IOException
import java.nio.ByteBuffer
import java.nio.ByteOrder
import java.nio.channels.FileChannel
import java.util.concurrent.ExecutorService
import java.util.concurrent.Executors
import org.tensorflow.lite.Interpreter
```

2）定义识别类 DigitClassifier，代码如下。

```
class DigitClassifier(private val context: Context) {
  private var interpreter: Interpreter? = null
  var isInitialized = false
    private set

  /** 在后台运行推断任务.*/
  private val executorService: ExecutorService = Executors.newCachedThreadPool()

  private var inputImageWidth: Int = 0      //将根据 TFLite 模型推断
  private var inputImageHeight: Int = 0     //将根据 TFLite 模型推断
  private var modelInputSize: Int = 0       //将根据 TFLite 模型推断
```

3）编写 initialize( )函数实现初始化操作，代码如下。

```
  fun initialize(): Task<Void> {
    val task = TaskCompletionSource<Void>()
    executorService.execute {
      try {
        initializeInterpreter()
        task.setResult(null)
      } catch (e:IOException) {
        task.setException(e)
      }
    }
    return task.task
  }
```

4）从“assets”目录加载 TFLite 模型文件 mnist. tflite 并初始化解释器，然后从模型文件中读取输入 shap（形状），代码如下。

```
@ Throws(IOException::class)
private fun initializeInterpreter() {

  //从本地文件夹加载 TFLite 模型,并在启用 NNAPI 的情况下初始化 TFLite 解释器
  val assetManager = context.assets
  val model =loadModelFile(assetManager, "mnist.tflite")
  val interpreter = Interpreter(model)

  //从模型文件中读取输入形状
  val inputShape = interpreter.getInputTensor(0).shape()
  inputImageWidth = inputShape[1]
  inputImageHeight = inputShape[2]
  modelInputSize = FLOAT_TYPE_SIZE * inputImageWidth *
    inputImageHeight * PIXEL_SIZE

  //完成解释器初始化
  this.interpreter = interpreter

  isInitialized = true
  Log.d(TAG, "InitializedTFLite interpreter.")
}

@ Throws(IOException::class)
private funloadModelFile(assetManager: AssetManager, filename: String): ByteBuffer {
  val fileDescriptor = assetManager.openFd(filename)
  val inputStream = FileInputStream(fileDescriptor.fileDescriptor)
  val fileChannel = inputStream.channel
  val startOffset = fileDescriptor.startOffset
  val declaredLength = fileDescriptor.declaredLength
  return fileChannel.map(FileChannel.MapMode.READ_ONLY, startOffset, declaredLength)
}
```

5）到目前为止，TensorFlow Lite 解释器已经设置好了，接下来编写代码来识别输入图像中的数字。编写 classify( )函数和 classifyAsync( )函数实现图形推断和识别功能，将需要执行以下操作。

- 预处理输入：将 Bitmap 实例转换为 ByteBuffer 类型，包含输入图像中所有像素的像素值的实例。使用 ByteBuffer 是因为它比 Kotlin 原生浮点多维数组更快。
- 运行推断。

- 对输出进行后处理：将概率数组转换为人类可读的字符串。
- 从模型输出中，识别出概率最高的数字，并返回一个包含预测结果和置信度的人类可读字符串，替换起始代码块中的 return 语句。

classify( )函数和 classifyAsync( )函数的具体实现代码如下。

```
private fun classify(bitmap: Bitmap): String {
  check(isInitialized) { "TF Lite Interpreter is not initialized yet." }

  // TODO:使用 TFLite 运行推断
  //预处理:调整输入图像的大小以匹配模型输入形状
  val resizedImage = Bitmap.createScaledBitmap(
    bitmap,
    inputImageWidth,
    inputImageHeight,
    true
  )
  val byteBuffer = convertBitmapToByteBuffer(resizedImage)

  //定义一个数组来存储模型输出
  val output = Array(1) {FloatArray(OUTPUT_CLASSES_COUNT) }

  //使用输入数据运行推断
  interpreter?.run(byteBuffer, output)

  // Post-processing:找到概率最高的数字并返回一个可读的字符串
  val result = output[0]
  val maxIndex = result.indices.maxByOrNull { result[it] } ?: -1
  val resultString =
    "Prediction Result: %d\nConfidence: %2f"
      .format(maxIndex, result[maxIndex])

  return resultString
}

fun classifyAsync(bitmap: Bitmap): Task<String> {
  val task = TaskCompletionSource<String>()
  executorService.execute {
    val result = classify(bitmap)
    task.setResult(result)
  }
  return task.task
}
```

6）编写 close( )函数关闭识别服务，代码如下。

```
fun close() {
  executorService.execute {
    interpreter?.close()
    Log.d(TAG, "ClosedTFLite interpreter.")
  }
}
```

7）编写 convertBitmapToByteBuffer( )函数，功能是将位图转换为字节缓冲区，代码如下。

```
private fun convertBitmapToByteBuffer(bitmap: Bitmap):ByteBuffer {
  val byteBuffer = ByteBuffer.allocateDirect(modelInputSize)
  byteBuffer.order(ByteOrder.nativeOrder())

  val pixels =IntArray(inputImageWidth * inputImageHeight)
  bitmap.getPixels(pixels, 0, bitmap.width, 0, 0, bitmap.width, bitmap.height)

  for (pixelValue in pixels) {
    val r = (pixelValue shr 16 and 0xFF)
    val g = (pixelValue shr 8 and 0xFF)
    val b = (pixelValue and 0xFF)

    //将 RGB 转换为灰度并将像素值格式规格化为[0..1]
    val normalizedPixelValue = (r + g + b) / 3.0f / 255.0f
    byteBuffer.putFloat(normalizedPixelValue)
  }

  return byteBuffer
}

companion object {
  private const val TAG = "DigitClassifier"

  private const val FLOAT_TYPE_SIZE = 4
  private const val PIXEL_SIZE = 1

  private const val OUTPUT_CLASSES_COUNT = 10
}
}
```

到此为止，整个工程项目全部开发完毕。单击 Android Studio 顶部的运行按钮运行本项目，在 Android 设备中将会显示执行效果，如图 4-7 所示。在黑色绘图板中写一个数字后，会在下方

显示识别结果，例如在绘图板写“7”后的执行效果如图4-8所示。

● 图4-7　执行效果

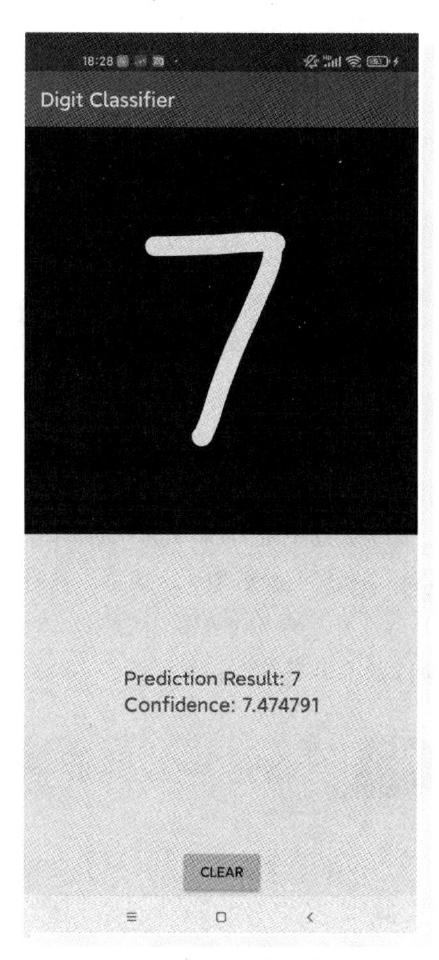

● 图4-8　识别结果

推　　断

推断也被称为推理，是指在移动设备上执行 TensorFlow Lite 模型以根据输入数据进行预测的过程。如果要想使用 TensorFlow Lite 模型执行推理，就必须通过解释器运行它。TensorFlow Lite 解释器旨在精简且快速地运行模型，并得到想要的结果。解释器使用静态图排序和自定义（非动态）内存分配器来确保最小的负载、初始化和执行延迟。在本章的内容中，将详细讲解 TensorFlow Lite 推断的知识。

5.1 TensorFlow Lite 推断的基本知识

在本节的内容中，将首先讲解 TensorFlow Lite 推断的基础知识，包括推断的基本步骤和支持的移动平台。

5.1.1 推断的基本步骤

在开发过程中，实现 TensorFlow Lite 推断的基本步骤如下。

（1）加载模型

必须将“.tflite”模型加载到内存中，其中包含模型的执行图。

（2）转换数据

模型的原始输入数据通常与模型预期的输入数据格式不匹配。例如，可能需要调整图像大小或更改图像格式以便与模型兼容。

（3）运行推断

此步骤涉及使用 TensorFlow Lite API 来执行模型，它涉及几个步骤，如构建解释器和分配张量。

(4) 输出解释

当收到模型推断的结果时，必须以一种对应用程序有意义的方式来解释张量。例如，一个模型可能只返回一个概率列表。可以将概率映射到相关类别，并将其呈现给最终用户。

5.1.2 推断支持的平台

TensorFlow 的推断 API 提供了对多种编程语言的支持，可以支持多种移动和嵌入式平台，如 Android、iOS 和 Linux。在大多数情况下，API 反映了对性能的偏好而不是易用性。TensorFlow Lite 专门提供了在小型设备上快速进行推断的 API。这些 API 会以牺牲便利性为代价来避免不必要的开发代价。

(1) Android 平台

在 Android 平台上，可以使用 Java 或 C ++ API 执行 TensorFlow Lite 推断。通过使用 Java API，可以直接在 Android 的 Activity 类中 TensorFlow Lite 推断。C ++ API 提供了更多的灵活性和更快的速度，但是可能需要编写 JNI 包装器来在 Java 和 C ++ 层之间移动数据。

对于使用元数据增强的 TensorFlow Lite 模型，开发人员可以使用 TensorFlow Lite Android 生成器来创建特定于平台的包装器代码。包装器代码消除了直接与 ByteBufferAndroid 交互的需要。取而代之的是，开发者可以使用类型对象实现，如用 TensorFlow 精简版模型交互 Bitmap 和 Rect。

(2) iOS 平台

在 iOS 平台中，TensorFlow Lite 可与用 Swift 和 Objective-C 编写的原生 iOS 库一起使用。还可以直接在 Objective-C 代码中使用 C API。

(3) Linux 平台（包括 Raspberry Pi）

开发者可以使用 C ++ 和 Python 中可用的 TensorFlow Lite API 运行推断。

5.2 运行模型

运行 TensorFlow Lite 模型的基本步骤如下。

1) 将模型加载到内存中。

2) 基于现有模型构建一个 Interpreter 类。

3) 设置输入张量值，如果不需要预定义大小，可以选择调整输入张量的大小。

4) 调用推断。

5) 读取输出张量值。

5.2.1 在 Java 程序中加载和运行模型

在 Android 平台中，经常需要使用 Java API 运行 TensorFlow Lite 推断，此时被用作 Android 库的依赖项为 org. tensorflow：tensorflow-lite。在 Java 程序中，将使用 Interpreter 类加载模型并驱动模型推理。在许多情况下，这可能是开发者唯一需要的 API。读者可以使用 . tflite 文件初始化一个 Interpreter 对象，例如：

```
public Interpreter(@NotNull File modelFile);
```

或者用一个 MappedByteBuffer 实现：

```
public Interpreter(@NotNull MappedByteBuffer mappedByteBuffer);
```

在上述这两种情况下，都必须提供有效的 TensorFlow Lite 模型或 API throws IllegalArgumentException。如果使用 MappedByteBuffer 初始化 Interpreter，则它必须在 Interpreter 的整个生命周期内保持不变。

在模型上运行推理的首选方法是使用签名，这非常适用于从 TensorFlow 2. 5 开始转换的模型，例如：

```
try (Interpreter interpreter = new Interpreter(file_of_tensorflowlite_model)) {
  Map<String, Object> inputs = newHashMap<>();
  inputs.put("input_1", input1);
  inputs.put("input_2", input2);
  Map<String, Object> outputs = newHashMap<>();
  outputs.put("output_1", output1);
  interpreter.runSignature(inputs, outputs, "mySignature");
}
```

在上述代码中，runSignature()函数有以下 3 个参数。

- Inputs：将输入从签名中的输入名称映射到输入对象。
- Outputs：将签名中的输出名称映射到输出数据。
- Signature Name [optional]：签名的名称（如果模型有单一签名可以留空）。

还有一种当模型没有定义签名时运行推理的方法，此时只需调用方法 Interpreter. run()即可，示例如下。

```
try (Interpreter interpreter = new Interpreter(file_of_a_tensorflowlite_model)) {
  interpreter.run(input, output);
}
```

上述方法 run()只接收一个输入并只返回一个输出。因此，如果模型有多个输入或多个输出，请使用如下方式实现。

```
interpreter.runForMultipleInputsOutputs(inputs, map_of_indices_to_outputs);
```

在这种情况下，输入中的每个条目的 inputs 对应一个输入张量，并将 map_of_indices_to_outputs 输出张量的索引映射到相应的输出数据。

在这两种情况下，张量索引应对应于在创建模型时提供给 TensorFlow Lite 转换器的值。请注意，张量的 input 顺序必须与提供给 TensorFlow Lite 转换器的顺序相匹配。

另外，在 Interpreter 对象中还提供了根据模型名称获取对应索引的方法：

```
public int getInputIndex(String opName);
public int getOutputIndex(String opName);
```

如果 opName 不是模型中的有效操作，那么会抛出一个 IllegalArgumentException 异常。另外还要注意 Interpreter 拥有的资源，为避免内存泄漏问题，在使用资源后必须通过以下代码进行释放。

```
interpreter.close();
```

如果要在 Java 程序中使用 TensorFlow Lite，输入和输出张量的数据类型必须是以下原始类型之一。

- float。
- int。
- long。
- byte。

String 也是支持类型，但是它们的编码方式与原始类型不同。特别是字符串 Tensor 的形状决定了 Tensor 中字符串的数量和排列，每个元素本身都是一个可变长度的字符串。从这个意义上说，张量的大小不能单独从形状和类型计算，因此字符串不能作为单个平面 ByteBuffer 参数来提供。

如果使用其他数据类型，包括像 Integer 和装箱类型 Float，则会抛出 IllegalArgumentException 异常。

（1）输入

每个输入应该是受支持的原始类型的数组或多维数组，或者是与 ByteBuffer 格式的适当大小的原始数据。如果输入是数组或多维数组，则关联的输入张量将在推理时隐式调整为数组的维度。如果输入的是 ByteBuffer 格式，则调用者应在 Interpreter. resizeInput( )运行推理之前手动调整关联输入张量的大小。

在使用 ByteBuffer 时，应该使用直接字节缓冲区，因为这样 Interpreter 可以避免不必要的副本。如果 ByteBuffer 是直接字节缓冲区，则其顺序必须经过 ByteOrder. nativeOrder( )排序处理。用于模型推断后必须保持不变，直到模型推断完成为止。

(2) 输出

每个输出应该是受支持的原始类型的数组或多维数组，或是适当大小的 ByteBuffer 输出格式。请注意，某些模型具有动态输出，其中输出张量的形状可能因输入而异。可在目前技术条件下，现有的 Java 推断 API 没有直接提供内置方法来处理这个问题，但是计划在以后版本中解决这个问题。

5.2.2 在 Swift 程序中加载和运行模型

Swift 是开发 iOS 程序的编程语言，通过使用 Swift API，可以从 CocoaPods 获得 TensorFlow-LiteSwift Pod。使用前需要导入 TensorFlowLite 模块，例如下面的代码。

```
import TensorFlowLite

//获取模型路径
guard
  let modelPath = Bundle.main.path(forResource: "model", ofType: "tflite")
else {
  //错误处理
}

do {
  //使用模型初始化解释器
  let interpreter = try Interpreter(modelPath: modelPath)

  //为模型输入的 Tensor 分配内存
  try interpreter.allocateTensors()

  let inputData: Data  //初始化

  //准备输入数据

  //将输入数据复制到输入张量
  try self.interpreter.copy(inputData, toInputAt: 0)

  //通过调用 Interpreter 解释器运行推断
  try self.interpreter.invoke()

  //得到输出张量
  let outputTensor = try self.interpreter.output(at: 0)

  //将输出复制到 UnsafeMutable BufferPointer 存储器中以处理推断结果
  let outputSize = outputTensor.shape.dimensions.reduce(1, {x, y in x * y})
  let outputData =
```

```
      UnsafeMutableBufferPointer<Float32>.allocate(capacity:outputSize)
  outputTensor.data.copyBytes(to: outputData)

  if (error != nil) { /* Error handling... */ }
} catch error {
  //错误处理
}
```

5.2.3 在 Objective-C 程序中加载和运行模型

Objective-C 是开发 iOS 程序的编程语言，通过使用 Objective-C API，可以从 CocoaPods 获得 TensorFlowLiteSwift Pod。使用时需要导入 TensorFlowLite 模块，例如下面的代码。

```
@import TensorFlowLite;
NSString *modelPath = [[NSBundle mainBundle] pathForResource:@"model"
                                                      ofType:@"tflite"];
NSError *error;

//使用模型初始化 Interprete 解释器
TFLInterpreter *interpreter = [[TFLInterpreter alloc] initWithModelPath:modelPath
                                                                  error:&error];
if (error != nil) { /* Error handling... */ }

//为模型的输入 TFLTensor 分配内存
[interpreter allocateTensorsWithError:&error];
if (error != nil) { /* Error handling... */ }

NSMutableData *inputData;  // Should be initialized
//准备输入数据

//获取 TFLTensor 输入
TFLTensor *inputTensor = [interpreter inputTensorAtIndex:0 error:&error];
if (error != nil) { /*错误处理... */ }

//将输入数据复制到输入文件 TFLTensor
[inputTensor copyData:inputData error:&error];
if (error != nil) { /*错误处理... */ }

//通过调用 TFLInterpreter 运行推断
[interpreter invokeWithError:&error];
if (error != nil) { /* Error handling... */ }

//获取输出 TFLTensor
TFLTensor *outputTensor = [interpreter outputTensorAtIndex:0 error:&error];
```

```
if (error ! = nil) { /*错误处理...*/ }

//将输出复制到 NSData 以处理推断结果
NSData *outputData = [outputTensor dataWithError:&error];
if (error ! = nil) { /*错误处理...*/ }
```

5.2.4 在 Objective-C 中使用 C API

目前，Objective-C API 不支持委托。为了在 Objective-C 代码中使用委托，需要直接调用底层的 C API，例如下面的代码。

```
#include "tensorflow/lite/c/c_api.h"

TfLiteModel* model = TfLiteModelCreateFromFile([modelPath UTF8String]);
TfLiteInterpreterOptions* options = TfLiteInterpreterOptionsCreate();

//创建 interpreter 解释器
TfLiteInterpreter* interpreter = TfLiteInterpreterCreate(model, options);

//分配张量并填充输入张量数据
TfLiteInterpreterAllocateTensors(interpreter);
TfLiteTensor* input_tensor =
    TfLiteInterpreterGetInputTensor(interpreter, 0);
TfLiteTensorCopyFromBuffer(input_tensor, input.data(),
                          input.size() * sizeof(float));

//执行推断
TfLiteInterpreterInvoke(interpreter);

//提取输出张量数据
const TfLiteTensor* output_tensor =
    TfLiteInterpreterGetOutputTensor(interpreter, 0);
TfLiteTensorCopyToBuffer(output_tensor, output.data(),
                        output.size() * sizeof(float));

//处理模型和解释器对象
TfLiteInterpreterDelete(interpreter);
TfLiteInterpreterOptionsDelete(options);
TfLiteModelDelete(model);
```

5.2.5 在 C++ 中加载和运行模型

在 C++ 中，模型存储在 FlatBufferModel 类中，并封装了一个 TensorFlow Lite 模型，具体使用什么方式构建模型，这取决于模型的存储位置，例如下面的代码。

```
class FlatBufferModel {
  //基于文件构建模型。如果出现故障,则返回 nullptr
  static std::unique_ptr<FlatBufferModel> BuildFromFile(
      const char* filename,
      ErrorReporter* error_reporter);

//基于预加载的 flatbuffer 构建模型。调用方保留缓冲区的所有权,并应使其保持活动状态
//直到销毁返回的对象。如果出现故障,则返回 nullptr
  static std::unique_ptr<FlatBufferModel> BuildFromBuffer(
      const char* buffer,
      size_t buffer_size,
      ErrorReporter* error_reporter);
};
```

如果 TensorFlow Lite 检测到 NNAPI（Android 提供的用来支持人工智能的神经网络框架）的存在，会自动尝试使用共享内存来存储 FlatBufferModel。现在将模型作为 FlatBufferModel 对象，然后使用 Interpreter 解释器来处理，可以多人同时使用 Interpreter 处理一个 FlatBufferModel。

Interpreter API 的重要部分显示在下面的代码片段中，读者需要注意以下方面。

- 张量由整数表示，以避免字符串比较以及对字符串库的任何固定依赖。
- 不能从并发线程访问解释器。
- 必须在调整张量大小后，立即调用 AllocateTensors( ) 来触发输入和输出张量的内存分配。

TensorFlow Lite 与 C ++ 的简单用法如下。

```
//加载模型
std::unique_ptr<tflite::FlatBufferModel> model =
    tflite::FlatBufferModel::BuildFromFile(filename);

//编译 interpreter
tflite::ops::builtin::BuiltinOpResolver resolver;
std::unique_ptr<tflite::Interpreter> interpreter;
tflite::InterpreterBuilder(* model, resolver)(&interpreter);

//如果需要,调整输入张量的大小
interpreter->AllocateTensors();

float* input = interpreter->typed_input_tensor<float>(0);
//填充 input
interpreter->Invoke();

float* output = interpreter->typed_output_tensor<float>(0);
```

5.2.6 在 Python 中加载和运行模型

在 tf. lite 模块中提供了用于运行推理的 Python API。例如，下面的实例演示了如何使用 Python 解释器加载“. tflite”文件，并使用随机输入数据运行推理的过程。如果使用已定义的 SignatureDef 转换 SavedModel 模型文件，则建议使用此实例的用法。

```
class TestModel(tf.Module):
  def __init__(self):
    super(TestModel, self).__init__()

  @tf.function(input_signature=[tf.TensorSpec(shape=[1, 10], dtype=tf.float32)])
  def add(self, x):
    '''
    接收单个输入的简单方法,输入 x 并返回 x+4
    '''
    #为方便起见,将输出命名为 result
    return {'result' : x + 4}

SAVED_MODEL_PATH = 'content/saved_models/test_variable'
TFLITE_FILE_PATH = 'content/test_variable.tflite'

#保存模型
module = TestModel()
#省略 signatures 参数,并将创建一个名为 serving_default 的默认签名名称
tf.saved_model.save(
    module, SAVED_MODEL_PATH,
    signatures={'my_signature':module.add.get_concrete_function()})

#使用 TFLiteConverter 转换模型
converter = tf.lite.TFLiteConverter.from_saved_model(SAVED_MODEL_PATH)
tflite_model = converter.convert()
with open(TFLITE_FILE_PATH, 'wb') as f:
  f.write(tflite_model)

#在 TFLite 解释器中加载 TFLite 模型
interpreter = tf.lite.Interpreter(TFLITE_FILE_PATH)
#因为在模型中只定义了 1 个签名,所以在默认情况下将返回该签名
#如果有多个签名,那么可以传递多个签名
my_signature = interpreter.get_signature_runner()

# my_signature 可以使用输入作为参数调用
output = my_signature(x=tf.constant([1.0], shape=(1,10),dtype=tf.float32))
# output 是包含推理所有输出的字典,在本实例的这种情况下,result 只有单个输出
print(output['result'])
```

如果模型没有定义 SignatureDefs，可以通过如下代码实现转换。

```
import numpy as np
import tensorflow as tf

#加载 TFLite 模型并分配张量
interpreter = tf.lite.Interpreter(model_path="converted_model.tflite")
interpreter.allocate_tensors()

#获取输入和输出张量
input_details = interpreter.get_input_details()
output_details = interpreter.get_output_details()

#在随机输入数据上测试模型
input_shape = input_details[0]['shape']
input_data = np.array(np.random.random_sample(input_shape),dtype=np.float32)
interpreter.set_tensor(input_details[0]['index'], input_data)

interpreter.invoke()

#get_tensor 函数返回张量数据的副本
#使用 tensor 获取指向该张量的指针
output_data = interpreter.get_tensor(output_details[0]['index'])
print(output_data)
```

作为将模型加载为预转换“. tflite”文件的替代方法，可以将代码与 TensorFlow Lite Converter Python API（tf. lite. TFLiteConverter）结合起来，允许将 TensorFlow 模型转换为 TensorFlow Lite 格式，然后运行推断，例如下面的代码。

```
import numpy as np
import tensorflow as tf

img = tf.placeholder(name="img", dtype=tf.float32, shape=(1, 64, 64, 3))
const = tf.constant([1., 2., 3.]) + tf.constant([1., 4., 4.])
val =img + const
out = tf.identity(val, name="out")

#转换为 TFLite 格式
with tf.Session() as sess:
  converter = tf.lite.TFLiteConverter.from_session(sess, [img], [out])
tflite_model = converter.convert()

#加载 TFLite 模型并分配张量
interpreter = tf.lite.Interpreter(model_content=tflite_model)
```

```
interpreter.allocate_tensors()

#继续得到张量,如上所示
```

5.3 运算符操作

TensorFlow Lite 支持许多在常见推理模型中使用的 TensorFlow 操作，由于它们由 TensorFlow Lite 优化转换器处理，因此在受支持的操作映射到 TensorFlow Lite 对应项之前，这些操作可能会被省略或融合。由于 TensorFlow Lite 内置的运算符库仅支持有限数量的 TensorFlow 运算符，因此并非每个模型都可以转换。即使对于受支持的操作，出于性能原因，有时也需要非常具体的使用模式。

5.3.1 运算符操作支持的类型

大多数 TensorFlow Lite 操作都针对浮点类型（float32）和量化（uint8、int8）类型进行推断，但许多操作还没有针对其他类型，如 tf. float16 和字符串。

除了使用不同版本的运算之外，float 模型和量化模型之间的另一个区别是它们的转换方式。量化转换需要张量的动态范围信息，这需要在模型训练期间进行“假量化”，通过校准数据集获取范围信息，或进行“即时”范围估计。而 float 模型就比较简单，无须张量的动态范围信息。

TensorFlow Lite 支持 TensorFlow 操作的子集，但有一些限制。TensorFlow Lite 可以处理许多 TensorFlow 操作，即使它们没有直接的等价物。对于可以简单地从图中移除（tf. identity）、替换为张量（tf. placeholder）或融合为更复杂的操作（tf. nn. bias_add）的情况就是如此。甚至某些受支持的操作有时也可能会通过这些过程之一被删除。

5.3.2 从 TensorFlow 中选择运算符

TensorFlow Lite 已经内置了很多运算符，并且还在不断扩展，但是仍然还有一部分 TensorFlow 运算符没有被 TensorFlow Lite 所支持。这些不被支持的运算符会给 TensorFlow Lite 的模型转换带来一些阻力。为了减少模型转换的阻力，TensorFlow Lite 开发团队最近一直致力于一个实验性功能的开发。

TensorFlow Lite 会继续为移动设备和嵌入式设备优化内置的运算符。但当 TensorFlow Lite 内置的运算符不够时，TensorFlow Lite 模型可以使用部分 TensorFlow 的运算符。

TensorFlow Lite 解释器在处理转换后包含 TensorFlow 运算符的模型时，会比处理只包含 TensorFlow Lite 内置运算符的模型占用更多的空间。并且，在 TensorFlow Lite 模型中包含的任何

TensorFlow 运算符的性能都不会被优化。

1. 转换模型

为了能够转换包含 TensorFlow 运算符的 TensorFlow Lite 模型，可以使用位于 TensorFlow Lite 转换器中的参数 target_spec. supported_ops，其可选值如下。

- TFLITE_BUILTINS：使用 TensorFlow Lite 内置运算符转换模型。
- SELECT_TF_OPS：使用 TensorFlow 运算符转换模型。

建议读者优先使用 TFLITE_BUILTINS 转换模型，然后是同时使用 TFLITE_BUILTINS 和 SELECT_TF_OPS，最后是只使用 SELECT_TF_OPS。同时使用两个选项（TFLITE_BUILTINS、SELECT_TF_OPS）会用 TensorFlow Lite 内置的运算符去转换支持的运算符。对于有些 TensorFlow 运算符，TensorFlow Lite 只支持部分用法，这时可以使用 SELECT_TF_OPS 选项来避免这种局限性。

下面的代码演示了通过 Python API 中的 TFLiteConverter 转换模型的过程。

```
import tensorflow as tf

converter = tf.lite.TFLiteConverter.from_saved_model("123")
converter.target_spec.supported_ops = [tf.lite.OpsSet.TFLITE_BUILTINS,
                                       tf.lite.OpsSet.SELECT_TF_OPS]
tflite_model = converter.convert()
open("converted_model.tflite", "wb").write(tflite_model)
```

下面的示例演示了在命令行工具 tflite_convert 中通过 target_ops 标记实现模型转换的过程。

```
tflite_convert \
  --output_file=/tmp/foo.tflite \
  --graph_def_file=/tmp/foo.pb \
  --input_arrays=input \
  --output_arrays=MobilenetV1/Predictions/Reshape_1 \
  --target_ops=TFLITE_BUILTINS,SELECT_TF_OPS
```

如果直接使用 bazel 编译并运行 tflite_convert，需要传入参数 --define = with_select_tf_ops = true，示例如下。

```
bazel run --define=with_select_tf_ops=true tflite_convert -- \
  --output_file=/tmp/foo.tflite \
  --graph_def_file=/tmp/foo.pb \
  --input_arrays=input \
  --output_arrays=MobilenetV1/Predictions/Reshape_1 \
  --target_ops=TFLITE_BUILTINS,SELECT_TF_OPS
```

2. 运行模型

如果 TensorFlow Lite 模型在转换的时候支持 TensorFlow select 运算符，那么在 TensorFlow Lite

运行时必须包含 TensorFlow 运算符的库。

(1) Android AAR

为了便于使用，新增了一个支持 TensorFlow select 运算符的 Android AAR。如果已经有了可用的 TensorFlow Lite 编译环境，可以按照下面的命令编译支持使用 TensorFlow select 运算符的 Android AAR。

```
bazel build --cxxopt='--std=c++11' -c opt                    \
  --config=android_arm --config=monolithic                   \
  //tensorflow/lite/java:tensorflow-lite-with-select-tf-ops
```

上面的命令会在 bazel-genfiles/tensorflow/lite/java/目录下生成一个 AAR 文件，读者可以直接将这个 AAR 文件导入项目中，也可以将其发布到本地的 Maven 仓库。

```
mvn install:install-file \
  -Dfile=bazel-genfiles/tensorflow/lite/java/tensorflow-lite-with-select-tf-ops.aar \
  -DgroupId=org.tensorflow \
  -DartifactId=tensorflow-lite-with-select-tf-ops -Dversion=0.1.100 -Dpackaging=aar
```

最后，在应用的 build. gradle 文件中需要保证有 mavenLocal()依赖，并且需要用支持 TensorFlow select 运算符的 TensorFlow Lite 依赖去替换标准的 TensorFlow Lite 依赖。

```
allprojects {
    repositories {
        jcenter()
        mavenLocal()
    }
}

dependencies {
    implementation 'org.tensorflow:tensorflow-lite-with-select-tf-ops:0.1.100'
}
```

(2) iOS

如果安装了 XCode 命令行工具，可以用下面的命令编译支持 TensorFlow select 运算符的 TensorFlow Lite。

```
tensorflow/contrib/makefile/build_all_ios_with_tflite.sh
```

上述命令会在 tensorflow/contrib/makefile/gen/lib/目录下生成所需要的静态链接库。

一个支持 TensorFlow select 运算符的 TensorFlow Lite XCode 项目已经添加在 tensorflow/lite/examples/ios/camera/tflite_camera_example_with_select_tf_ops. xcodeproj 中。如果想要在自己的项目中使用这个功能，读者可以复制示例项目，也可以按照下面的方式对项目进行设置。

首先，在 Build Phases -> Link Binary With Libraries 中添加 tensorflow/contrib/makefile/gen/lib/ 目录中的以下静态库。

- libtensorflow-lite. a。
- libprotobuf. a。
- nsync. a。

然后，在 Build Settings -> Header Search Paths 中添加下面的路径。

- tensorflow/lite/。
- tensorflow/contrib/makefile/downloads/flatbuffer/include。
- tensorflow/contrib/makefile/downloads/eigen。

最后，在 Build Settings -> Other Linker Flags 中添加 -force_load tensorflow/contrib/makefile/gen/lib/libtensorflow-lite. a。

5.3.3 自定义运算符

由于 TensorFlow Lite 的内置库仅支持有限数量的 TensorFlow 算子（运算符），所以并非所有模型都可以自动进行转换。为了转换一些特殊的模型，开发者可以在 TensorFlow Lite 中创建自定义运算符（或称为自定义算子）。在具体使用时，通常将一系列的 TensorFlow 内置运算符组合并融合到自定义运算符中。

使用自定义算子的基本步骤如下。

1）创建 TensorFlow 模型，确保 Saved Model（或 Graph Def）引用命名正确的 TensorFlow Lite 算子。

2）转换为 TensorFlow Lite 模型，确保设置正确的 TensorFlow Lite 转换器属性，以便成功转换模型。

3）创建并注册该算子，这样做的目的是为了使 TensorFlow Lite 运行时知道如何将计算图中的算子和参数映射到可执行的 C/C ++ 代码中。

4）对算子进行测试和性能分析。如果只是想测试自定义算子，最好仅使用自定义算子来创建模型，并使用 benchmark_model 程序。

实例 **5-1**：在端到端的实例中自定义运算符。

源码路径：bookcodes/5/zhuan

接下来通过一个端到端的实例来演示自定义运算符的方法。运行一个具有自定义算子的模型，该算子为 tf. sin（名为 Sin，详细资料请参阅 TensorFlow 官方文档中的“create_a_tensorflow_model”一节），这在 TensorFlow 中是支持的，但是在 TensorFlow Lite 中不被支持。

下面自定义一个 Sin 算子，该算子是 TensorFlow Lite 所没有的。假设正在使用 Sin 算子，并且正在为函数 y = sin（x + offset）构建一个非常简单的模型，其中 offset 可训练。实例文件 zhuan. py 的具体实现流程如下。

(1) 创建 TensorFlow 模型

创建 TensorFlow 模型的代码如下。

```
import tensorflow as tf
#定义训练数据集和变量
x = [ -8, 0.5, 2, 2.2, 201]
y = [ -0.6569866,  0.99749499,  0.14112001, -0.05837414,  0.80641841]
offset = tf.Variable(0.0)

#定义一个只包含名为 Sin 的自定义运算符的简单模型
@ tf.function
def sin(x):
  return tf.sin(x + offset, name = "Sin")

#训练模型
optimizer = tf.optimizers.Adam(0.01)
def train(x, y):
    with tf.GradientTape() as t:
      predicted_y = sin(x)
      loss = tf.reduce_sum(tf.square(predicted_y - y))
    grads = t.gradient(loss, [offset])
    optimizer.apply_gradients(zip(grads, [offset]))

for i in range(1000):
    train(x, y)

print("The actual offset is: 1.0")
print("The predicted offset is:", offset.numpy())
```

执行后会输出:

```
The actual offset is: 1.0
The predicted offset is: 1.0000001
```

如果尝试使用默认转换器参数生成 TensorFlow Lite 模型，则会显示如下错误消息。

```
Error:
Some of the operators in the model are not supported by the standardTensorFlow
Lite runtime......Here is
a list of operators for which you will need custom implementations: Sin.
```

(2) 转换为 TensorFlow Lite 模型

通过使用设置的转换器属性 allow_custom_ops 创建一个具有自定义算子的 TensorFlow Lite 模型，代码如下。

```
converter = tf.lite.TFLiteConverter.from_concrete_functions([sin.get_concrete_function(x)])
converter.allow_custom_ops = True;
tflite_model = converter.convert()
```

如果使用默认解释器运行，则会显示以下错误消息。

```
Error:
Didn't find custom operator for name 'Sin'
Registration failed.
```

（3）创建并注册算子

所有的 TensorFlow Lite 运算符（包括自定义运算符和内置运算符）都使用由4个函数组成的简单纯 C 语言接口进行定义，代码如下。

```
typedef struct {
  void* (*init)(TfLiteContext* context, const char* buffer, size_t length);
  void (*free)(TfLiteContext* context, void* buffer);
  TfLiteStatus (*prepare)(TfLiteContext* context, TfLiteNode* node);
  TfLiteStatus (*invoke)(TfLiteContext* context, TfLiteNode* node);
}TfLiteRegistration;
```

其中，TfLiteContext 提供错误报告功能和对全局对象（包括所有张量）的访问，TfLiteNode 允许程序访问其输入和输出。

当解释器加载模型时，它会为计算图中的每个节点调用一次 init()。如果在计算图中多次使用运算，则会多次调用给定的 init()。对于自定义运算，将提供一个缓冲区配置器，其中包含将参数名称映射到它们值的 flexbuffer。内置运算的缓冲区为空，因为解释器已经解析了运算参数。如果需要状态的内核实现应在此处对其进行初始化，并将所有权转移给调用者。对于每个 init() 调用，都会有一个相应的 free() 调用，允许实现释放它们可能在 init() 中分配的缓冲区。

每当调整输入张量的大小时，解释器都将遍历计算图以通知更改的程序。这使它们有机会调整其内部缓冲区的大小、检查输入形状和类型的有效性，以及重新计算输出形状。这一切都通过 prepare()完成，且程序可以使用 node->user_data 访问它们的状态。

最后，每次运行推断时，解释器都会遍历调用 invoke()的计算图。同样，此处的状态也可作为 node->user_data 使用。

通过定义上述4个函数和如下所示的全局注册函数，自定义算子可以使用与内置算子完全相同的方式实现。

```
namespace tflite {
namespace ops {
namespace custom {
  TfLiteRegistration* Register_MY_CUSTOM_OP() {
    staticTfLiteRegistration r = {my_custom_op::Init,
                                  my_custom_op::Free,
                                  my_custom_op::Prepare,
                                  my_custom_op::Eval};
    return &r;
```

```
  }
} // namespace custom
} // namespace ops
} // namespacetflite
```

注意，注册不是自动实现的，而是应该在某处显式调用 Register_MY_CUSTOM_OP。BuiltinOpResolver 内置运算分解器（可从：builtin_ops 目标获得）负责注册内置算子，而自定义算子必须收集到单独的自定义库中。

（4）在 TensorFlow Lite 运行时中定义内核

要在 TensorFlow Lite 中使用算子，只需定义两个函数（Prepare 和 Eval），并构造 TfLiteRegistration 即可，代码如下。

```
TfLiteStatus SinPrepare(TfLiteContext * context, TfLiteNode * node) {
  using namespacetflite;
  TF_LITE_ENSURE_EQ(context,NumInputs(node), 1);
  TF_LITE_ENSURE_EQ(context,NumOutputs(node), 1);

  const TfLiteTensor * input = GetInput(context, node, 0);
  TfLiteTensor * output = GetOutput(context, node, 0);

  int num_dims =NumDimensions(input);

  TfLiteIntArray * output_size = TfLiteIntArrayCreate(num_dims);
  for (int i =0; i <num_dims; ++i) {
    output_size->data[i] = input->dims->data[i];
  }

  return context->ResizeTensor(context, output, output_size);
}

TfLiteStatus SinEval(TfLiteContext * context, TfLiteNode * node) {
  using namespacetflite;
  const TfLiteTensor * input = GetInput(context, node,0);
  TfLiteTensor * output = GetOutput(context, node,0);

  float * input_data = input->data.f;
  float * output_data = output->data.f;

  size_t count = 1;
  int num_dims =NumDimensions(input);
  for (int i = 0; i < num_dims; ++i) {
    count * = input->dims->data[i];
  }
```

```
  for (size_t i=0; i<count; ++i) {
    output_data[i] = sin(input_data[i]);
  }
  return kTfLiteOk;
}

TfLiteRegistration* Register_SIN() {
  staticTfLiteRegistration r = {nullptr, nullptr, SinPrepare, SinEval};
  return &r;
}
```

在初始化 OpResolver 时，将自定义算子添加到解析器中。这将向 TensorFlow Lite 注册算子，以便 TensorFlow Lite 可以使用新的程序。请注意，TfLiteRegistration 中最后两个参数对应于为自定义算子定义的 SinPrepare 和 SinEval 函数。如果使用 SinInit 和 SinFree 函数来分别初始化在算子中使用的变量并释放空间，则它们将被添加到 TfLiteRegistration 的前两个参数中。在本实例中，这些参数被设置为 nullptr。

（5）在内核库中注册算子

现在需要在内核库中注册算子，此操作可通过 OpResolver 来完成。在后台，解释器将加载内核库，该库将被分配执行模型中的每个算子。虽然默认库仅包含内置内核，但是可以使用自定义库来替换或增强默认库。

OpResolver 类会将算子代码和名称翻译成实际代码，其定义如下。

```
class OpResolver {
  virtualTfLiteRegistration* FindOp(tflite::BuiltinOperator op) const = 0;
  virtualTfLiteRegistration* FindOp(const char* op) const = 0;
  virtual voidAddBuiltin (tflite:: BuiltinOperator op, TfLiteRegistration * registration)
= 0;
  virtual voidAddCustom(const char* op, TfLiteRegistration* registration) = 0;
};
```

常规用法要求使用 BuiltinOpResolver 并编写以下代码。

```
tflite::ops::builtin::BuiltinOpResolver resolver;
```

要添加上面创建的自定义算子，在将解析器传递给 InterpreterPuilder 之前可以调用 Add × × 实现，代码如下。

```
resolver.AddCustom("Sin", Register_SIN());
```

如果觉得内置运算集过大，可以基于给定的运算子集（可能只是包含在给定模型中的运算）通过代码生成新的 OpResolver，这相当于 TensorFlow 的选择性注册（其简单版本可在 tools 目录中获得）。

如果想用 Java 自定义算子，目前需要开发者自行构建自定义 JNI 层并在此 JNI 代码中编译自己的 AAR。同样，如果想定义在 Python 中可用的上述算子，可以将注册放在 Python 封装容器代码中。

请注意，可以按照与上文类似的过程支持一组运算（不是单个算子），只需添加所需数量的 AddCustom 算子即可。另外，BuiltinOpResolver 还允许使用 AddBuiltin 重写内置算子的实现。

（6）对算子进行测试和性能分析

要使用 TensorFlow Lite 基准测试工具来对算子进行性能分析，可以使用 TensorFlow Lite 的基准模型工具。出于测试目的，可以通过向 register. cc 添加适当的 AddCustom 调用，例如下面的代码使本地构建的 TensorFlow Lite 认识程序中创建的自定义算子。

```
resolver.AddCustorn("Sin",Reqister SIN());
```

5.3.4 融合运算符

TensorFlow 运算既可以是基元运算（如 tf. add），也可以是由其他基元运算（如 tf. einsum）组成的。基元运算在 TensorFlow 计算图中显示为单个节点，而复合运算则是 TensorFlow 计算图中节点的集合。执行复合运算相当于执行组成该复合运算的每个基元运算。

融合运算对应于这样一种运算：将每个基元运算执行的所有计算都纳入相应的复合运算中。通过优化整体计算并减少内存占用，融合运算可以最大限度地提高其底层内核实现的性能。这非常有价值，特别适合低延迟推理工作负载和资源受限的移动平台。融合运算还提供了一个更高级别的接口来定义像量化一样的复杂转换。如果不使用融合运算，便无法或很难在更细粒度的级别上实现这种转换。

出于上述原因，TensorFlow Lite 中具有许多融合运算的实例。这些融合运算通常对应于 TensorFlow 源程序中的复合运算。TensorFlow 中的复合运算在 TensorFlow Lite 中以单个融合运算的形式实现，示例包括各种 RNN 运算，如单向和双向序列 LSTM、卷积（conv2d、bias add、relu）、全连接（matmul、bias add、relu）等。在 TensorFlow Lite 中，LSTM 量化目前仅在 LSTM 融合运算中实现。

5.4 使用元数据进行推断

使用元数据来推断模型的实现方法比较简单，只需几行代码即可。TensorFlow Lite 元数据包含了有关模型功能以及使用方法的丰富描述，它可以授权代码生成器自动生成推断代码，如使用 Android Studio 机器学习绑定功能或 TensorFlow Lite Android 代码生成器，还可以用来配置自定义推断流水线。

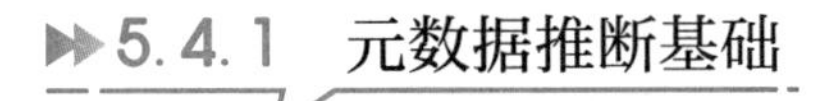

5.4.1 元数据推断基础

TensorFlow Lite 提供了多种工具和库来满足不同层次的部署要求，具体说明如下。

（1）使用 Android 代码生成器生成模型接口

有两种可以为带有元数据的 TensorFlow Lite 模型自动生成 Android 封装容器代码的方式。

1）通过使用 Android Studio 中的 Android Studio 机器学习模型绑定工具，可以用图形界面的方式导入 TensorFlow Lite 模型。Android Studio 将自动为项目配置设置，并根据模型元数据生成封装容器类。

2）TensorFlow Lite Code Generator 是一个根据元数据自动生成模型接口的可执行文件，目前它支持 Android 与 Java。封装容器代码消除了直接与 ByteBuffer 交互的需要，而开发人员可以使用 Bitmap 和 Rect 等类型化对象与 TensorFlow Lite 模型进行交互。Android Studio 开发者也可以通过 Android Studio 机器学习绑定来访问 Codegen（代码生成器）功能。

（2）使用 TensorFlow Lite Task Library 中“开箱即用”的 API

TensorFlow Lite Task Library 为热门的机器学习任务（如图像分类、问答等）提供了经过优化的现成模型接口。模型接口专门为每个任务而设计，以实现最佳性能和可用性。Task Library 可以跨平台工作，支持 Java、C ++ 和 Swift。

（3）使用 TensorFlow Lite Support Library 构建自定义推断流水线

TensorFlow Lite Support Library 是一个跨平台的库，可帮助自定义模型接口和构建推断流水线，它包含各种实用工具方法和数据结构，以执行“前/后”处理和数据转换。它还设计为与 TF. Image 和 TF. Text 等 TensorFlow 模块的行为相匹配，确保了从训练到推断的一致性。

5.4.2 使用元数据生成模型接口

开发者可以使用 TensorFlow Lite 元数据生成封装容器代码，以实现在 Android 上的集成。对于大多数开发者来说，Android Studio 机器学习模型绑定的图形界面最易于使用。如果需要更多的自定义工具或正在使用命令行工具，也可以使用 TensorFlow Lite Codegen 实现。

对于使用元数据增强的 TensorFlow Lite 模型，开发者可以使用 Android Studio 自动绑定机器学习模型，并基于模型元数据生成封装容器类。封装容器代码消除了直接与 ByteBuffer 交互的需要。相反，开发者可以使用 Bitmap 和 Rect 等类型化对象与 TensorFlow Lite 模型进行交互。

注意：需要使用 Android Studio 4.1 或以上版本。

1. 在 Android Studio 中导入 TensorFlow Lite 模型

在 Android Studio 中导入 TensorFlow Lite 模型的基本流程如下。

1）使用 Android Studio 打开一个 Android 工程，右击要使用 TFLite 模型的模块，或者单击

File，然后依次单击 New-- > Other-- > TensorFlow Lite Model 命令，如图 5-1 所示。

● 图 5-1　依次单击 New-- > Other-- > TensorFlow Lite Model 命令

2）选择 TFLite 文件的位置。请注意，Android Studio 将使用绑定功能自动配置机器学习模块的依赖关系，且所有依赖关系会自动插入 Android 模块的 build. gradle 文件，如图 5-2 所示。如果要使用 GPU 加速，请选择导入 TensorFlow GPU 的第 2 个复选框 Auto add build. . . 。

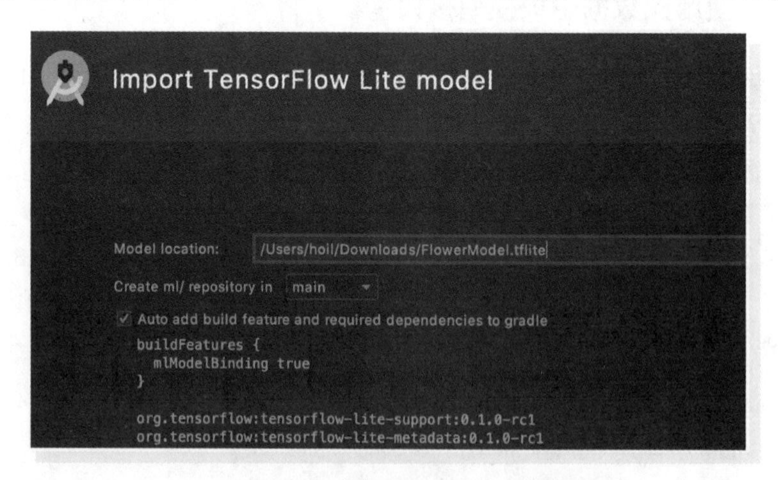

● 图 5-2　选择 TFLite 文件的位置

3）单击 Finish 按钮完成导入工作，导入成功后会出现图 5-3 所示的界面。如果要使用该模型，请选择 Kotlin 或 Java，复制并粘贴 Sample Code 部分的代码。在 Android Studio 中双击 ml 目录下的 TFLite 模型，可以返回此界面。

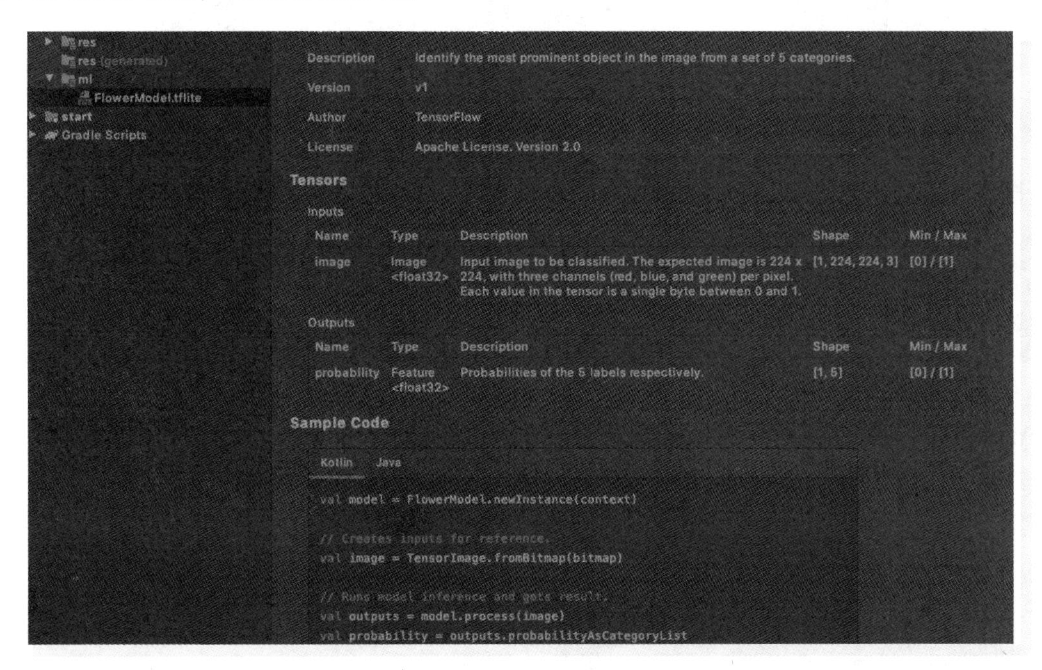

● 图 5-3　导入成功后的界面

2. 加速模型推断

通过使用机器学习模型绑定，为开发者提供了一种通过使用委托和线程数量来加速代码的方式。大家需要注意的是，TensorFlow Lite 解释器必须在其运行时的同一个线程上创建，TfLiteGpuDelegate Invoke：GpuDelegate 必须在初始化它的同一线程上运行。否则可能会发生错误。

使用加速模型推断的基本流程如下。

1）检查模块 build. gradle 文件是否包含以下依赖关系。

```
dencies {
        ...
        //需要 TFLite GPU delegate 2.3.0 或更高版本
        implementation 'org.tensorflow:tensorflow-lite-gpu:2.3.0'
    }
```

2）检测在设备上运行的 GPU 是否兼容 TensorFlow GPU 委托，如果不兼容，则使用多个 CPU 线程运行模型，代码如下。

```
import org.tensorflow.lite.gpu.CompatibilityList
import org.tensorflow.lite.gpu.GpuDelegate

pre data-md-type = "block_code" data-md-language = "";
```

5.4.3 使用 TensorFlow Lite 代码生成器生成模型接口

截至目前，TensorFlow Lite 封装容器只支持 Android 系统。对于使用元数据增强的 TensorFlow Lite 模型，开发者可以使用 TensorFlow Lite Android 封装容器代码生成器来创建特定平台的封装容器代码。封装容器代码消除了直接与 ByteBuffer 交互的需要，相反，开发者可以使用 Bitmap 和 Rect 等类型化对象与 TensorFlow Lite 模型进行交互。代码生成器是否有作用，取决于 TensorFlow Lite 模型的元数据条目是否完整。

1. 生成封装容器代码

开发者需要先在终端安装 tflite-support，安装命令如下。

```
pip install tflite-support
```

完成安装后，可以使用以下语句来使用代码生成器。

```
tflite_codegen --model = ./model_with_metadata/mobilenet_v1_0.75_160_quantized.tflite \
    --package_name = org.tensorflow.lite.classify \
    --model_class_name = MyClassifierModel \
    --destination = ./classify_wrapper
```

生成的代码将位于目标目录中。如果使用的是 Google Colab 或其他远程环境，结果将压缩成 zip 格式文件，并将其下载到 Android Studio 项目中。

```
#压缩生成的代码
! zip -r classify_wrapper.zip classify_wrapper/

#下载压缩后的文件
from google.colab import files
files.download('classify_wrapper.zip')
```

2. 使用生成的代码

通过上面的步骤生成封装容器代码后，接下来开始使用这些生成的代码，具体步骤如下。

(1) 导入生成的代码

如有必要，将生成的代码解压缩到目录结构中，在此假定生成代码的根目录为 SRC_ROOT。打开要使用 TensorFlow lite 模型的 Android Studio 项目，通过选择 File -> New -> Import Module -> SRC_ROOT 文件导入生成的模块，导入的目录和模块将称为 classify_wrapper。

(2) 更新应用的 build. gradle 文件

在将要使用生成的库模块的应用模块中添加以下内容。

```
aaptOptions {
  noCompress "tflite"
}
```

在 Android 部分添加以下内容。

```
implementation project(":classify_wrapper")
```

(3) 使用模型

```
// 模型初始化
MyClassifierModel myImageClassifier = null;

try {
    myImageClassifier = new MyClassifierModel(this);
} catch (IOException io){
    //错误处理
}

if(null ! =myImageClassifier) {

    // 使用名为 inputBitmap 的位图设置输入
    MyClassifierModel.Inputs inputs = myImageClassifier.createInputs();
    inputs.loadImage(inputBitmap));

    // 运行模型
    MyClassifierModel.Outputs outputs = myImageClassifier.run(inputs);

    // 检索结果
    Map<String, Float> labeledProbability = outputs.getProbability();
}
```

3. 加速模型推断

生成的代码为开发者提供了一种通过使用委托和线程数来加速代码的方式。这些可以在初始化模型对象时设置，因为它需要以下 3 个参数。

- Context：Android 活动或服务的上下文。
- Device：可选参数，表示 TFLite 加速委托，如 GPUDelegate 或 NNAPIDelegate。
- numThreads：可选参数，用于运行模型的线程数（默认为 1）。

例如，要使用 NNAPI 委托和最多 3 个线程，那么可以采用以下代码初始化模型。

```
try {
    myImageClassifier = new MyClassifierModel(this, Model.Device.NNAPI, 3);
} catch (IOException io){
    //读取模型时出错
}
```

如果遇到如下错误：

```
'java.io.FileNotFoundException: This file can not be opened as a file descriptor; it is probably compressed'
```

则需要在使用库模块应用模块的 Android 部分插入以下代码。

```
aaptOptions {
  noCompress "tflite"
}
```

5.5 通过 Task 库集成模型

在 TensorFlow Lite Task Library 中包含了一套功能强大且易于使用的任务专用库，供应用开发者使用 TFLite 创建机器学习程序。Task Library 可跨平台工作，支持 Java、C ++ 和 Swift。

5.5.1 Task Library 可以提供的内容

通过使用 Task Library，可以提供如下的功能。

(1) 非机器学习开发专家也能使用功能强大、语法简洁的 API

只需 5 行代码就可以完成推断。使用 Task Library 中强大且易用的 API 来构建模块，帮助开发者在移动设备中轻松使用 TFLite 进行机器学习开发。

(2) 复杂但通用的数据处理

支持通用的视觉和自然语言处理逻辑，可在数据和模型所需的数据格式之间进行转换。为训练和推断提供相同的、可共享的处理逻辑。

(3) 高性能

数据处理的时间仅几毫秒，保证了使用 TensorFlow Lite 的快速推断体验。

(4) 可扩展性

可以使用 Task Library 基础架构提供的所有优势，轻松构建 Android/iOS 推断 API。

5.5.2 支持的任务

截至目前，TensorFlow Lite Task Library 支持如下的任务列表。随着 TensorFlow 官方继续提供

越来越多的用例，该列表还会增加。

（1）视觉 API

- ImageClassifier。
- ObjectDetector。
- ImageSegmenter。

（2）自然语言处理（NLP）API

- NLClassifier。
- BertNLCLassifier。
- BertQuestionAnswerer。

（3）自定义 API

- 扩展内置任务 API 的功能并构建自定义 API。

5.5.3 集成图像分类器

在 5.5.2 中讲解了 TensorFlow Lite Task Library 支持的任务列表，为了节省篇幅，本书不会一一讲解每一项任务列表的功能，本节将只会讲解 ImageClassifier 集成图像分类器任务的知识。图像分类是机器学习中的一种常见应用，用于识别图像所代表的内容。预测图像所代表的内容的任务称为图像分类。图像分类器经过训练，可以识别各种类别的图像。例如，可以训练一个模型来识别代表 3 种不同类型动物的照片：兔子、仓鼠和狗。

通过使用 Task Library ImageClassifier API，可以将自定义图像分类器或预训练图像分类器部署到模型应用中。

1. ImageClassifier API 的主要功能

- 输入图像的处理，包括旋转、调整大小和色彩空间转换等。
- 输入图像的感兴趣区域。
- 标注映射区域。
- 筛选结果的得分阈值。
- Top-k 分类结果。
- 标注允许列表和拒绝列表。

2. 支持的图像分类器模型

以下模型可以与 ImageClassifier API 相兼容。

- 由适用于图像分类的 TensorFlow Lite Model Maker 创建的模型。
- TensorFlow Lite 托管模型中的预训练图像分类模型。
- TensorFlow Hub 上的预训练图像分类模型。

- 由 AutoML Vision Edge 图像分类创建的模型。
- 符合模型兼容性要求的自定义模型。

3. 用 Java 运行推断

通过使用 ImageClassifier，用 Java 语言运行推断的基本流程如下。

（1）导入 Gradle 依赖项和其他设置

将“.tflite”模型文件复制到将要运行模型的 Android 模块的资源目录下，设置不压缩该文件，并将 TensorFlow Lite 库添加到模块的 build.gradle 文件中，代码如下。

```
android {
    //其他设置

    //设置不为应用程序 apk 压缩 tflite 文件
    aaptOptions {
        noCompress "tflite"
    }

}

dependencies {
    //其他依赖

    //导入任务视觉库依赖项
    implementation 'org.tensorflow:tensorflow-lite-task-vision:0.1.0'
}
```

（2）使用模型

```
//初始化
ImageClassifierOptions options = ImageClassifierOptions.builder().setMaxResults(1).build
();
ImageClassifier imageClassifier = ImageClassifier.createFromFileAndOptions(context, mode-
lFile, options);

//运行推断
List<Classifications> results = imageClassifier.classify(image);
```

4. 用 C++ 运行推断

TensorFlow Lite 官方文档声明：正在改善 C++ Task Library 的可用性，如提供预先构建的二进制文件，并创建友好的工作方式，以便于开发者编写程序。这说明，随着 TensorFlow Lite 的版本升级，C++ API 可能会发生变化。

```
//初始化
ImageClassifierOptions options;
```

```
options.mutable_model_file_with_metadata()->set_file_name(model_file);
std::unique_ptr<ImageClassifier> image_classifier = ImageClassifier::CreateFromOptions
(options).value();

//运行推断
const ClassificationResult result = image_classifier->Classify(*frame_buffer).value();
```

5.6 自定义输入和输出

移动应用开发者通常会与类型化的对象（如位图）或基元（如整数）进行交互，但是在设备端运行机器学习模型的 TensorFlow Lite 解释器使用的是 ByteBuffer 形式的张量，可能难以实现调试和操作功能。TensorFlow Lite 的 Android 支持库的作用是帮助处理 TensorFlow Lite 模型的输入和输出，以更易于使用 TensorFlow Lite 解释器。

通过使用 TensorFlow Lite Support Library 处理自定义输入和输出数据的基本流程如下。

1. 开始

(1) 导入 Gradle 依赖项和其他设置

将“.tflite”模型文件复制到将要运行模型的 Android 模块的资源目录下，并且设置不压缩该文件，并将 TensorFlow Lite 库添加到模块的 build.gradle 文件中，代码如下。

```
android {
    //其他设置
    //设置不为应用程序 apk 压缩 tflite 文件
    aaptOptions {
        noCompress "tflite"
    }
}
dependencies {
    //其他 dependencies 依赖

    //导入 tflite 依赖
    implementation 'org.tensorflow:tensorflow-lite:0.0.0-nightly-SNAPSHOT'
    // GPU 委托库是可选的,视需要而设置
    implementation 'org.tensorflow:tensorflow-lite-gpu:0.0.0-nightly-SNAPSHOT'
    implementation 'org.tensorflow:tensorflow-lite-support:0.0.0-nightly-SNAPSHOT'
}
```

(2) 基本的图像处理和转换

在 TensorFlow Lite Support Library 中有一套基本的图像处理方法，如裁剪和调整大小。在使

用这些方法时需要创建 ImagePreprocessor，并添加所需的运算。如果要将图像转换为 TensorFlow Lite 解释器所需的张量格式，则需要创建 TensorImage 用作输入，代码如下。

```
import org.tensorflow.lite.support.image.ImageProcessor;
import org.tensorflow.lite.support.image.TensorImage;
import org.tensorflow.lite.support.image.ops.ResizeOp;

//初始化
//创建一个包含所有必需操作的 ImageProcessor
ImageProcessor imageProcessor =
    new ImageProcessor.Builder()
        .add(newResizeOp(224, 224, ResizeOp.ResizeMethod.BILINEAR))
        .build();

//创建一个 TensorImage 对象。这将创建 TensorFlow Lite 解释器所需的相应张量类型(本例为 UINT8)的张量
TensorImage tImage = new TensorImage(DataType.UINT8);

//每帧的分析代码,对图像进行预处理
tImage.load(bitmap);
tImage = imageProcessor.process(tImage);
```

通过使用 Metadata Exractor 库和其他模型信息，可以读取张量的 DataType 内容。

(3) 创建输出对象并运行模型

在运行模型之前，需要创建用于存储结果的容器对象，代码如下。

```
import org.tensorflow.lite.support.tensorbuffer.TensorBuffer;

//为结果创建一个容器,并指定这是一个量化模型
//因此,"数据类型"被定义为 UINT8(8 位无符号整数)

TensorBuffer probabilityBuffer =
    TensorBuffer.createFixedSize(new int[]{1, 1001}, DataType.UINT8);
```

然后再加载模型并运行推断，代码如下。

```
import org.tensorflow.lite.support.model.Model;

//模型初始化
try{
    MappedByteBuffer tfliteModel
        =FileUtil.loadMappedFile(activity,
            "mobilenet_v1_1.0_224_quant.tflite");
    Interpretertflite = new Interpreter(tfliteModel)
} catch (IOException e){
    Log.e("tfliteSupport", "Error reading model", e);
```

```
}

//运行推断
if(null ! =tflite) {
    tflite.run(tImage.getBuffer(), probabilityBuffer.getBuffer());
}
```

(4) 访问结果

开发者可以直接通过 probabilityBuffer. getFloatArray( )访问输出结果。如果模型产生了量化输出结果，需要将结果进行转换。对于 MobileNet 量化模型，开发者需要将每个输出值除以 255，以获得每个类别从 0（最不可能）到 1（最有可能）的概率。

(5) 将结果映射到标签

开发者还可以选择将结果映射到标签。首先，将包含标签的文本文件复制到模块的资源目录中。接下来，使用以下代码加载标签文件。

```
import org.tensorflow.lite.support.common.FileUtil;

final String ASSOCIATED_AXIS_LABELS = "labels.txt";
List < String > associatedAxisLabels = null;

try {
    associatedAxisLabels =FileUtil.loadLabels(this, ASSOCIATED_AXIS_LABELS);
} catch (IOException e) {
    Log.e("tfliteSupport", "Error reading label file", e);
}
```

以下代码演示了将概率与类别标签关联起来的方法。

```
import org.tensorflow.lite.support.common.TensorProcessor;
import org.tensorflow.lite.support.label.TensorLabel;

// Post-processor 对结果进行去量化
TensorProcessor probabilityProcessor =
    newTensorProcessor.Builder().add(new NormalizeOp(0, 255)).build();

if (null ! = associatedAxisLabels) {
//标签映射及其对应概率
TensorLabel labels = new TensorLabel(associatedAxisLabels,
        probabilityProcessor.process(probabilityBuffer));

    //创建 Map 以基于标签访问结果
    Map < String, Float > floatMap = labels.getMapWithFloatValue();
```

2. 当前用例覆盖范围

当前版本的 TensorFlow Lite Support Library 涵盖了如下的内容。

- 常见的数据类型（浮点数、UINT8、图像以及这些对象的数组）作为 tflite 模型的输入和输出。
- 基本的图像运算（如图像裁剪、调整大小和旋转等）。
- 归一化和量化。
- 文件实用工具。

未来的版本将改进对文本处理相关应用的支持。

3. ImageProcessor 架构

ImageProcessor 允许预先定义图像处理运算，并在构建过程中进行优化。ImageProcessor 目前支持 3 种基本的预处理运算，代码如下。

```
int width = bitmap.getWidth();
int height = bitmap.getHeight();

int size = height > width ? width : height;

ImageProcessor imageProcessor =
    new ImageProcessor.Builder()
        //将图像居中裁剪到可能的最大正方形
        .add(new ResizeWithCropOrPadOp(size, size))
        //使用双线性或最近邻调整大小
        .add(newResizeOp(224, 224, ResizeOp.ResizeMethod.BILINEAR));
        //以 90°增量逆时针旋转
        .add(new Rot90Op(rotateDegrees / 90))
        .add(newNormalizeOp(127.5, 127.5))
        .add(newQuantizeOp(128.0, 1/128.0))
        .build();
```

支持库的最终目标是支持所有 tf. image 转换，这意味着转换将与 TensorFlow 相同，且实现的程序将独立于操作系统。TensorFlow 欢迎开发者创建自定义处理程序，这时候与训练过程保持一致很重要，即相同的预处理应同时适用于训练和推断，以提高可重现性。

4. 量化

初始化类似 TensorImage 或 TensorBuffer 的输入或输出对象时，需要将它们的类型指定为 DataType. UINT8 或 DataType. FLOAT32，代码如下。

```
TensorImage tImage = new TensorImage(DataType.UINT8);
TensorBuffer probabilityBuffer =
TensorBuffer.createFixedSize(new int[]{1, 1001}, DataType.UINT8);
```

TensorProcessor 可以用来量化输入张量或去量化输出张量。例如，当处理量化的输出 TensorBuffer 时，开发者可以使用 DequantizeOp 将结果去量化为 0 ~ 1 之间的浮点数概率。

```
import org.tensorflow.lite.support.common.TensorProcessor;

// Post-processor 对结果进行去量化
TensorProcessor probabilityProcessor =
    newTensorProcessor.Builder().add(new DequantizeOp(0, 1/255.0)).build();
TensorBuffer dequantizedBuffer = probabilityProcessor.process(probabilityBuffer);
```

张量的量化参数可以通过 Metadata Exractor 库来读取。

优化处理

移动设备和嵌入式设备的计算资源有限，因此保持应用的资源效率非常重要。在本章的内容中，将详细讲解提高 TensorFlow Lite 模型性能的知识，包括性能优化和模型优化的知识，为读者学习本书后面的知识打下基础。

6.1 性能优化

根据任务的不同，开发者需要在模型复杂度和大小之间做取舍。如果任务需要高准确率，那么可能需要一个大而复杂的模型。而对于精确度不高的任务，则最好使用小一点的模型，因为小的模型不仅占用更少的磁盘和内存，而且通常会更快、更高效。比如，图 6-1 展示了常见的图像分类模型中准确率和延迟对模型大小的影响。

在下面的内容中，将详细讲解几种常用的优化方法。

1. 测试模型

在选择了一个适合任务的模型之后，应测试该模型的基准行为参数。在 TensorFlow Lite 测试工具中有内置的测试器，可以展示每一个运算符的测试数据，这能帮助开发者理解模型的性能瓶颈和发现哪些运算符主导了运算时间。

另外，还可以使用 TensorFlow Lite 的跟踪功能，在 Android 应用程序中使用标准的 Android 系统进行跟踪以对模型进行性能分析。还可以通过使用基于 GUI 的性能分析工具，按时间直观地呈现出算子的调用过程。

2. 测试和优化图（Graph）中的运算符

如果某个特定算子频繁地出现在模型中，并且基于性能分析会发现该算子消耗的时间最多，此时可以考虑优化这个算子。这种情况在实际应用中会很少见，因为 TensorFlow Lite 为大多数算子提供了优化后的版本。但是，如果知道执行算子的约束条件，那么可以编写自定义算子的更快版本。

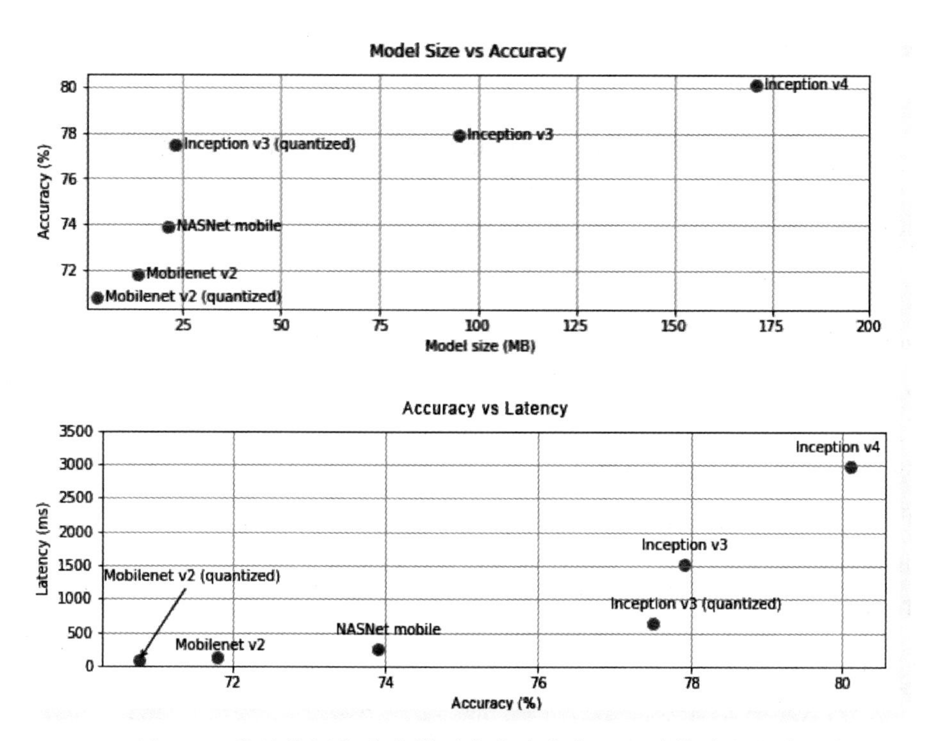

● 图 6-1　常见的图像分类模型中准确率和延迟对模型大小的影响

3. 优化模型

如果模型使用浮点数权重或者激励函数，那么模型的大小或许可以通过量化减少 75%，该方法可有效地将浮点权重从 32 字节转化为 8 字节。量化分为训练后量化和量化训练。前者不需要再训练模型，但是在极少情况下会有精度损失。当精度损失超过了可接受范围，则应该使用量化训练。

4. 调整线程数

TensorFlow Lite 支持用于处理许多算子的多线程内核，可以增加线程数并加快算子的执行速度。但是，增加线程数会使模型使用更多资源和消耗更多功率。对有些应用来说，延迟或许比高效率更重要。开发者可以通过设定解释器的数量来增加线程数。然而，根据同时运行的其他操作不同，多线程运行会增加性能的可变性。比如，在隔离测试时可能显示多线程的速度是单线程的两倍，但如果同时有另一个应用在运行的话，性能测试结果可能比单线程更差。

5. 清除冗余副本

如果应用没有合理设计，则在向模型输入和从模型读取输出时，可能会出现冗余副本，这时应确保消除冗余副本。如果使用的是更高级别的 API（如 Java），务必仔细检查文档中的性能注意事项。例如，如果将 ByteBuffers 用作输入，Java API 的速度就会快很多。

6. 用平台特定工具测试应用程序

在平台特定工具（例如 Android profiler 和 Instruments）中，提供了丰富的可被用于调试应用的测试信息。有时性能问题可能不是出自模型，而是出自与模型交互的应用代码。开发者应确保熟悉平台特定测试工具和对该平台最好的测试方法。

7. 评估模型是否受益于使用设备上可用的硬件加速器

TensorFlow Lite 添加了使用速度更快的硬件（如 GPU、DSP 和神经加速器等）来加速模型。通常来说，这些加速器会通过委托处理解释器中的部分子模块。TensorFlow Lite 可以通过以下方式使用委托。

1）使用 Android 的神经网络 API。

- 可以利用这些硬件加速器后端来提高模型的速度和效率。
- 如果要启用神经网络 API，请开发者查看 NNAPI 委托指南。

2）TensorFlow Lite 发布了一个仅限二进制的 GPU 代理，Android 和 iOS 分别使用 OpenGL 和 Metal。

3）可以在 Android 上使用 Hexagon 委托。

4）如果可以访问非标准硬件，那么可以创建自己的委托。

注意：有的加速器用在某些模型上的效果可能会更好，为每个代理设立基准以测试出最优的选择是很重要的。比如，如果有一个非常小的模型，那么可能没必要将模型委托给 NN API 或 GPU。相反，对于具有高算术强度的大模型来说，加速器就是一个很好的选择。

6.2 TensorFlow Lite 委托

委托会利用设备端的加速器，如 GPU 和数字信号处理器（DSP）来启用 TensorFlow Lite 模型的硬件加速。在默认情况下，TensorFlow Lite 会使用针对 ARM Neon 指令集来优化 CPU 内核。但是，CPU 是一种多用途处理器，不一定会针对机器学习模型中常见的繁重计算（例如卷积层和密集层中的矩阵数学）进行优化。

另一方面，大多数现代手机中的芯片在处理这些繁重的运算方面表现良好，将它们用于神经网络运算后，可以在延迟和效率方面带来巨大好处。例如，GPU 可以在延迟方面提供高达5倍的加速，而Qualcomm© Hexagon DSP在TensorFlow Lite的官方实验中显示可以降低75%的功耗。

这些加速器均支持实现自定义计算的相关API，例如用于移动GPU的OpenCL或OpenGL ES，以及用于DSP的Qualcomm© Hexagon SDK。在通常情况下，必须编写大量的自定义代码才能通过这些接口运行神经网络。当考虑到每个加速器各有利弊时，并且无法执行神经网络中的所有运算时，事情就会变得更加复杂。TensorFlow Lite中的Delegate API通过作为TFLite运行时和这些较低级别API之间的桥梁解决了这个问题。

6.2.1 选择委托

TensorFlow Lite支持多种委托，每种委托都针对特定的平台和特定类型的模型进行了优化。在通常情况下，会有多种委托适用于所使用的用例，这取决于两个主要标准：平台（Android或者iOS）以及要加速的模型类型（浮点数或者量化）。

1. 按平台分类的委托

（1）跨平台（Android和iOS）

GPU委托在Android和iOS上都可以使用。它经过了优化，可以在有GPU的情况下运行基于32位和16位浮点数的模型。GPU委托还支持8位量化模型，并可以提供与其浮点版本相当的GPU性能。

（2）Android

- 适用于较新Android设备的NNAPI委托：可用于在具有GPU、DSP或NPU的设备上加速模型，在Android 8.1（API 27+）或更高版本中可用。
- 适用于较旧版本Android设备的Hexagon委托：可用于在具有Qualcomm Hexagon DSP的Android设备上加速模型，可以在运行较旧版本Android（不支持NNAPI）的设备上使用。

（3）iOS

适用于较新iPhone和iPad的Core ML委托，对于提供了Neural Engine的较新的iPhone和iPad来说，可以使用Core ML委托来加快32位或16位float模型的推断。Neural Engine适用于具有A12 SoC或更高版本的Apple移动设备。

2. 按模型类型分类的委托

每种加速器的设计都考虑了一定的数据位宽，如果只为支持8位量化运算的委托（例如Hexagon委托）提供float模型，它将拒绝其所有运算，并且模型将完全在CPU上运行。为了避免此类意外，表6-1展示了基于模型类型的委托支持概览。

表 6-1 基于模型类型的委托支持概览

模型类型	图形处理器	神经网络 API	六边形	核心 ML
浮点（32 位）	会	会	否	是
训练后 float16 量化	会	否	否	是
训练后动态范围量化	会	会	否	否
训练后整数量化	会	会	是	否
量化感知训练	会	是	会	否

6.2.2 评估工具

1. 延迟和内存占用

TensorFlow Lite 的基准测试工具可以使用合适的参数来评估模型性能，包括平均推断延迟、初始化开销、内存占用等。此工具支持多个模型调试参数，以确定模型的最佳委托配置。例如，--gpu_backend = gl 可以使用 --use_gpu 指定，以衡量 OpenGL 的 GPU 执行情况。详细文档中定义了受支持的委托参数的完整列表。

下面是一个通过 adb 使用 GPU 运行量化模型的示例。

```
adb shell /data/local/tmp/benchmark_model \
  --graph = /data/local/tmp/mobilenet_v1_224_quant.tflite \
  --use_gpu = true
```

2. 准确率和正确性

委托通常会以不同于 CPU 的精度执行计算，因此在利用委托进行硬件加速时会有精度折中（通常较小）。请注意，由于 GPU 会使用浮点精度来运行量化模型，精度可能会略有提升（例如，ILSVRC 图像分类 Top-5 提升 <1%）。

TensorFlow Lite 有两种类型的工具来衡量委托对于给定模型的行为的准确性：基于任务的和与任务无关的。

（1）基于任务的评估

TensorFlow Lite 具有两个用于评估基于图像任务的正确性的工具。

1）ILSVRC 2012（图像分类），具有 Top-K 准确率。

2）COCO 物体检测（含边界框），具有全类平均精度（mAP）。

可在以下位置找到这些工具（要求 Android 系统，64 位 ARM 架构）的预构建二进制文件以及文档。

1）ImageNet 图像分类。

2）COCO 物体检测。

例如下面的示例演示了在 Pixel 4 上，利用 Google 的 Edge-TPU 使用 NNAPI 进行图像分类评估的过程。

```
adb shell /data/local/tmp/run_eval \
  --model_file=/data/local/tmp/mobilenet_quant_v1_224.tflite \
  --ground_truth_images_path=/data/local/tmp/ilsvrc_images \
  --ground_truth_labels=/data/local/tmp/ilsvrc_validation_labels.txt \
  --model_output_labels=/data/local/tmp/model_output_labels.txt \
  --output_file_path=/data/local/tmp/accuracy_output.txt \
  --num_images=0     # Run on all images.\
  --use_nnapi=true \
  --nnapi_accelerator_name=google-edgetpu
```

预期的输出是一个从 1 ~ 10 的 Top-K 指标列表，结果如下。

```
Top-1 Accuracy: 0.733333
Top-2 Accuracy: 0.826667
Top-3 Accuracy: 0.856667
Top-4 Accuracy: 0.87
Top-5 Accuracy: 0.89
Top-6 Accuracy: 0.903333
Top-7 Accuracy: 0.906667
Top-8 Accuracy: 0.913333
Top-9 Accuracy: 0.92
Top-10 Accuracy: 0.923333
```

（2）与任务无关的评估

如果没有设备端评估工具，或者如果在尝试使用自定义模型，TensorFlow Lite 提供了 Inference Diff 工具。Inference Diff 会比较以下两种设置的 TensorFlow Lite 执行情况（在延迟和输出值偏差方面）。

1）单线程 CPU 推断。

2）用户定义的推断：由这些参数定义。

为此，该工具会生成随机高斯数据，并将其传递给两个 TFLite 解释器：一个运行单线程 CPU 内核，另一个通过用户的参数进行参数化。它会以每个元素为基础，测量两者的延迟，以及每个解释器输出张量之间的绝对差。对于具有单个输出张量的模型，可能输出如下结果。

```
Num evaluation runs: 50
Reference run latency:avg=84364.2(us), std_dev=12525(us)
Test run latency:avg=7281.64(us), std_dev=2089(us)
OutputDiff[0]: avg_error=1.96277e-05, std_dev=6.95767e-06
```

这意味着，对于索引 0 处的输出张量，CPU 输出的元素与委托输出的元素平均相差 1.96e-05。

注意：解释这些数字需要对模型和每个输出张量的含义有更深入的了解。如果它是确定某种分数或嵌入的简单回归，那么差异应该很小，否则为委托错误。然而，像 SSD 模型中“检测类”这样的输出有点难以解释。

6.3 TensorFlow Lite GPU 代理

GPU 是用来设计完成高吞吐量的大规模并行工作的，因此非常适合用在包含大量运算符的神经网络上。一些输入张量可以很容易地被划分为更小的工作负载且可以同时执行，通常这会导致更低的延迟。在最佳情况下，用 GPU 在实时应用程序上做推断运算已经可以运行得足够快了，而这在以前是不可能的。不同于 CPU 的是，GPU 可以计算 16 位浮点数或者 32 位浮点数，并且 GPU 不需要量化即可获得最佳的系统性能。

使用 GPU 做推断运算的另一个好处是，可以在非常高效和优化的方式下进行计算，GPU 在完成和 CPU 一样的任务时可以消耗更少的电力和产生更少的热量。TensorFlow Lite 支持多种硬件加速器，本节将讲解在 Android 和 iOS 设备上使用 TensorFlow Lite 代理 APIs 预览实验性的 GPU 后端功能的方法。

6.3.1 在 Android 中使用 TensorFlow Lite GPU 代理

1）通过如下命令复制 TensorFlow 的源代码，然后在 Android Studio 中打开。

```
git clone https://github.com/tensorflow/tensorflow
```

2）编辑文件 app/build.gradle，设置使用 nightly 版本的 GPU AAR。在现有的 dependencies 模块中，在已有的 tensorflow-lite 包的位置下添加 tensorflow-lite-gpu 包，代码如下。

```
dependencies {
    ...
    implementation 'org.tensorflow:tensorflow-lite:0.0.0-nightly'
    implementation 'org.tensorflow:tensorflow-lite-gpu:0.0.0-nightly'
}
```

3）编译和运行。

单击 Android Studio 的“Run”按钮运行应用程序，当运行时会看到一个启用 GPU 的按钮。将应用程序从量化模式改为浮点模式后，单击“GPU”按钮，程序将在 GPU 上运行，如图 6-2 所示。

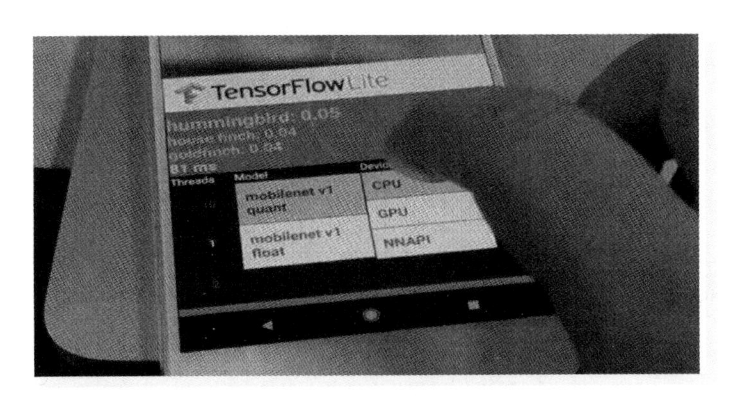

● 图 6-2　单击“GPU”按钮

6.3.2　在 iOS 中使用 TensorFlow Lite GPU 代理

在 iOS 中使用 TensorFlow Lite GPU 代理的步骤如下。

1）获取应用程序的源码并确保它已被编译，使用 XCode 10.1 或者更高版本打开应用程序。

2）修改 Podfile 文件，确保使用 TensorFlow Lite GPU CocoaPod。

3）构建一个包含 GPU 代理的二进制 CocoaPod 文件。如果需要切换到工程并使用它，修改文件 tensorflow/tensorflow/lite/examples/ios/camera/Podfile，使用 TensorFlowLiteGpuExperimental 的 pod 替代 TensorFlowLite，代码如下。

```
target 'YourProjectName'
  # pod 'TensorFlowLite', '1.12.0'
  pod 'TensorFlowLiteGpuExperimental'
```

4）启用 GPU 代理。为了确保代码会使用 GPU 代理，需要将文件 CameraExampleViewController.h 中的 TFLITE_USE_GPU_DELEGATE 从 0 修改为 1，代码如下。

```
#define TFLITE_USE_GPU_DELEGATE 1
```

5）编译和运行演示应用程序。如果完成了上面的步骤，现在已经可以运行这个应用程序了。

6）发布模式。上面的第 5）步是在调试模式下运行应用程序，为了获得更好的性能表现，应该使用适当的 Metal 设置将应用程序改为发布版本。需要修改这些设置，方法是依次单击 XCode 中的 Product > Scheme > Edit Scheme... 命令，单击 Run 按钮，然后在 Info 选项框修改 Build Configuration 选项，将 Debug 改为 Release，并取消选择 Debug executable 复选框，如图 6-3 所示。

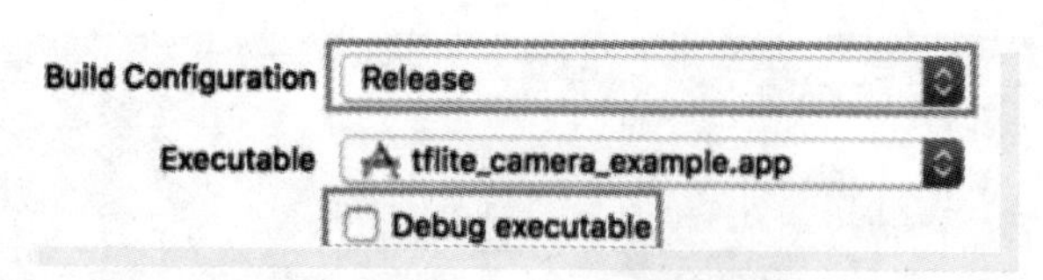

• 图 6-3　使用 Release 模式

选择 Options 选项框，然后将 GPU Frame Capture 选项修改成 Disabled，并将 Metal API Validation 选项修改成 Disabled，如图 6-4 所示。

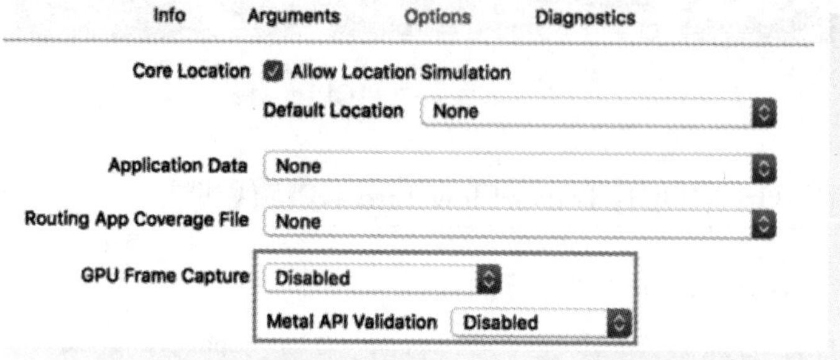

• 图 6-4　将 GPU Frame Capture 选项修改成 Disabled

确保发布版本只能在 64 位系统上构建，依次单击 Xcode 中的 Project navigator - > tflite_camera_example - > PROJECT - > tflite_camera_example - > Build Settings 命令，将 Build Active Architecture Only > Release 选择为 Yes，如图 6-5 所示。

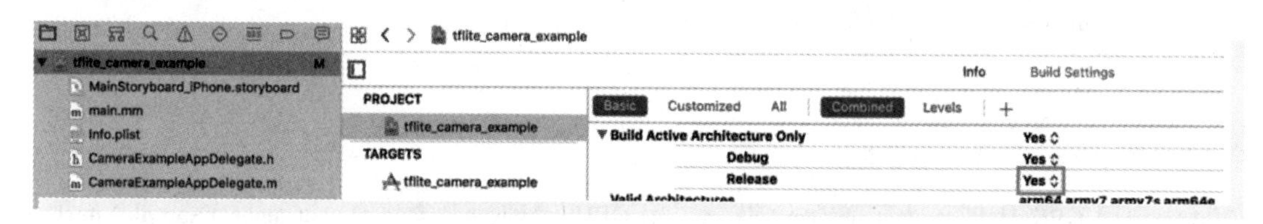

• 图 6-5　将 Build Active Architecture Only > Release 选择为 Yes

6.3.3　在自己的模型上使用 GPU 代理

(1) Android

在自己的 Android 应用程序中，可以像前面介绍的方法一样添加 AAR，导入 org. tensorflow. lite. gpu. GpuDelegate 模块，并使用 addDelegate 功能将 GPU 代理注册到解释器中，代码如下。

```
import org.tensorflow.lite.Interpreter;
import org.tensorflow.lite.gpu.GpuDelegate;
```

```
//初始化使用 GPU 代理的解释器
GpuDelegate delegate = new GpuDelegate();
Interpreter.Options options = (new Interpreter.Options()).addDelegate(delegate);
Interpreter interpreter = new Interpreter(model, options);

//进行推理
while (true) {
  writeToInput(input);
  interpreter.run(input, output);
  readFromOutput(output);
}

//清理
delegate.close();
```

(2) iOS

在自己的 iOS 应用程序代码中引入 GPU 代理头文件，让 Interpreter:: ModifyGraphWithDelegate 委托功能将 GPU 代理注册到解释器中，代码如下。

```
#import "tensorflow/lite/delegates/gpu/metal_delegate. h"

//初始化使用 GPU 代理的解释器
std:: unique_ptr < Interpreter > interpreter;
InterpreterBuilder (* model, resolver) (&interpreter);
auto * delegate = NewGpuDelegate (nullptr);   // 默认设置
if (interpreter- > ModifyGraphWithDelegate (delegate) ! = kTfLiteOk) return false;

//进行推断
while (true) {
  WriteToInputTensor (interpreter- > typed_input_tensor < float > (0));
  if (interpreter- > Invoke () ! = kTfLiteOk) return false;
  ReadFromOutputTensor (interpreter- > typed_output_tensor < float > (0));
}

//清理
interpreter = nullptr;
DeleteGpuDelegate (delegate);
```

6.4 硬件加速

TensorFlow Lite 支持使用多种硬件加速器，接下来将介绍如何在 Android 系统（要求 OpenGL

ES 3.1 或更高版本）和 iOS（要求 iOS 8 或更高版本）的 GPU 后端（backend）使用 TensorFLow Lite delegate APIs 的知识。

6.4.1 使用 GPU 加速的优势

（1）速度

GPUs 被设计为具有高吞吐量、可大规模并行化的工作负载，因此非常适合于一个由大量运算符组成的深度神经网络。其中每一个 GPU 都可以处理一些输入张量，并且容易划分为较小的工作负载，然后并行执行。这样并行性通常能够有较低的延迟。最好的情况下，在 GPU 上推断可以运行得足够快，以适应实时程序，这在以前是不可能的。

（2）精度

GPU 使用 16 位或 32 位浮点数进行运算，并且不需要量化就可以获得最佳的性能。如果精度降低使得模型的量化无法达到要求，那么在 GPU 上运行神经网络有可能消除这种担忧。

（3）能效

使用 GPU 进行推断的另一个好处在于它的能效，GPU 能以非常有效和优化的方法来进行运算，比在 CPU 上运行相同任务消耗的能源更少，产生的发热量也更少。

6.4.2 Android 中的硬件加速

使用 TfLiteDelegate 在 GPU 上运行 TensorFlow Lite，在 Java 程序中，可以通过 Interpreter. Options 来指定 GpuDelegate，代码如下。

```
//准备 GPU 委托
GpuDelegate delegate = new GpuDelegate();
Interpreter.Options options = (new Interpreter.Options()).addDelegate(delegate);

//设置解释器
Interpreter interpreter = new Interpreter(model, options);

//运行推断
writeToInputTensor(inputTensor);
interpreter.run(inputTensor, outputTensor);
readFromOutputTensor(outputTensor);

//清除委托
delegate.close();
```

如果在 Android GPU 上使用 C/C ++ 语言的 TensorFlow Lite，那么可以使用 TfLiteGpuDelegateCreate( )创建加速委托，并使用 TfLiteGpuDelegateDelete( )进行消除，代码如下。

```
//设置解释器
auto model = FlatBufferModel::BuildFromFile(model_path);
if (! model) return false;
ops::builtin::BuiltinOpResolver op_resolver;
std::unique_ptr<Interpreter> interpreter;
InterpreterBuilder(* model, op_resolver)(&interpreter);

//创建委托 delegate
const TfLiteGpuDelegateOptions options = {
  .metadata = NULL,
  .compile_options = {
    .precision_loss_allowed = 1,  // FP16
    .preferred_gl_object_type = TFLITE_GL_OBJECT_TYPE_FASTEST,
    .dynamic_batch_enabled = 0,  // Not fully functional yet
  },
};
auto* delegate = TfLiteGpuDelegateCreate(&options);
if (interpreter->ModifyGraphWithDelegate(delegate) ! =kTfLiteOk) return false;

//运行解释器
WriteToInputTensor(interpreter->typed_input_tensor<float>(0));
if (interpreter->Invoke() ! =kTfLiteOk) return false;
ReadFromOutputTensor(interpreter->typed_output_tensor<float>(0));

//清除委托
TfLiteGpuDelegateDelete(delegate);
```

6.4.3 iOS 中的硬件加速

如果想要在 GPU 上运行 TensorFlow Lite，需要通过 NewGpuDelegate( )对 GPU 创建委托（delegate），然后将其传递给 Interpreter:: ModifyGraphWithDelegate( )，而不是调用 Interpreter:: AllocateTensors( )，代码如下。

```
//设置解释器
auto model = FlatBufferModel::BuildFromFile(model_path);
if (! model) return false;
tflite::ops::builtin::BuiltinOpResolver op_resolver;
std::unique_ptr<Interpreter> interpreter;
InterpreterBuilder(* model, op_resolver)(&interpreter);

//创建委托 delegate
const GpuDelegateOptions options = {
  .allow_precision_loss = false,
  .wait_type = kGpuDelegateOptions::WaitType::Passive,
```

```
};

auto* delegate = NewGpuDelegate(options);
if (interpreter->ModifyGraphWithDelegate(delegate) != kTfLiteOk) return false;

//运行解释器
WriteToInputTensor(interpreter->typed_input_tensor<float>(0));
if (interpreter->Invoke() != kTfLiteOk) return false;
ReadFromOutputTensor(interpreter->typed_output_tensor<float>(0));

//清除委托
DeleteGpuDelegate(delegate);
```

读者需要注意，在调用 Interpreter::ModifyGraphWithDelegate()或 Interpreter::Invoke()时，调用者必须在当前线程中有一个 EGLContext，并且从同一个 EGLContext 中调用 Interpreter::Invoke()。如果 EGLContext 不存在，将在内部创建一个委托，并且开发人员必须确保始终从调用 Interpreter::Invoke()的同一个线程调用 Interpreter::ModifyGraphWithDelegate()。

6.4.4 输入/输出缓冲器

如果要想在 GPU 上进行计算，这些被计算的数据必须能够让 GPU 可见，这通常需要进行内存复制操作。如果可以的话，最好不要交叉 CPU 和 GPU 内存的边界，因为这会占用大量时间。通常这种交叉又是不可避免的，但在某些特殊情况下，可以忽略其中的一个（CPU 或 GPU）。

如果网络的输入是已经加载到 GPU 内存中的图像（如包含相机传输的 GPU 纹理），那么输入可以直接保留在 GPU 内存中而无须进入 CPU 内存。同样，如果网络输出采用的是可渲染图像的格式（如 image style transfer_），那么输出可以直接显示在屏幕上。为了获得最佳性能，TensorFlow Lite 让用户可以直接读取和写入 TensorFlow 硬件缓冲区并绕过内存副本。

1. Android

假设需要将图像送入 GPU 存储器中，则首先必须将其转换为 OpenGL 着色器存储缓冲区对象（SSBO）。此时可以使用 Interpreter.bindGlBufferToTensor()将 TfLiteTensor 与用户准备的 SSBO 相关联。需要注意的是，Interpreter.bindGlBufferToTensor()必须在 Interpreter.modifyGraphWithDelegate()之前调用，代码如下。

```
//确保有效的 EGL 呈现上下文
EGLContext eglContext = eglGetCurrentContext();
if (eglContext.equals(EGL_NO_CONTEXT)) return false;

//创建一个 SSBO.
int[] id = new int[1];
glGenBuffers(id.length, id, 0);
```

```
glBindBuffer(GL_SHADER_STORAGE_BUFFER, id[0]);
glBufferData(GL_SHADER_STORAGE_BUFFER, inputSize, null, GL_STREAM_COPY);
glBindBuffer(GL_SHADER_STORAGE_BUFFER, 0);  // unbind
int inputSsboId = id[0];

//创建 interpreter
Interpreter interpreter = new Interpreter(tfliteModel);
TensorinputTensor = interpreter.getInputTensor(0);
GpuDelegate gpuDelegate = new GpuDelegate();
//在安装委托之前,必须绑定缓冲区
gpuDelegate.bindGlBufferToTensor(inputTensor, inputSsboId);
interpreter.modifyGraphWithDelegate(gpuDelegate);

//运行推断,参数 null input 表示使用绑定缓冲区进行输入
fillSsboWithCameraImageTexture(inputSsboId);
float[]outputArray = new float[outputSize];
interpreter.runInference(null, outputArray);
```

2. iOS

假设图像被输入到 GPU 存储器中，则首先必须将其转换为 Metal 的 MTLBuffer 对象。此时可以将 TfLiteTensor 与用户准备的 MTLBuffer 和 BindMetalBufferToTensor( )相关联。需要注意的是，必须在 Interpreter:: ModifyGraphWithDelegate( )之前调用 BindMetalBufferToTensor( )。此外，在默认情况下，输出推断的结果会从 GPU 内存复制到 CPU 内存。在初始化期间调用 Interpreter:: SetAllowBufferHandleOutput（true）可以关闭该操作，代码如下。

```
//创建 GPU 委托 delegate
auto* delegate =NewGpuDelegate(nullptr);
interpreter->SetAllowBufferHandleOutput(true);  // disable defaultgpu->cpu copy
if (! BindMetalBufferToTensor(delegate, interpreter->inputs()[0], user_provided_input_
buffer)) return false;
if (! BindMetalBufferToTensor(delegate, interpreter->outputs()[0], user_provided_output_
buffer)) return false;
if (interpreter->ModifyGraphWithDelegate(delegate) ! =kTfLiteOk) return false;

//运行推断
if (interpreter->Invoke() ! =kTfLiteOk) return false;
```

注意：一旦关闭从 GPU 内存复制到 CPU 内存的操作后，将推断结果从 GPU 内存复制到 CPU 内存时，需要为每个输出张量显式调用 Interpreter:: EnsureTensorDataIsReadable( )。

6.5 模型优化

TensorFlow Lite 和 TensorFlow Model Optimization Toolkit（TensorFlow 模型优化工具包）提供了最小优化推断复杂性的工具。对于移动和物联网（IoT）等边缘设备来说，推断效率尤其重要。这些设备在处理内存、能耗和模型存储方面有许多限制。此外，模型优化解锁了定点硬件（Fixed-Point Hardware）和下一代硬件加速器的处理能力。

6.5.1 模型量化

深度神经网络的量化使用了一些技术，这些技术可以降低权重的精确表示，并且可选地降低存储的激活值和计算的激活值。使用量化的好处如下。

- 对现有 CPU 平台的支持。
- 激活值的量化降低了用于读取和存储中间激活值存储器的访问成本。
- 许多 CPU 和硬件加速器提供了 SIMD 指令功能，这对量化特别有益。

TensorFlow Lite 对量化提供了多种级别的支持，具体说明如下。

- TensorFlow Lite 训练后量化使权重和激活值的 Post training 更简单。
- 量化感知训练可以以下降最小精度的代价来训练网络，这仅适用于卷积神经网络的一个子集。

在表 6-1 中是一些模型经过训练后量化和量化感知训练后的延迟和准确性结果。所有延迟数都是在使用单个大内核的 Pixel 2 设备上测量的。随着工具包的改进，这些数字也会随之提高。

表 6-1　训练后量化和量化感知后的延迟和准确性测试结果

模　型	Top-1 精确性（初始）	Top-1 精确性（训练后量化）	Top-1 精确性（量化感知训练）	延迟（初始）/ms	延迟（训练后量化）/ms	延迟（量化感知和训练）/ms	大小（优化后）/MB
Mobilenet-v1-1-224	0.709	0.657	0.70	124	112	64	4.3
Mobilenet-v2-1-224	0.719	0.637	0.709	89	98	54	3.6
Inception_ v3	0.78	0.772	0.775	1130	845	543	23.9
Resnet_v2_101	0.770	0.768	不适用	3973	2868	不适用	44.9

6.5.2 训练后量化

训练后量化是一种转换技术，可以减少模型大小，同时还可以改善 CPU 和硬件加速器的延迟，并且模型的精度几乎不会下降。当使用 TensorFlow Lite Converter 将已训练的浮点 TensorFlow 模型转换为 TensorFlow Lite 格式时，可以对其进行量化处理。

1. 优化方法

开发者有多种训练后量化选项可供选择，表6-2是训练后量化选项汇总表。

表6-2　训练后量化选项汇总表

技　术	好　处	硬　件
动态范围量化	大小缩减至原来的1/4，速度加快2～3倍	中央处理器
全整数量化	大小缩减至原来的1/4，速度加快3倍以上	CPU、Edge TPU、微控制器
float16 量化	大小缩减至原来的1/2，GPU 加速	中央处理器、图形处理器

2. 动态范围量化

训练后量化的最简单形式数据，仅仅静态量化从浮点数到整数的权重，其精度为8位，代码如下。

```
import tensorflow as tf
converter = tf.lite.TFLiteConverter.from_saved_model (saved_model_dir)
converter. optimizations = [tf. lite. Optimize. DEFAULT]
tflite_quant_model = converter. convert()
```

在推断时，权重从8位精度转换为浮点数，并使用浮点数内核计算。此转换完成一次并缓存以减少延迟。为了进一步改善延迟，“动态范围”运算符根据激活的范围动态量化到8位，并使用8位权重执行计算。这种优化提供了接近完全定点推理的延迟，然而输出仍然使用浮点数存储，因此动态范围操作的加速小于完整的定点计算。

3. 全整数量化

通过确保所有模型都是整数量化，可以获得进一步的延迟改进、峰值内存使用量的减少，以及兼容仅支持整数的硬件设备或加速器。

对于全整数量化来说，需要校准或估计模型中所有浮点张量的范围，即(min，max)。与权重和偏差等常量张量不同，模型输入、激活（中间层的输出）和模型输出等可变张量无法校准，除非同时运行多个推理周期。因此，转换器需要有代表性的数据集来校准它们，该数据集可以是训练或验证数据的一个子集（大约100～500个样本）。

从 TensorFlow 2.7 版本开始，可以通过签名来指定代表性数据集，代码如下。

```
def representative_dataset():
  for data in dataset:
    yield {
      " image": data. image,
```

```
    "bias": data.bias,
  }
```

可以通过提供输入张量列表的方式生成代表性数据集，代码如下。

```
def representative_dataset():
  for data in tf. data. Dataset. from_tensor_slices ( (images)). batch (1). take (100):
    yield[tf. dtypes. cast (data, tf. float32)]
```

从 TensorFlow 2.7 版本开始，建议使用基于签名的方法而不是基于输入张量列表的方法，因为输入张量排序可以轻松翻转，而基于签名的方法则不容易翻转。

出于测试目的，开发者可以使用虚拟数据集，代码如下。

```
def representative_dataset():
    for _ in range (100):
      data = np. random. rand (1, 244, 244, 3)
      yield[data. astype (np. float32)]
```

为了完全整数量化模型，在没有整数实现使用浮点运算符（以确保转换顺利进行）时可使用以下代码实现。

```
import tensorflow as tf
converter = tf.lite.TFLiteConverter.from_saved_model (saved_model_dir)
converter. optimizations = [tf. lite. Optimize. DEFAULT]
converter. representative_dataset = representative_dataset
tflite_quant_model = converter. convert()
```

4. float16 量化

可以通过将权重量化为 float16（16 位浮点数的 IEEE 标准）的方式减小 float 模型的大小，要启用权重的 float16 量化，可使用以下代码实现。

```
import tensorflow as tf
converter = tf.lite.TFLiteConverter.from_saved_model (saved_model_dir)
converter. optimizations = [tf. lite. Optimize. DEFAULT]
converter. target_spec. supported_types = [tf. float16]
tflite_quant_model = converter. convert()
```

float16 量化的优点如下。

- 将模型大小减少了一半（因为所有尺寸都变成了原始尺寸的一半）。
- 造成的精度损失最小。
- 支持一些可以直接对 float16 数据进行操作的委托（如 GPU 委托），从而产生比 float32 计算更快的执行速度。

float16 量化的缺点如下。

- 不会像量化到定点那样减少延迟。
- 在默认情况下，float16 量化模型在 CPU 上运行时会将权重值“反量化”为 float32（注意，GPU 委托不会执行此反量化，因为它可以对 float16 数据进行操作）。

6.5.3 训练后动态范围量化

目前 TensorFlow Lite 支持将权重转换为 8 位精度结果，作为从 TensorFlow Graphdefs 到 TensorFlow Lite 的平面缓冲区格式的模型转换的一部分，动态范围量化将模型尺寸减少到25%。此外，TFLite 支持激活的动态量化和反量化，以允许：

- 在可用时使用量化内核以加快实现速度。
- 将计算图不同部分的浮点数内核与量化内核的混合。

对于支持量化内核的操作来说，激活在处理之前被动态量化为8位的精度，并在处理之后被反量化为浮点精度。根据正在转换的模型，这可以提高纯浮点计算的速度。与量化感知训练相反，权重在训练后量化，激活在推理时动态量化。因此，不会重新训练模型权重以补偿量化引起的误差。检查量化模型的准确性以确保降级是可以接受的也很重要。

实例 **6-1**：对训练模型进行动态范围量化处理。

源码路径：bookcodes/6/liang01. py。

请看下面的实例文件 liang01. py，首先训练 MNIST 模型，在 TensorFlow 中检查其准确性，然后将模型转换为具有动态范围量化的 TensorFlow Lite Flatbuffer。最后检查转换模型的准确性，并将其与原始 float 模型进行比较。

文件 liang01. py 的具体实现流程如下。

1）训练 TensorFlow 模型，代码如下。

```
#加载 MNIST 数据集
mnist = keras.datasets.mnist
(train_images, train_labels), (test_images, test_labels) =mnist.load_data()

#规范化输入图像,使每个像素值介于 0 ~1 之间
train_images = train_images / 255.0
test_images = test_images / 255.0

#定义模型架构
model =keras.Sequential([
keras.layers.InputLayer(input_shape=(28, 28)),
keras.layers.Reshape(target_shape=(28, 28, 1)),
keras.layers.Conv2D(filters=12, kernel_size=(3, 3), activation=tf.nn.relu),
keras.layers.MaxPooling2D(pool_size=(2, 2)),
```

```
keras.layers.Flatten(),
keras.layers.Dense(10)
])

#数字分类模型的训练
model.compile(optimizer='adam',
              loss=keras.losses.SparseCategoricalCrossentropy(from_logits=True),
              metrics=['accuracy'])
model.fit(
  train_images,
  train_labels,
  epochs=1,
  validation_data=(test_images, test_labels)
)
```

执行后会输出：

```
2021-08-12 11:16:09.363042: Itensorflow/stream_executor/cuda/cuda_gpu_executor.cc:937] suc-
cessful NUMA node read from SysFS had negative value (-1), but there must be at least one NUMA
node, so returning NUMA node zero
2021-08-12 11:16:09.371096: Itensorflow/stream_executor/cuda/cuda_gpu_executor.cc:937] suc-
cessful NUMA node read from SysFS had negative value (-1), but there must be at least one NUMA
node, so returning NUMA node zero
2021-08-12 11:16:09.371982: Itensorflow/stream_executor/cuda/cuda_gpu_executor.cc:937] suc-
cessful NUMA node read from SysFS had negative value (-1), but there must be at least one NUMA
node, so returning NUMA node zero
2021-08-12 11:16:09.373801: Itensorflow/core/platform/cpu_feature_guard.cc:142] This Tensor-
Flow binary is optimized with oneAPI Deep Neural Network Library (oneDNN) to use the following
CPU instructions in performance-critical operations:  AVX2 AVX512F FMA
To enable them in other operations, rebuildTensorFlow with the appropriate compiler flags.
2021-08-12 11:16:09.374414: Itensorflow/stream_executor/cuda/cuda_gpu_executor.cc:937] suc-
cessful NUMA node read from SysFS had negative value (-1), but there must be at least one NUMA
node, so returning NUMA node zero
2021-08-12 11:16:09.375415: Itensorflow/stream_executor/cuda/cuda_gpu_executor.cc:937] suc-
cessful NUMA node read from SysFS had negative value (-1), but there must be at least one NUMA
node, so returning NUMA node zero
2021-08-12 11:16:09.376347: Itensorflow/stream_executor/cuda/cuda_gpu_executor.cc:937] suc-
cessful NUMA node read from SysFS had negative value (-1), but there must be at least one NUMA
node, so returning NUMA node zero
2021-08-12 11:16:09.971601: Itensorflow/stream_executor/cuda/cuda_gpu_executor.cc:937] suc-
cessful NUMA node read from SysFS had negative value (-1), but there must be at least one NUMA
node, so returning NUMA node zero
2021-08-12 11:16:09.972501: Itensorflow/stream_executor/cuda/cuda_gpu_executor.cc:937] suc-
cessful NUMA node read from SysFS had negative value (-1), but there must be at least one NUMA
node, so returning NUMA node zero
```

```
2021-08-12 11:16:09.973396: Itensorflow/stream_executor/cuda/cuda_gpu_executor.cc:937] successful NUMA node read from SysFS had negative value (-1), but there must be at least one NUMA node, so returning NUMA node zero
2021-08-12 11:16:09.974289: Itensorflow/core/common_runtime/gpu/gpu_device.cc:1510] Created device /job:localhost/replica:0/task:0/device:GPU:0 with 14648 MB memory:  -> device: 0, name: Tesla V100-SXM2-16GB, pci bus id: 0000:00:05.0, compute capability: 6.0
2021-08-12 11:16:10.859606: Itensorflow/compiler/mlir/mlir_graph_optimization_pass.cc:185] None of the MLIR Optimization Passes are enabled (registered 2)
2021-08-12 11:16:11.609851: Itensorflow/stream_executor/cuda/cuda_dnn.cc:369] Loaded cuDNN version 8100
2021-08-12 11:16:12.148395: Itensorflow/core/platform/default/subprocess.cc:304] Start cannot spawn child process: No such file or directory
1875/1875 [==============================] - 6s 2ms/step - loss: 0.3089 - accuracy: 0.9132 - val_loss: 0.1487 - val_accuracy: 0.9580
<keras.callbacks.History at 0x7f949c017090>
```

因为只训练了一个 epoch 的模型，所以它只能训练到约 96% 的准确率。

2）转换为 TensorFlow Lite 模型。使用 Python TFLiteConverter 将经过训练的模型转换为 TensorFlow Lite 模型。可使用以下代码加载 TFLiteConverter 模型。

```
converter = tf.lite.TFLiteConverter.from_keras_model(model)
tflite_model = converter.convert()
```

执行后会输出：

```
2021-08-12 11:16:16.898830: W tensorflow/python/util/util.cc:348] Sets are not currently considered sequences, but this may change in the future, so consider avoiding using them.
INFO:tensorflow:Assets written to: /tmp/tmp6i7azt26/assets
2021-08-12 11:16:16.314524: I tensorflow/stream_executor/cuda/cuda_gpu_executor.cc:937] successful NUMA node read from SysFS had negative value (-1), but there must be at least one NUMA node, so returning NUMA node zero
2021-08-12 11:16:16.314883: I tensorflow/core/grappler/devices.cc:66] Number of eligible GPUs (core count >= 8, compute capability >= 0.0): 1
2021-08-12 11:16:16.314984: I tensorflow/core/grappler/clusters/single_machine.cc:357] Starting new session
2021-08-12 11:16:16.315359: I tensorflow/stream_executor/cuda/cuda_gpu_executor.cc:937] successful NUMA node read from SysFS had negative value (-1), but there must be at least one NUMA node, so returning NUMA node zero
2021-08-12 11:16:16.315688: I tensorflow/stream_executor/cuda/cuda_gpu_executor.cc:937] successful NUMA node read from SysFS had negative value (-1), but there must be at least one NUMA node, so returning NUMA node zero
2021-08-12 11:16:16.315957: I tensorflow/stream_executor/cuda/cuda_gpu_executor.cc:937] successful NUMA node read from SysFS had negative value (-1), but there must be at least one NUMA node, so returning NUMA node zero
2021-08-12 11:16:16.316301: I tensorflow/stream_executor/cuda/cuda_gpu_executor.cc:937] successful NUMA node read from SysFS had negative value (-1), but there must be at least one NUMA node, so returning NUMA node zero
```

```
2021-08-12 11:16:16.316581: I tensorflow/stream_executor/cuda/cuda_gpu_executor.cc:937] successful NUMA node read from SysFS had negative value (-1), but there must be at least one NUMA node, so returning NUMA node zero
2021-08-12 11:16:16.316831: I tensorflow/core/common_runtime/gpu/gpu_device.cc:1510] Created device /job:localhost/replica:0/task:0/device:GPU:0 with 14648 MB memory:  -> device: 0, name: Tesla V100-SXM2-16GB, pci bus id: 0000:00:05.0, compute capability: 6.0
2021-08-12 11:16:16.318450: I tensorflow/core/grappler/optimizers/meta_optimizer.cc:1137] Optimization results for grappler item: graph_to_optimize
  function_optimizer: function_optimizer did nothing.time = 0.007ms.
  function_optimizer: function_optimizer did nothing.time = 0.002ms.

2021-08-12 11:16:16.351933: W tensorflow/compiler/mlir/lite/python/tf_tfl_flatbuffer_helpers.cc:351] Ignored output_format.
2021-08-12 11:16:16.351977: W tensorflow/compiler/mlir/lite/python/tf_tfl_flatbuffer_helpers.cc:354] Ignored drop_control_dependency.
2021-08-12 11:16:16.355587: I tensorflow/compiler/mlir/tensorflow/utils/dump_mlir_util.cc:210] disabling MLIR crash reproducer, set env var `MLIR_CRASH_REPRODUCER_DIRECTORY` to enable.
```

然后将模型写入到 tflite 文件，代码如下。

```
tflite_models_dir = pathlib.Path("/tmp/mnist_tflite_models/")
tflite_models_dir.mkdir(exist_ok=True, parents=True)

tflite_model_file = tflite_models_dir/"mnist_model.tflite"
tflite_model_file.write_bytes(tflite_model)
```

执行后会输出：

```
84500
```

在导出量化模型时，可设置 optimizations 标志以优化大小，代码如下。

```
converter.optimizations = [tf.lite.Optimize.DEFAULT]
tflite_quant_model = converter.convert()
tflite_model_quant_file = tflite_models_dir/"mnist_model_quant.tflite"
tflite_model_quant_file.write_bytes(tflite_quant_model)
```

执行后会输出：

```
INFO:tensorflow:Assets written to: /tmp/tmp96urda5g/assets
INFO:tensorflow:Assets written to: /tmp/tmp96urda5g/assets
2021-08-12 11:16:16.933090: I tensorflow/stream_executor/cuda/cuda_gpu_executor.cc:937] successful NUMA node read from SysFS had negative value (-1), but there must be at least one NUMA node, so returning NUMA node zero
2021-08-12 11:16:16.933473: I tensorflow/core/grappler/devices.cc:66] Number of eligible GPUs (core count >= 8, compute capability >= 0.0): 1
2021-08-12 11:16:16.933569: I tensorflow/core/grappler/clusters/single_machine.cc:357] Starting new session
```

```
2021-08-12 11:16:16.933912: I tensorflow/stream_executor/cuda/cuda_gpu_executor.cc:937] suc-
cessful NUMA node read from SysFS had negative value (-1), but there must be at least one NUMA
node, so returning NUMA node zero
2021-08-12 11:16:16.934278: I tensorflow/stream_executor/cuda/cuda_gpu_executor.cc:937] suc-
cessful NUMA node read from SysFS had negative value (-1), but there must be at least one NUMA
node, so returning NUMA node zero
2021-08-12 11:16:16.934568: I tensorflow/stream_executor/cuda/cuda_gpu_executor.cc:937] suc-
cessful NUMA node read from SysFS had negative value (-1), but there must be at least one NUMA
node, so returning NUMA node zero
2021-08-12 11:16:16.934912: I tensorflow/stream_executor/cuda/cuda_gpu_executor.cc:937] suc-
cessful NUMA node read from SysFS had negative value (-1), but there must be at least one NUMA
node, so returning NUMA node zero
2021-08-12 11:16:16.935210: I tensorflow/stream_executor/cuda/cuda_gpu_executor.cc:937] suc-
cessful NUMA node read from SysFS had negative value (-1), but there must be at least one NUMA
node, so returning NUMA node zero
2021-08-12 11:16:16.935467: I tensorflow/core/common_runtime/gpu/gpu_device.cc:1510] Created
device /job:localhost/replica:0/task:0/device:GPU:0 with 14648 MB memory:  -> device: 0,
name: Tesla V100-SXM2-16GB, pci bus id: 0000:00:05.0, compute capability: 6.0
2021-08-12 11:16:16.937127: I tensorflow/core/grappler/optimizers/meta_optimizer.cc:1137]
Optimization results for grappler item: graph_to_optimize
  function_optimizer: function_optimizer did nothing.time = 0.008ms.
  function_optimizer: function_optimizer did nothing.time = 0.002ms.

2021-08-12 11:16:16.971218: W tensorflow/compiler/mlir/lite/python/tf_tfl_flatbuffer_help-
ers.cc:351] Ignored output_format.
2021-08-12 11:16:16.971263: W tensorflow/compiler/mlir/lite/python/tf_tfl_flatbuffer_help-
ers.cc:354] Ignored drop_control_dependency.
2021-08-12 11:16:16.991496: I tensorflow/lite/tools/optimize/quantize_weights.cc:225] Skip-
ping quantization of tensor sequential/conv2d/Conv2D because it has fewer than 1024 elements
(108).
23904
```

3）运行 TFLite 模型。使用 Python TensorFlow Lite 解释器运行 TensorFlow Lite 模型，将模型加载到解释器中，代码如下。

```
interpreter = tf.lite.Interpreter(model_path=str(tflite_model_file))
interpreter.allocate_tensors()

interpreter_quant = tf.lite.Interpreter(model_path=str(tflite_model_quant_file))
interpreter_quant.allocate_tensors()
```

4）在一张图像上测试模型，代码如下。

```
test_image = np.expand_dims(test_images[0], axis=0).astype(np.float32)

input_index = interpreter.get_input_details()[0]["index"]
output_index = interpreter.get_output_details()[0]["index"]
interpreter.set_tensor(input_index, test_image)
```

```
interpreter.invoke()
predictions = interpreter.get_tensor(output_index)

import matplotlib.pylab as plt

plt.imshow(test_images[0])
template = "True:{true}, predicted:{predict}"
_ =plt.title(template.format(true= str(test_labels[0]),
                             predict=str(np.argmax(predictions[0]))))
plt.grid(False)
```

执行后效果如图 6-6 所示。

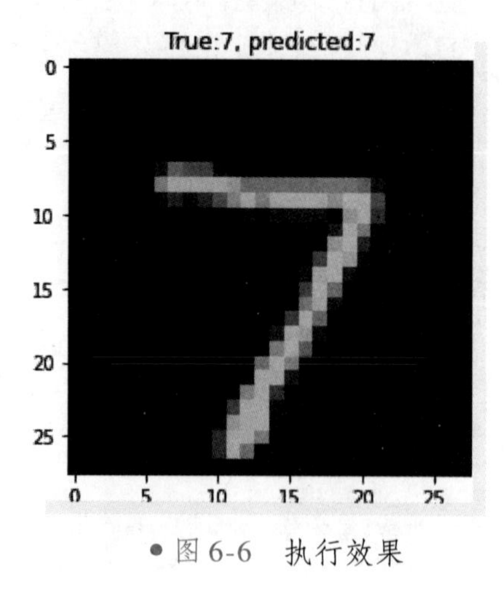

● 图 6-6 执行效果

5）评估模型，代码如下。

```
#使用测试数据集评估 TFLite 模型的辅助函数
def evaluate_model(interpreter):
  input_index = interpreter.get_input_details()[0]["index"]
  output_index = interpreter.get_output_details()[0]["index"]

  #对测试数据集中的每个图像运行预处理
  prediction_digits = []
  for test_image in test_images:
    #预处理:添加批次维度,并转换为 float32 以匹配模型的输入数据格式
    test_image = np.expand_dims(test_image, axis=0).astype(np.float32)
    interpreter.set_tensor(input_index, test_image)

    #运行推断
    interpreter.invoke()
```

```
    # Post-processing:删除批次维度并找到最高的数字概率
    output = interpreter.tensor(output_index)
    digit = np.argmax(output()[0])
    prediction_digits.append(digit)

  #将预测结果与底部标签值进行比较,以计算精度
  accurate_count = 0
  for index in range(len(prediction_digits)):
    if prediction_digits[index] == test_labels[index]:
      accurate_count += 1
  accuracy = accurate_count * 1.0 / len(prediction_digits)

  return accuracy

print(evaluate_model(interpreter))
```

执行后会输出：

```
0.958
```

对动态范围量化模型重复评估，代码如下。

```
print(evaluate_model(interpreter_quant))
```

执行后会输出：

```
0.958
```

由此可见，本实例中压缩模型在精度上没有区别，都是0.958。

6）优化现有模型。在 TensorFlow Hub 上提供了针对 resnet-v2-101 的预训练冻结图，可以通过以下方式将冻结图转换为带有量化的 TensorFlow Lite Flatbuffer（扁平缓冲器）。

```
import tensorflow_hub as hub

resnet_v2_101 = tf.keras.Sequential([
keras.layers.InputLayer(input_shape=(224, 224, 3)),
  hub.KerasLayer("https://hub.tensorflow.google.cn/google/imagenet/resnet_v2_101/classi-
fication/4")
])

converter = tf.lite.TFLiteConverter.from_keras_model(resnet_v2_101)

#无须量化即可转换为 TFLite
resnet_tflite_file = tflite_models_dir/"resnet_v2_101.tflite"
resnet_tflite_file.write_bytes(converter.convert())
```

执行后会输出：

```
WARNING:tensorflow:Compiled the loaded model, but the compiled metrics have yet to be built.`
model.compile_metrics` will be empty until you train or evaluate the model.
WARNING:tensorflow:Compiled the loaded model, but the compiled metrics have yet to be built.`
model.compile_metrics` will be empty until you train or evaluate the model.
  INFO:tensorflow:Assets written to: /tmp/tmpbckbhpxw/assets
  INFO:tensorflow:Assets written to: /tmp/tmpbckbhpxw/assets
  2021-08-12 11:16:38.804061: Itensorflow/stream_executor/cuda/cuda_gpu_executor.cc:937]
successful NUMA node read from SysFS had negative value (-1), but there must be at least one NU-
MA node, so returning NUMA node zero
  2021-08-12 11:16:38.804486: Itensorflow/core/grappler/devices.cc:66] Number of eligible
GPUs (core count > = 8, compute capability > = 0.0): 1
  2021-08-12 11:16:38.804652: Itensorflow/core/grappler/clusters/single_machine.cc:357]
Starting new session
  2021-08-12 11:16:38.805086: Itensorflow/stream_executor/cuda/cuda_gpu_executor.cc:937]
successful NUMA node read from SysFS had negative value (-1), but there must be at least one NU-
MA node, so returning NUMA node zero
  2021-08-12 11:16:38.805426: Itensorflow/stream_executor/cuda/cuda_gpu_executor.cc:937]
successful NUMA node read from SysFS had negative value (-1), but there must be at least one NU-
MA node, so returning NUMA node zero
  2021-08-12 11:16:38.805694: Itensorflow/stream_executor/cuda/cuda_gpu_executor.cc:937]
successful NUMA node read from SysFS had negative value (-1), but there must be at least one NU-
MA node, so returning NUMA node zero
  2021-08-12 11:16:38.806093: Itensorflow/stream_executor/cuda/cuda_gpu_executor.cc:937]
successful NUMA node read from SysFS had negative value (-1), but there must be at least one NU-
MA node, so returning NUMA node zero
  2021-08-12 11:16:38.806386: Itensorflow/stream_executor/cuda/cuda_gpu_executor.cc:937]
successful NUMA node read from SysFS had negative value (-1), but there must be at least one NU-
MA node, so returning NUMA node zero
  2021-08-12 11:16:38.806636: Itensorflow/core/common_runtime/gpu/gpu_device.cc:1510] Crea-
ted device /job:localhost/replica:0/task:0/device:GPU:0 with 14648 MB memory:  -> device: 0,
name: Tesla V100-SXM2-16GB, pci bus id: 0000:00:05.0, compute capability: 6.0
  2021-08-12 11:16:38.929631: Itensorflow/core/grappler/optimizers/meta_optimizer.cc:1137]
Optimization results for grappler item: graph_to_optimize
    function_optimizer: Graph size after: 3495 nodes (2947), 5719 edges (5171), time =
75.817ms.
    function_optimizer: function_optimizer did nothing.time = 2.571ms.


  2021-08-12 11:16:45.142399: Wtensorflow/compiler/mlir/lite/python/tf_tfl_flatbuffer_help-
ers.cc:351] Ignored output_format.
  2021-08-12 11:16:45.142451: Wtensorflow/compiler/mlir/lite/python/tf_tfl_flatbuffer_help-
ers.cc:354] Ignored drop_control_dependency.
  178509352
```

然后通过量化转换为 TFLite，代码如下。

```
converter.optimizations = [tf.lite.Optimize.DEFAULT]
resnet_quantized_tflite_file = tflite_models_dir/"resnet_v2_101_quantized.tflite"
resnet_quantized_tflite_file.write_bytes(converter.convert())
```

执行后会输出：

```
WARNING:tensorflow:Compiled the loaded model, but the compiled metrics have yet to be built.`model.compile_metrics` will be empty until you train or evaluate the model.
WARNING:tensorflow:Compiled the loaded model, but the compiled metrics have yet to be built.`model.compile_metrics` will be empty until you train or evaluate the model.
INFO:tensorflow:Assets written to: /tmp/tmp5p9jctff/assets
INFO:tensorflow:Assets written to: /tmp/tmp5p9jctff/assets
2021-08-12 11:16:55.845715: Itensorflow/stream_executor/cuda/cuda_gpu_executor.cc:937] successful NUMA node read from SysFS had negative value (-1), but there must be at least one NUMA node, so returning NUMA node zero
2021-08-12 11:16:55.846085: Itensorflow/core/grappler/devices.cc:66] Number of eligible GPUs (core count >= 8, compute capability >= 0.0): 1
2021-08-12 11:16:55.846192: Itensorflow/core/grappler/clusters/single_machine.cc:357] Starting new session
2021-08-12 11:16:55.846602: Itensorflow/stream_executor/cuda/cuda_gpu_executor.cc:937] successful NUMA node read from SysFS had negative value (-1), but there must be at least one NUMA node, so returning NUMA node zero
2021-08-12 11:16:55.846932: Itensorflow/stream_executor/cuda/cuda_gpu_executor.cc:937] successful NUMA node read from SysFS had negative value (-1), but there must be at least one NUMA node, so returning NUMA node zero
2021-08-12 11:16:55.847198: Itensorflow/stream_executor/cuda/cuda_gpu_executor.cc:937] successful NUMA node read from SysFS had negative value (-1), but there must be at least one NUMA node, so returning NUMA node zero
2021-08-12 11:16:55.847626: Itensorflow/stream_executor/cuda/cuda_gpu_executor.cc:937] successful NUMA node read from SysFS had negative value (-1), but there must be at least one NUMA node, so returning NUMA node zero
2021-08-12 11:16:55.847908: Itensorflow/stream_executor/cuda/cuda_gpu_executor.cc:937] successful NUMA node read from SysFS had negative value (-1), but there must be at least one NUMA node, so returning NUMA node zero
2021-08-12 11:16:55.848152: Itensorflow/core/common_runtime/gpu/gpu_device.cc:1510] Created device /job:localhost/replica:0/task:0/device:GPU:0 with 14648 MB memory:  -> device: 0, name: Tesla V100-SXM2-16GB, pci bus id: 0000:00:05.0, compute capability: 6.0
2021-08-12 11:16:55.973014: Itensorflow/core/grappler/optimizers/meta_optimizer.cc:1137] Optimization results for grappler item: graph_to_optimize
    function_optimizer: Graph size after: 3495 nodes (2947), 5719 edges (5171), time = 76.741ms.
    function_optimizer: function_optimizer did nothing.time = 4.109ms.

2021-08-12 11:17:00.507069: Wtensorflow/compiler/mlir/lite/python/tf_tfl_flatbuffer_helpers.cc:351] Ignored output_format.
2021-08-12 11:17:00.507116: Wtensorflow/compiler/mlir/lite/python/tf_tfl_flatbuffer_helpers.cc:354] Ignored drop_control_dependency.
46256864
```

在上面的输出结果中，模型大小从 171 MB 减少到 43MB。由此可见，可以使用为 TFLite 准确度测量提供的脚本来评估该模型在 imagenet 上的准确度。优化后模型的 top-1 精度为 76.8，与 float 模型相同。

6.5.4 训练后整数量化

整数量化也是一种优化策略，可以将 32 位浮点数（如权重和激活输出结果）转换为 8 位定点数。这样可以缩小模型大小并加快推理速度，这对低功耗设备（如微控制器）来说很有用。在实例文件 zheng.py 中，将从头开始训练一个 MNIST 模型，然后将其转换为 TensorFlow Lite 文件，并使用训练后量化对其进行量化。最后检查转换后模型的准确率，并将其与原始 float 模型进行比较。在实际应用中，对模型进行量化有多种不同程度的选项方式。在本实例中，将使用全整数量化方式，它会将所有权重和激活输出结果转换为 8 位整数数据，而其他策略可能会将部分数据保留为浮点数。

实例 6-2：使用“全整数量化”方式处理训练后的模型。

源码路径：bookcodes/6/zheng/zheng.py。

实例文件 zheng.py 的具体实现流程如下。

（1）生成 TensorFlow 模型

基于 MNIST 数据集构建一个简单的模型，并对 MNIST 数据集中的数字进行分类。此训练不会花很长时间，因为只对模型进行 5 个周期的训练，训练到约 98% 的准确率即可，代码如下。

```
#加载 MNIST 数据集
mnist = tf.keras.datasets.mnist
(train_images, train_labels), (test_images, test_labels) = mnist.load_data()

#规范化输入图像,使每个像素值介于 0 ~1 之间
train_images = train_images.astype(np.float32) / 255.0
test_images = test_images.astype(np.float32) / 255.0

#定义模型架构
model = tf.keras.Sequential([
  tf.keras.layers.InputLayer(input_shape = (28, 28)),
  tf.keras.layers.Reshape(target_shape = (28, 28, 1)),
  tf.keras.layers.Conv2D(filters =12, kernel_size = (3, 3), activation = 'relu'),
  tf.keras.layers.MaxPooling2D(pool_size = (2, 2)),
  tf.keras.layers.Flatten(),
  tf.keras.layers.Dense(10)
])
```

```
#训练数字分类模型
model.compile(optimizer='adam',
              loss=tf.keras.losses.SparseCategoricalCrossentropy(
                  from_logits=True),
              metrics=['accuracy'])
model.fit(
  train_images,
  train_labels,
  epochs=5,
  validation_data=(test_images, test_labels)
)
```

执行后会输出：

```
2021-08-13 21:09:16.229818: Itensorflow/stream_executor/cuda/cuda_gpu_executor.cc:937] successful NUMA node read from SysFS had negative value (-1), but there must be at least one NUMA node, so returning NUMA node zero
2021-08-13 21:09:16.237765: Itensorflow/stream_executor/cuda/cuda_gpu_executor.cc:937] successful NUMA node read from SysFS had negative value (-1), but there must be at least one NUMA node, so returning NUMA node zero
2021-08-13 21:09:16.238661: Itensorflow/stream_executor/cuda/cuda_gpu_executor.cc:937] successful NUMA node read from SysFS had negative value (-1), but there must be at least one NUMA node, so returning NUMA node zero
2021-08-13 21:09:16.240972: Itensorflow/core/platform/cpu_feature_guard.cc:142] This TensorFlow binary is optimized with oneAPI Deep Neural Network Library (oneDNN) to use the following CPU instructions in performance-critical operations:  AVX2 AVX512F FMA
To enable them in other operations, rebuildTensorFlow with the appropriate compiler flags.
2021-08-13 21:09:16.241529: Itensorflow/stream_executor/cuda/cuda_gpu_executor.cc:937] successful NUMA node read from SysFS had negative value (-1), but there must be at least one NUMA node, so returning NUMA node zero
2021-08-13 21:09:16.242437: Itensorflow/stream_executor/cuda/cuda_gpu_executor.cc:937] successful NUMA node read from SysFS had negative value (-1), but there must be at least one NUMA node, so returning NUMA node zero
2021-08-13 21:09:16.243284: Itensorflow/stream_executor/cuda/cuda_gpu_executor.cc:937] successful NUMA node read from SysFS had negative value (-1), but there must be at least one NUMA node, so returning NUMA node zero
2021-08-13 21:09:16.830616: Itensorflow/stream_executor/cuda/cuda_gpu_executor.cc:937] successful NUMA node read from SysFS had negative value (-1), but there must be at least one NUMA node, so returning NUMA node zero
2021-08-13 21:09:16.831565: Itensorflow/stream_executor/cuda/cuda_gpu_executor.cc:937] successful NUMA node read from SysFS had negative value (-1), but there must be at least one NUMA node, so returning NUMA node zero
2021-08-13 21:09:16.832417: Itensorflow/stream_executor/cuda/cuda_gpu_executor.cc:937] successful NUMA node read from SysFS had negative value (-1), but there must be at least one NUMA node, so returning NUMA node zero
```

```
2021-08-13 21:09:16.833225: Itensorflow/core/common_runtime/gpu/gpu_device.cc:1510] Created device /job:localhost/replica:0/task:0/device:GPU:0 with 14648 MB memory:  -> device: 0, name: Tesla V100-SXM2-16GB, pci bus id: 0000:00:05.0, compute capability: 7.0
2021-08-13 21:09:17.639533: Itensorflow/compiler/mlir/mlir_graph_optimization_pass.cc:185] None of the MLIR Optimization Passes are enabled (registered 2)
Epoch 1/5
2021-08-13 21:09:18.364705: Itensorflow/stream_executor/cuda/cuda_dnn.cc:369] Loaded cuDNN version 8100
2021-08-13 21:09:18.882549: Itensorflow/core/platform/default/subprocess.cc:304] Start cannot spawn child process: No such file or directory
1875/1875 [==============================] - 6s 2ms/step - loss: 0.2549 - accuracy: 0.9290 - val_loss: 0.1113 - val_accuracy: 0.9687
Epoch 2/5
1875/1875 [==============================] - 4s 2ms/step - loss: 0.1018 - accuracy: 0.9706 - val_loss: 0.0822 - val_accuracy: 0.9756
Epoch 3/5
1875/1875 [==============================] - 3s 2ms/step - loss: 0.0777 - accuracy: 0.9777 - val_loss: 0.0662 - val_accuracy: 0.9782
Epoch 4/5
1875/1875 [==============================] - 3s 2ms/step - loss: 0.0665 - accuracy: 0.9804 - val_loss: 0.0621 - val_accuracy: 0.9808
Epoch 5/5
1875/1875 [==============================] - 3s 2ms/step - loss: 0.0576 - accuracy: 0.9829 - val_loss: 0.0616 - val_accuracy: 0.9804
<keras.callbacks.History at 0x7fb614026b50>
```

（2）转换为 TensorFlow Lite 模型

现在可以使用 TFLiteConverter API 将训练好的模型转换为 TensorFlow Lite 格式，并应用不同程度的量化。请注意，某些版本的量化会将部分数据保留为浮点数格式。因此，以下各部分将以量化程度不断增加的顺序展示每个选项，直到获得完全由 int8 或 uint8 数据组成的模型。需要注意的是，在本实例的每个部分中重复了一些代码，目的是使读者能够看到每个选项的全部量化步骤。首先，下面是一个没有被量化转换后的模型。

```
converter = tf.lite.TFLiteConverter.from_keras_model(model)
tflite_model = converter.convert()
```

执行后会输出：

```
2021-08-13 21:09:37.361824: Wtensorflow/python/util/util.cc:348] Sets are not currently considered sequences, but this may change in the future, so consider avoiding using them.
INFO:tensorflow:Assets written to: /tmp/tmpy635w169/assets
2021-08-13 21:09:37.738994: Itensorflow/stream_executor/cuda/cuda_gpu_executor.cc:937] successful NUMA node read from SysFS had negative value (-1), but there must be at least one NUMA node, so returning NUMA node zero
```

```
2021-08-13 21:09:37.739369: Itensorflow/core/grappler/devices.cc:66] Number of eligible GPUs (core count >= 8, compute capability >= 0.0): 1
2021-08-13 21:09:37.739473: Itensorflow/core/grappler/clusters/single_machine.cc:357] Starting new session
2021-08-13 21:09:37.739758: Itensorflow/stream_executor/cuda/cuda_gpu_executor.cc:937] successful NUMA node read from SysFS had negative value (-1), but there must be at least one NUMA node, so returning NUMA node zero
2021-08-13 21:09:37.740102: Itensorflow/stream_executor/cuda/cuda_gpu_executor.cc:937] successful NUMA node read from SysFS had negative value (-1), but there must be at least one NUMA node, so returning NUMA node zero
2021-08-13 21:09:37.740359: Itensorflow/stream_executor/cuda/cuda_gpu_executor.cc:937] successful NUMA node read from SysFS had negative value (-1), but there must be at least one NUMA node, so returning NUMA node zero
2021-08-13 21:09:37.740680: Itensorflow/stream_executor/cuda/cuda_gpu_executor.cc:937] successful NUMA node read from SysFS had negative value (-1), but there must be at least one NUMA node, so returning NUMA node zero
2021-08-13 21:09:37.740956: Itensorflow/stream_executor/cuda/cuda_gpu_executor.cc:937] successful NUMA node read from SysFS had negative value (-1), but there must be at least one NUMA node, so returning NUMA node zero
2021-08-13 21:09:37.741221: Itensorflow/core/common_runtime/gpu/gpu_device.cc:1510] Created device /job:localhost/replica:0/task:0/device:GPU:0 with 14648 MB memory:  -> device: 0, name: Tesla V100-SXM2-16GB, pci bus id: 0000:00:05.0, compute capability: 7.0
2021-08-13 21:09:37.742724: Itensorflow/core/grappler/optimizers/meta_optimizer.cc:1137] Optimization results for grappler item: graph_to_optimize
    function_optimizer: function_optimizer did nothing.time = 0.007ms.
    function_optimizer: function_optimizer did nothing.time = 0.001ms.

2021-08-13 21:09:37.774243: Wtensorflow/compiler/mlir/lite/python/tf_tfl_flatbuffer_helpers.cc:351] Ignored output_format.
2021-08-13 21:09:37.774281: Wtensorflow/compiler/mlir/lite/python/tf_tfl_flatbuffer_helpers.cc:354] Ignored drop_control_dependency.
2021-08-13 21:09:37.777405: Itensorflow/compiler/mlir/tensorflow/utils/dump_mlir_util.cc:210] disabling MLIR crash reproducer, set env var `MLIR_CRASH_REPRODUCER_DIRECTORY` to enable.
```

现在是一个 TensorFlow Lite 模型，但所有参数数据仍使用 32 位浮点数。

(3) 使用动态范围量化进行转换

启用默认的 optimizations 标记来量化所有固定参数（如权重），代码如下。

```
converter = tf.lite.TFLiteConverter.from_keras_model(model)
converter.optimizations = [tf.lite.Optimize.DEFAULT]

tflite_model_quant = converter.convert()
```

执行后会输出：

```
INFO:tensorflow:Assets written to: /tmp/tmpvs4xxu7t/assets
INFO:tensorflow:Assets written to: /tmp/tmpvs4xxu7t/assets
2021-08-13 21:09:38.309690: Itensorflow/stream_executor/cuda/cuda_gpu_executor.cc:937]
successful NUMA node read from SysFS had negative value (-1), but there must be at least one NU-
MA node, so returning NUMA node zero
2021-08-13 21:09:38.310023: Itensorflow/core/grappler/devices.cc:66] Number of eligible
GPUs (core count >= 8, compute capability >= 0.0): 1
2021-08-13 21:09:38.310124: Itensorflow/core/grappler/clusters/single_machine.cc:357]
Starting new session
2021-08-13 21:09:38.310467: Itensorflow/stream_executor/cuda/cuda_gpu_executor.cc:937]
successful NUMA node read from SysFS had negative value (-1), but there must be at least one NU-
MA node, so returning NUMA node zero
2021-08-13 21:09:38.310781: Itensorflow/stream_executor/cuda/cuda_gpu_executor.cc:937]
successful NUMA node read from SysFS had negative value (-1), but there must be at least one NU-
MA node, so returning NUMA node zero
2021-08-13 21:09:38.311038: Itensorflow/stream_executor/cuda/cuda_gpu_executor.cc:937]
successful NUMA node read from SysFS had negative value (-1), but there must be at least one NU-
MA node, so returning NUMA node zero
2021-08-13 21:09:38.311406: Itensorflow/stream_executor/cuda/cuda_gpu_executor.cc:937]
successful NUMA node read from SysFS had negative value (-1), but there must be at least one NU-
MA node, so returning NUMA node zero
2021-08-13 21:09:38.311671: Itensorflow/stream_executor/cuda/cuda_gpu_executor.cc:937]
successful NUMA node read from SysFS had negative value (-1), but there must be at least one NU-
MA node, so returning NUMA node zero
2021-08-13 21:09:38.311907: Itensorflow/core/common_runtime/gpu/gpu_device.cc:1510] Crea-
ted device /job:localhost/replica:0/task:0/device:GPU:0 with 14648 MB memory:  -> device: 0,
name: Tesla V100-SXM2-16GB, pci bus id: 0000:00:05.0, compute capability: 7.0
2021-08-13 21:09:38.313228: Itensorflow/core/grappler/optimizers/meta_optimizer.cc:1137]
Optimization results for grappler item: graph_to_optimize
  function_optimizer: function_optimizer did nothing.time = 0.007ms.
  function_optimizer: function_optimizer did nothing.time = 0.001ms.

2021-08-13 21:09:38.344199: Wtensorflow/compiler/mlir/lite/python/tf_tfl_flatbuffer_help-
ers.cc:351] Ignored output_format.
2021-08-13 21:09:38.344233: Wtensorflow/compiler/mlir/lite/python/tf_tfl_flatbuffer_help-
ers.cc:354] Ignored drop_control_dependency.
2021-08-13 21:09:38.361635: Itensorflow/lite/tools/optimize/quantize_weights.cc:225] Skip-
ping quantization of tensor sequential/conv2d/Conv2D because it has fewer than 1024 elements
(108).
```

现在，通过权重量化后模型的尺寸要略小一些，但是其他变量数据仍为浮点数格式。

（4）使用浮点数量化进行转换

接下来使用 RepresentativeDataset 量化可变数据（如模型输入/输出和层之间的中间体），这是一个生成器函数，它提供了一组足够大的输入数据来代表典型值。转换器可以通过该函数估算所有可变数据的动态范围（注意，和训练或评估数据集相比，此数据集不必唯一）。为了支持多个输入，每个代表性数据点都是一个列表，并且列表中的元素会根据其索引被传递到模型，代码如下。

```
def representative_data_gen():
  for input_value in tf.data.Dataset.from_tensor_slices(train_images).batch(1).take(100):
    #因为模型只有一个输入,所以每个数据点有一个元素
    yield [input_value]

converter = tf.lite.TFLiteConverter.from_keras_model(model)
converter.optimizations = [tf.lite.Optimize.DEFAULT]
converter.representative_dataset = representative_data_gen

tflite_model_quant = converter.convert()
```

执行后会输出：

```
INFO:tensorflow:Assets written to: /tmp/tmpxw2x69as/assets
INFO:tensorflow:Assets written to: /tmp/tmpxw2x69as/assets
2021-08-13 21:09:38.869368: Itensorflow/stream_executor/cuda/cuda_gpu_executor.cc:937] successful NUMA node read from SysFS had negative value (-1), but there must be at least one NUMA node, so returning NUMA node zero
2021-08-13 21:09:38.869712: Itensorflow/core/grappler/devices.cc:66] Number of eligible GPUs (core count >= 8, compute capability >= 0.0): 1
2021-08-13 21:09:38.869816: Itensorflow/core/grappler/clusters/single_machine.cc:357] Starting new session
2021-08-13 21:09:38.870162: Itensorflow/stream_executor/cuda/cuda_gpu_executor.cc:937] successful NUMA node read from SysFS had negative value (-1), but there must be at least one NUMA node, so returning NUMA node zero
2021-08-13 21:09:38.870484: Itensorflow/stream_executor/cuda/cuda_gpu_executor.cc:937] successful NUMA node read from SysFS had negative value (-1), but there must be at least one NUMA node, so returning NUMA node zero
2021-08-13 21:09:38.870741: Itensorflow/stream_executor/cuda/cuda_gpu_executor.cc:937] successful NUMA node read from SysFS had negative value (-1), but there must be at least one NUMA node, so returning NUMA node zero
2021-08-13 21:09:38.871058: Itensorflow/stream_executor/cuda/cuda_gpu_executor.cc:937] successful NUMA node read from SysFS had negative value (-1), but there must be at least one NUMA node, so returning NUMA node zero
2021-08-13 21:09:38.871331: Itensorflow/stream_executor/cuda/cuda_gpu_executor.cc:937] successful NUMA node read from SysFS had negative value (-1), but there must be at least one NUMA node, so returning NUMA node zero
2021-08-13 21:09:38.871566: Itensorflow/core/common_runtime/gpu/gpu_device.cc:1510] Created device /job:localhost/replica:0/task:0/device:GPU:0 with 14648 MB memory:  -> device: 0, name: Tesla V100-SXM2-16GB, pci bus id: 0000:00:05.0, compute capability: 7.0
```

```
  2021-08-13 21:09:38.872878: Itensorflow/core/grappler/optimizers/meta_optimizer.cc:1137]
Optimization results for grappler item: graph_to_optimize
    function_optimizer: function_optimizer did nothing.time = 0.007ms.
    function_optimizer: function_optimizer did nothing.time = 0.001ms.

  2021-08-13 21:09:38.903387: Wtensorflow/compiler/mlir/lite/python/tf_tfl_flatbuffer_help-
ers.cc:351] Ignored output_format.
  2021-08-13 21:09:38.903413: Wtensorflow/compiler/mlir/lite/python/tf_tfl_flatbuffer_help-
ers.cc:354] Ignored drop_control_dependency.
  fully_quantize: 0, inference_type: 6, input_inference_type: 0, output_inference_type: 0
```

现在，所有权重和可变数据都已经被量化，并且与原始 TensorFlow Lite 模型相比，该模型要小得多。但是，为了与传统上使用 float 模型输入和输出张量的应用保持兼容，TensorFlow Lite 转换器将模型的输入和输出张量保留为浮点数，代码如下。

```
interpreter = tf.lite.Interpreter(model_content=tflite_model_quant)
input_type = interpreter.get_input_details()[0]['dtype']
print('input: ', input_type)
output_type = interpreter.get_output_details()[0]['dtype']
print('output: ', output_type)
```

执行后会输出：

```
input:  <class 'numpy.float32'>
output:  <class 'numpy.float32'>
```

上述浮点数操作通常对兼容性非常有利，但它无法兼容执行全整数运算的设备（如 Edge TPU）。此外，如果 TensorFlow Lite 不包括某个运算的量化实现，则上述过程可能会将该运算保留为浮点数格式。本实例仍能通过此策略完成转换，并得到一个更小、更高效的模型，但它还是不兼容仅支持整数的硬件（此 MNIST 模型中的所有算子都有量化的实现）。

（5）使用仅整数量化进行转换

为了量化输入和输出张量，并让转换器在遇到无法量化的运算时引发错误，可以使用一些附加参数再次转换模型，代码如下。

```
def representative_data_gen():
  for input_value in tf.data.Dataset.from_tensor_slices(train_images).batch(1).take(100):
    #因为模型只有一个输入,所以每个数据点有一个元素
    yield [input_value]

converter = tf.lite.TFLiteConverter.from_keras_model(model)
converter.optimizations = [tf.lite.Optimize.DEFAULT]
```

```
converter.representative_dataset = representative_data_gen

tflite_model_quant = converter.convert()
```

执行后会输出：

```
INFO:tensorflow:Assets written to: /tmp/tmpf71bdrzb/assets
INFO:tensorflow:Assets written to: /tmp/tmpf71bdrzb/assets
2021-08-13 21:09:39.995373: Itensorflow/stream_executor/cuda/cuda_gpu_executor.cc:937]
successful NUMA node read from SysFS had negative value (-1), but there must be at least one NU-
MA node, so returning NUMA node zero
2021-08-13 21:09:39.995757: Itensorflow/core/grappler/devices.cc:66] Number of eligible
GPUs (core count > = 8, compute capability > = 0.0): 1
2021-08-13 21:09:39.995877: Itensorflow/core/grappler/clusters/single_machine.cc:357]
Starting new session
2021-08-13 21:09:39.996247: Itensorflow/stream_executor/cuda/cuda_gpu_executor.cc:937]
successful NUMA node read from SysFS had negative value (-1), but there must be at least one NU-
MA node, so returning NUMA node zero
2021-08-13 21:09:39.996587: Itensorflow/stream_executor/cuda/cuda_gpu_executor.cc:937]
successful NUMA node read from SysFS had negative value (-1), but there must be at least one NU-
MA node, so returning NUMA node zero
2021-08-13 21:09:39.996863: Itensorflow/stream_executor/cuda/cuda_gpu_executor.cc:937]
successful NUMA node read from SysFS had negative value (-1), but there must be at least one NU-
MA node, so returning NUMA node zero
2021-08-13 21:09:39.997220: Itensorflow/stream_executor/cuda/cuda_gpu_executor.cc:937]
successful NUMA node read from SysFS had negative value (-1), but there must be at least one NU-
MA node, so returning NUMA node zero
2021-08-13 21:09:39.997503: Itensorflow/stream_executor/cuda/cuda_gpu_executor.cc:937]
successful NUMA node read from SysFS had negative value (-1), but there must be at least one NU-
MA node, so returning NUMA node zero
2021-08-13 21:09:39.997779: Itensorflow/core/common_runtime/gpu/gpu_device.cc:1510] Crea-
ted device /job:localhost/replica:0/task:0/device:GPU:0 with 14648 MB memory:  -> device: 0,
name: Tesla V100-SXM2-16GB, pci bus id: 0000:00:05.0, compute capability: 7.0
2021-08-13 21:09:39.999150: Itensorflow/core/grappler/optimizers/meta_optimizer.cc:1137]
Optimization results for grappler item: graph_to_optimize
    function_optimizer: function_optimizer did nothing.time = 0.007ms.
    function_optimizer: function_optimizer did nothing.time = 0.001ms.

2021-08-13 21:09:40.029223: Wtensorflow/compiler/mlir/lite/python/tf_tfl_flatbuffer_help-
ers.cc:351] Ignored output_format.
2021-08-13 21:09:40.029254: Wtensorflow/compiler/mlir/lite/python/tf_tfl_flatbuffer_help-
ers.cc:354] Ignored drop_control_dependency.
fully_quantize: 0, inference_type: 6, input_inference_type: 3, output_inference_type: 3
WARNING:absl:For model inputs containing unsupported operations which cannot be quantized,
the `inference_input_type` attribute will default to the original type.
```

内部量化与上文相同，但是可以看到输入和输出张量现在都是整数格式。

```
interpreter = tf.lite.Interpreter(model_content=tflite_model_quant)
input_type = interpreter.get_input_details()[0]['dtype']
print('input: ', input_type)
output_type = interpreter.get_output_details()[0]['dtype']
print('output: ', output_type)
```

执行后会输出：

```
input:  <class 'numpy.uint8'>
output:  <class 'numpy.uint8'>
```

现在有了一个整数量化模型，该模型使用整数数据作为模型的输入和输出张量，因此它兼容仅支持整数的硬件（如 Edge TPU）。

（6）将模型另存为文件

接下来需要将生成的 TensorFlow 模型转换为 TensorFlow Lite 模型文件（. tflite 格式），才能在移动设备上部署这个模型，代码如下。

```
import pathlib

tflite_models_dir = pathlib.Path("/mnist_tflite_models/")
tflite_models_dir.mkdir(exist_ok=True, parents=True)

#保存未量化/float 模型
tflite_model_file = tflite_models_dir/"mnist_model.tflite"
tflite_model_file.write_bytes(tflite_model)
#保存量化模型
tflite_model_quant_file = tflite_models_dir/"mnist_model_quant.tflite"
tflite_model_quant_file.write_bytes(tflite_model_quant)
```

执行后会输出：

```
24280
```

（7）运行 TensorFlow Lite 模型

现在使用 TensorFlow Lite Interpreter 运行推断来比较模型的准确率。首先编写一个函数，该函数使用给定的模型和图像运行推断，然后返回预测值，代码如下。

```
#定义在 TFLite 模型上运行推断的辅助函数
def run_tflite_model(tflite_file, test_image_indices):
  global test_images

  #初始化解释器
  interpreter = tf.lite.Interpreter(model_path=str(tflite_file))
  interpreter.allocate_tensors()
```

```
  input_details = interpreter.get_input_details()[0]
  output_details = interpreter.get_output_details()[0]

  predictions = np.zeros((len(test_image_indices),),dtype=int)
  for i, test_image_index in enumerate(test_image_indices):
    test_image = test_images[test_image_index]
    test_label = test_labels[test_image_index]

    #检查输入类型是否已量化,然后将输入数据重新缩放到 uint8
    if input_details['dtype'] == np.uint8:
      input_scale, input_zero_point = input_details["quantization"]
      test_image = test_image / input_scale + input_zero_point

    test_image = np.expand_dims(test_image, axis=0).astype(input_details["dtype"])
    interpreter.set_tensor(input_details["index"], test_image)
    interpreter.invoke()
    output = interpreter.get_tensor(output_details["index"])[0]

    #检查输出类型是否已量化,然后将输出数据重新缩放为浮点数
    if output_details['dtype'] == np.uint8:
      output_scale, output_zero_point = output_details["quantization"]
      test_image = test_image.astype(np.float32)
      test_image = test_image / input_scale + input_zero_point

    predictions[i] = output.argmax()

  return predictions
```

(8）在单个图像上测试模型

下面比较 float 模型和量化模型的性能。

- tflite_model_file：使用浮点数据的原始 TensorFlow Lite 模型。
- tflite_model_quant_file：使用全整数量化转换的上一个模型（它使用 uint8 数据作为输入和输出）。

编写 test_model( )函数输出打印预测值，代码如下。

```
import matplotlib.pylab as plt

#更改此选项以测试不同的图像
test_image_index = 1

#在一个图像上测试模型的辅助函数
def test_model (tflite_file, test_image_index, model_type):
```

```
  global test_labels

  predictions = run_tflite_model (tflite_file, [test_image_index])

plt. imshow (test_images [test_image_index])
  template = model_type + " Model \n True: {true}, Predicted: {predict}"
  _ =plt. title (template. format (true = str (test_labels [test_image_index]), predict =
str (predictions [0])))
plt. grid (False)

test_model (tflite_model_file, test_image_index, model_type = " Float")

test_model (tflite_model_quant_file, test_image_index, model_type = " Quantized")
```

通过如下代码调用 test_model( ) 函数测试 float 模型。

```
test_model (tflite_model_file, test_image_index, model_type = " Float")
```

执行效果如图 6-7 所示。

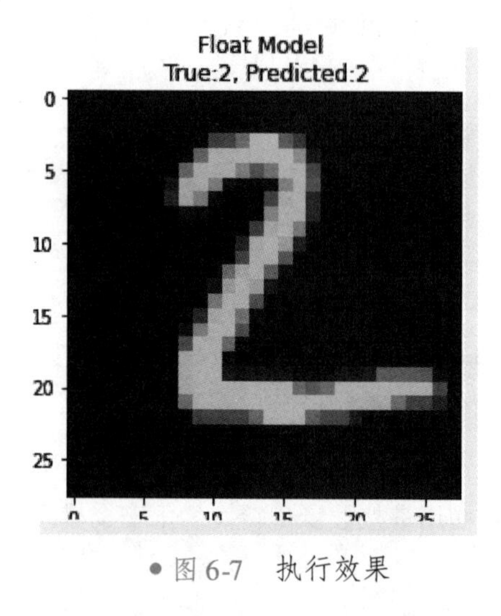

● 图 6-7 执行效果

(9) 通过如下代码测试量化模型

```
test_model (tflite_model_quant_file, test_image_index, model_type = " Quantized")
```

执行效果如图 6-8 所示。

(10) 在所有图像上评估模型

下面使用在本实例开始时加载的所有测试图像来运行 float 模型和量化模型，代码如下。

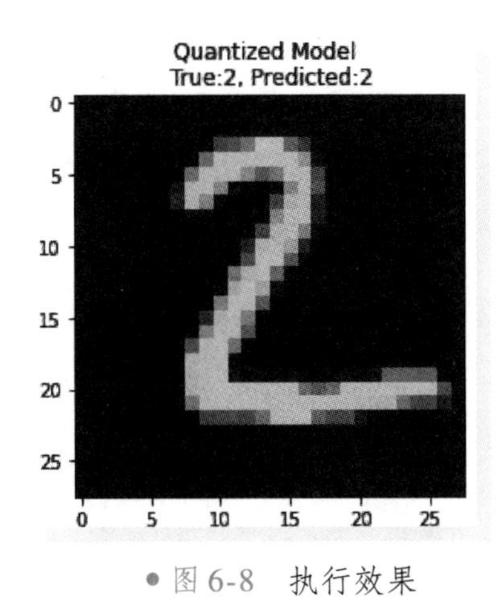

● 图 6-8　执行效果

```
#评估 TFLite 模型
def evaluate_model(tflite_file, model_type):
  global test_images
  global test_labels

  test_image_indices = range(test_images.shape[0])
  predictions = run_tflite_model(tflite_file, test_image_indices)

  accuracy = (np.sum(test_labels== predictions) * 100) / len(test_images)

  print('%s model accuracy is %.4f%% (Number of test samples=%d)' % (
      model_type, accuracy, len(test_images)))
```

通过如下代码评估 float 模型。

```
evaluate_model(tflite_model_file, model_type="Float")
```

执行后会输出：

```
Float model accuracy is 98.0400% (Number of test samples=10000)
```

通过如下代码评估量化模型。

```
evaluate_model(tflite_model_quant_file, model_type="Quantized")
```

执行后会输出：

```
Quantized model accuracy is 98.0300% (Number of test samples=10000)
```

通过上述执行结果可知，量化模型的准确率与 float 模型相比几乎没有差别。

微控制器

微控制器是将微型计算机的主要部分集成在一个芯片上的单芯片控制装置。微控制器诞生于20世纪70年代中期，经过多年的发展，其成本越来越低，而性能越来越强大，并且应用遍及各个领域。例如计算机、手机、汽车、VR等在本章的内容中，将详细讲解在微控制器中使用TensorFlow Lite的知识。

7.1 适用于微控制器的TensorFlow Lite

适用于微控制器的TensorFlow Lite专门用于微控制器和其他只有几千字节内存的设备上运行机器学习模型。可以将模型放入到ARM Cortex M3上16 KB的存储空间中运行，并且可以运行许多基本模型。它不需要操作系统支持、不需要任何标准C/C++库或动态内存分配。

微控制器通常是小型低功耗计算设备，可嵌入到需要执行基本计算的硬件中。通过将机器学习引入尺寸极小的微控制器，可以提升生活中各类设备的智能性，包括家用电器和物联网设备，而无须依赖昂贵的硬件或可靠的互联网连接。硬件和互联网连接常常受带宽和功率限制，并且会导致出现长时间延迟。再者使用微控制器还有助于保护隐私，因为数据不会离开设备。

1. 支持的平台

适用于微控制器的TensorFlow Lite用C++ 11编写而成，需要使用32位平台。针对基于ARM Cortex-M系列架构的众多处理器，它经过了广泛的测试，并已移植到其他架构（包括ESP32）。TensorFlow Lite框架可作为Arduino库提供给开发者。它还可以为Mbed等开发环境生成项目。由于它是开源的，所以可以包含在任何C++ 11项目中。

2. 工作流程

如果要在微控制器上部署并运行TensorFlow模型，必须执行以下步骤。

（1）训练模型

- 生成小型 TensorFlow 模型，该模型适合目标设备并包含支持的操作。
- 使用 TensorFlow Lite 转换器转换为 TensorFlow Lite 模型。
- 使用标准工具转换为 C/C ++ 语言字节数组，以将其存储在设备上的只读程序内存中。

（2）使用 C ++ 库在设备上进行推断并处理结果。

7.2 官方示例

在 TensorFlow 的官方网站中提供了多个适用于微控制器的 TensorFlow Lite 实例。在本节的内容中，将简要介绍这几个实例的基本知识。

实例 7-1：训练模型并部署到微控制器。

源码路径：bookcodes/7/hello_world。

7.2.1 Hello World 示例

本示例旨在演示将 TensorFlow Lite 用于微控制器的绝对基础知识，包括了训练模型、将模型转换以供 TensorFlow Lite 使用以及在微控制器上运行推断的完整端到端工作流程。

在这个示例中，一个模型被训练用来模拟正弦函数。部署到微控制器上时，其预测可用来闪烁 LED 灯或者控制动画，并且在示例代码中提供了一个训练和转换模型的 Jupyter notebook 文件。本示例项目可以在以下平台运行。

- 由 TensorFlow 提供技术支持的 SparkFun Edge（Apollo3 Blue）。
- Arduino MKRZERO。
- STM32F746G 探索版（Discovery Board）。
- macOS X。

7.2.2 微语音示例

此示例使用一个简单的音频识别模型来识别语音中的关键字，如从设备的麦克风中捕获音频，模型通过对该音频进行实时分类来确定是否说过“是”或“否”一词。运行推断部分将纵览微语音示例的代码并解释其工作原理。

该微语音示例可以在以下平台运行。

- 由 TensorFlow 提供技术支持的 SparkFun Edge（Apollo3 Blue）。
- STM32F746G 探索板（Discovery Board）。
- macOS X。

在下面的内容中，将介绍微语音示例中的文件 main. cc，并讲解此文件如何使用微控制器的 TensorFlow Lite 来运行推断。

(1) 包含项

在文件 main. cc 的开始必须包含以下头文件。

```
#include "tensorflow/lite/micro/kernels/all_ops_resolver.h"
#include "tensorflow/lite/micro/micro_error_reporter.h"
#include "tensorflow/lite/micro/micro_interpreter.h"
#include "tensorflow/lite/schema/schema_generated.h"
#include "tensorflow/lite/version.h"
```

上述各头文件的具体说明如下。

- all_ops_resolver. h：提供给解释器用于运行模型的操作。
- micro_error_reporter. h：输出调试信息。
- micro_interpreter. h：包含处理和运行模型的代码。
- schema_generated. h：包含 TensorFlow Lite FlatBuffer 模型文件格式的模式。
- version. h：提供 TensorFlow Lite 架构的版本信息。

本示例还包括其他一些引用文件，具体如下。

```
#include "tensorflow/lite/micro/examples/micro_speech/feature_provider.h"
#include "tensorflow/lite/micro/examples/micro_speech/micro_features/micro_model_settings.
h"
#include "tensorflow/lite/micro/examples/micro_speech/micro_features/tiny_conv_micro_fea-
tures_model_data.h"
```

上述各头文件的具体说明如下。

- feature_provider. h：包含从音频流中提取要输入到模型中的特征的代码。
- tiny_conv_micro_features_model_data. h：包含存储为 char 数组的模型，可以将 TensorFlow Lite 模型转换为该格式。
- micro_model_settings. h：定义与模型相关的各种常量。

(2) 设置日志记录

如果要设置日志记录，需要使用一个指向 tflite::MicroErrorReporter 实例的指针来创建一个 tflite::ErrorReporter 指针，代码如下。

```
tflite::MicroErrorReporter micro_error_reporter;
tflite::ErrorReporter * error_reporter = &micro_error_reporter;
```

该变量被传递到解释器中，由于微控制器通常具有多种日志记录机制，所以 tflite::MicroErrorReporter 的实现是为特定设备所定制的。

(3) 加载模型

在下面的代码中，使用 g_tiny_conv_micro_features_model_data 从一个 char 数组中实例化模型，然后检查模型来确保其架构版本与使用的版本相互兼容。

```
const tflite::Model * model =
    ::tflite::GetModel(g_tiny_conv_micro_features_model_data);
if (model->version() != TFLITE_SCHEMA_VERSION) {
  error_reporter->Report(
      "Model provided is schema version %d not equal "
      "to supported version %d.\n",
      model->version(), TFLITE_SCHEMA_VERSION);
  return 1;
}
```

(4) 实例化操作解析器

解释器需要一个 AllOpsResolver 实例来访问 TensorFlow 操作，可以扩展此类以向项目中添加自定义操作，代码如下。

```
tflite::ops::micro::AllOpsResolver resolver;
```

(5) 分配内存

本示例需要预先为输入、输出以及中间数组分配一定的内存。该预分配的内存是一个大小为 tensor_arena_size 的 uint8_t 数组，它被传递给 tflite:: SimpleTensorAllocator 实例，代码如下。

```
const int tensor_arena_size = 10 * 1024;
uint8_t tensor_arena[tensor_arena_size];
tflite::SimpleTensorAllocator tensor_allocator(tensor_arena,
                                               tensor_arena_size);
```

需要注意的是，所需内存大小取决于使用的模型，这可能需要通过实验来确定。

(6) 实例化解释器

创建一个 tflite:: MicroInterpreter 实例，传递给变量 model，代码如下。

```
tflite::MicroInterpreter interpreter(model, resolver, &tensor_allocator,
                                     error_reporter);
```

(7) 验证输入维度

MicroInterpreter 实例可以通过调用 input (0) 函数提供一个指向模型输入张量的指针，其中 0 代表第一个（也是唯一一个）输入张量。检查这个张量，以确认它的维度与类型是项目所期望的，代码如下。

```
TfLiteTensor * model_input = interpreter.input(0);
if ((model_input->dims->size != 4) || (model_input->dims->data[0] != 1) ||
```

```
    (model_input->dims->data[1] != kFeatureSliceCount) ||
    (model_input->dims->data[2] != kFeatureSliceSize) ||
    (model_input->type != kTfLiteUInt8)) {
  error_reporter->Report("Bad input tensor parameters in model");
  return 1;
}
```

在上述代码中，变量 kFeatureSliceCount 和 kFeatureSliceSize 与输入的属性相关，它们定义在 micro_model_settings.h 中。枚举值 kTfLiteUInt8 是对 TensorFlow Lite 某一数据类型的引用，它定义在文件 c_api_internal.h 中。

（8）生成特征

输入到模型中的数据必须由微控制器的音频输入生成，在文件 feature_provider.h 中定义的 FeatureProvider 类捕获音频并将其转换为一组将被传入模型的特征集合。当该类被实例化时，用之前获取的 TfLiteTensor 来传入一个指向输入数组的指针。FeatureProvider 使用它来填充传递给模型的输入数据，代码如下。

```
FeatureProvider feature_provider(kFeatureElementCount,
                                 model_input->data.uint8);
```

通过下面的代码，使 FeatureProvider 将最近一秒的音频生成一组特征并填充进输入张量。

```
TfLiteStatus feature_status = feature_provider.PopulateFeatureData(
    error_reporter, previous_time, current_time, &how_many_new_slices);
```

在本示例中，特征生成和推断是在一个循环中发生的，因此设备能够不断地捕捉和处理新的音频。当读者在编写自己的程序时，可能会以其他的方式生成特征，但必须在运行模型之前用数据填充输入张量。

（9）运行模型

如果要运行模型，可以在 tflite::MicroInterpreter 实例上调用 Invoke()函数，代码如下。

```
TfLiteStatus invoke_status = interpreter.Invoke();
if (invoke_status != kTfLiteOk) {
  error_reporter->Report("Invoke failed");
  return 1;
}
```

运行后应检查返回值 TfLiteStatus 以确定运行是否成功。在文件 c_api_internal.h 中定义的 TfLiteStatus 的可能值有 kTfLiteOk 和 kTfLiteError 两个。

（10）获取输出

模型的输出张量可以通过在 tflite::MicroIntepreter 上调用 output（0）函数获得。

在本示例中，输出的是一个数组，表示输入属于不同类别［如“是”（yes）、“否”（no）、

“未知”（unknown）以及“静默”（silence）］的概率。由于它们是按照集合顺序排列的，因此可以使用简单的逻辑来确定概率最高的类别，代码如下。

```
TfLiteTensor * output = interpreter.output(0);
uint8_t top_category_score = 0;
    int top_category_index;
    for (int category_index = 0; category_index < kCategoryCount;
        ++category_index) {
      constuint8_t category_score = output->data.uint8[category_index];
      if (category_score > top_category_score) {
        top_category_score = category_score;
        top_category_index = category_index;
      }
    }
```

在其他部分的代码中，使用了一个更加复杂的算法来平滑多帧的识别结果，该部分在文件 recognize_commands. h 中定义。在处理任何连续的数据流时，也可以使用相同的技术来提高可靠性。

7.3 C++库

TensorFlow Lite for Microcontrollers C++库是 TensorFlow 库的一部分，被设计为可读性强、易修改、测试良好、易集成，并与常规的 TensorFlow Lite 兼容。在本节的内容中，将讲解 C++库的基本结构，并提供了有关新建项目的信息。

7.3.1 文件结构

使用 TensorFlow Lite for Microcontrollers 解释器的最重要文件位于项目的根目录，主要包括以下文件。

- all_ops_resolver. h 或 micro_mutable_op_resolver. h：可以用来提供在运行模型时所使用的运算。由于 all_ops_resolver. h 会默认获取每一个可用的运算，因此它会占用大量内存。在生产应用中，建议仅使用 micro_mutable_op_resolver. h 获取模型所需的运算。
- micro_error_reporter. h：输出显示调试信息。
- micro_interpreter. h：包含用于处理模型和运行模型的代码。

另外还提供了某些文件在特定平台的实现，每个实现文件位于具有平台名称的目录中，例如 sparkfun_edge。另外还有其他几个文件目录，主要包括：

- kernel：包含运算实现和相关代码。
- tools：包含构建工具及其输出。
- examples：包含示例代码。

7.3.2 开始新项目

建议使用 Hello World 示例作为新项目的模板，可以按照本书的方法获得一个适用于读者所选择的平台的版本。

1. 使用 Arduino 库

如果使用的是 Arduino，则 Hello World 示例包含在 Arduino_TensorFlowLite 中。那么可以从 Arduino IDE 和 Arduino Create 中下载 Arduino 库。

在添加库后，请转到 File -> Examples，会在列表底部看到一个名为 TensorFlowLite：hello_world 的示例，选择并单击 hello_world 来加载这个示例。然后可以保存该示例的副本，并将其用作自己项目的基础。

2. 为其他平台生成项目

TensorFlow Lite for Microcontrollers 能够使用 Makefile 生成包含所有必要源文件的独立项目，目前支持的环境有 Keil、Make 和 Mbed。

如果要使用 Make 生成这些项目，请复制 TensorFlow 仓库 {/ a0}，然后运行以下命令。

```
make -f tensorflow/lite/micro/tools/make/Makefile generate_projects
```

这需要几分钟的时间，因为它要下载一些大型工具链来建立依赖关系。运行完成后，会看到在类似 tensorflow/lite/micro/tools/make/gen/linux_x86_64/prj/ 这样的路径（具体路径取决于主机操作系统）下创建了一些文件夹。这些文件夹包含了生成的项目和源文件。

运行该命令后，将能够在 tensorflow/lite/micro/tools/make/gen/linux_x86_64/prj/hello_world 文件夹中找到 Hello World 项目。例如，hello_world/keil 将包含 Keil 项目。

7.3.3 写入新设备

如果要构建库并运行其所有的单元测试，请使用以下命令。

```
make -f tensorflow/lite/micro/tools/make/Makefile test
```

如果要运行一个单独的测试，请使用以下命令，将 <test_name> 替换为测试名称。

```
make -f tensorflow/lite/micro/tools/make/Makefile test_<test_name>
```

可以在项目的 Makefile 中找到测试名称。例如，在 examples/hello_world/Makefile. inc 中指定了 Hello World 示例的测试名称。

7.3.4 构建二进制文件

如果要为一个给定的项目构建可运行的二进制文件，请使用以下命令实现，并将 <project_

name > 替换为要构建的项目。

```
make -f tensorflow/lite/micro/tools/make/Makefile <project_name>_bin
```

例如，以下命令将为 Hello World 应用构建一个二进制文件。

```
make -f tensorflow/lite/micro/tools/make/Makefile hello_world_bin
```

在默认情况下，项目将针对主机操作系统进行编译。如需指定不同的目标架构，可使用 TARGET 关键字。下面的示例展示了如何为 SparkFun Edge 构建 Hello World 示例。

```
make -f tensorflow/lite/micro/tools/make/Makefile TARGET=sparkfun_edge hello_world_bin
```

在指定目标后，任何可用的特定于目标的源文件将被用来代替原始代码。例如，子目录 examples/hello_world/sparkfun_edge 中包含了文件 constants. cc 和 output_handler. cc 的 SparkFun Edge 实现，指定目标 sparkfun_edge 后，将使用这些文件。

可以在项目的 Makefile 中找到项目名称。例如，在文件 examples/hello_world/Makefile. inc 中指定了 Hello World 示例的二进制名称。

7.3.5 优化内核

在根目录 tensorflow/lite/micro/kernels 下的参考内核是用 C/C++ 实现的，并不包含特定于平台的硬件优化。在子目录中提供了内核的优化版本，例如，kernels/cmsis-nn 包含了几个使用 ARM 的 CMSIS-NN 库的优化内核。

如果要使用优化内核生成项目，可使用以下命令，将 <subdirectory_name> 替换为包含优化的子目录的名称。

```
make -f tensorflow/lite/micro/tools/make/Makefile TAGS=<subdirectory_name> generate_pro-
jects
```

可以通过创建新的子文件夹来添加自己的优化，建议读者对新的优化实现进行拉取请求。

7.3.6 生成 Arduino 库

在生成 Arduino 库时，可以通过 Arduino IDE 的库管理器获得 Arduino 库的 Nightly 版本。如果需要生成库的新版本，可以从 TensorFlow 仓库中运行以下命令。

```
./tensorflow/lite/micro/tools/ci_build/test_arduino.sh
```

生成的库可以在文件 tensorflow/lite/micro/tools/make/gen/arduino_x86_64/prj/tensorflow_lite. zip 中找到。

第8章 物体检测识别系统

经过前面内容的学习，读者已经学会了使用 TensorFlow Lite 实现文字识别的知识。在本章的内容中，将通过一个物体检测识别系统的实现过程，详细讲解使用 TensorFlow Lite 开发软件项目的过程，具体包括项目的架构分析、创建模型和具体实现知识，详细介绍开发大型 TensorFlow Lite 项目的流程。

8.1 系统介绍

对于给定的图片或者视频流，物体检测识别系统可以识别出已知的物体和该物体在图片中的位置。物体检测模块被训练用于检测多种物体的存在以及它们的位置，例如模型可使用包含多个水果的图片和水果所属的类别（如，苹果、香蕉、草莓）的 label 进行训练，返回的数据指明了图像中对象所出现的位置。随后，为模型提供图片，模型将会返回一个列表，列表将包含检测到的对象、对象矩形框的坐标和代表检测可信度的分数等信息。本项目的具体结构如图 8-1 所示。

8.2 准备模型

本项目使用的是 TensorFlow 官方提供的模型，读者可以登录 TensorFlow 官方网站下载模型文件 detect. tflite。

8.2.1 模型介绍

本项目中，在文件 download_model. gradle 中有初始模型和标签文件。文件 download_model. gradle 的具体实现代码如下所示：

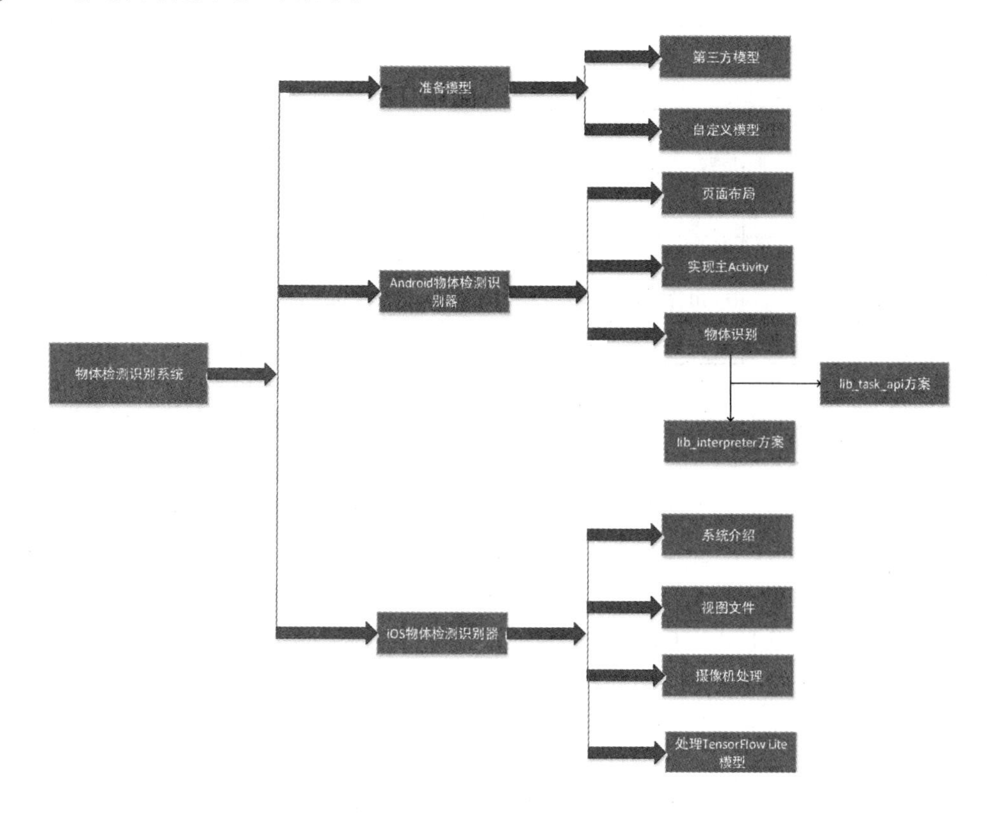

● 图 8-1　项目结构

```
taskdownloadModelFile(type: Download) {
    src 'https://tfhub.dev/tensorflow/lite-model/ssd_mobilenet_v1/1/metadata/2? lite-format
=tflite'
    dest project.ext.ASSET_DIR + '/detect.tflite'
    overwrite false
}
```

物体检测模型 detect. tflite 在一张图中最多能够识别和定位 10 个物体，目前支持 80 种物体的识别。

（1）输入

模型使用单个图片作为输入，理想的图片尺寸大小是 300×300 像素，每个像素有 3 个通道（红、蓝、绿）。这将反馈给模块一个 27000 字节（300×300×3）的扁平化缓存。由于该模块经过了标准化处理，每一个字节代表了 0～255 之间的一个值。

（2）输出

该模型输出 4 个数组，分别对应的索引为 0～4。前 3 个数组描述 10 个被检测到的物体，每个数组的最后一个元素匹配对应的对象，检测到的物体数量总是 10。各索引的具体说明见表 8-1。

表 8-1　各索引具体说明

索引	名　称	描　述
0	坐标	[10] [4] 多维数组，每一个元素由 0 到 1 之间的浮点数组成，内部数组表示了矩形边框的 [top, left, bottom, right]
1	类型	10 个整型元素组成的数组（输出为浮点数），每一个元素代表标签文件中的索引
2	分数	10 个整型元素组成的数组，元素值为 0 至 1 之间的浮点数，代表检测到的类型
3	检测到的物体和数量	长度为 1 的数组，元素为检测到的总数

8.2.2　自定义模型

开发者可以使用迁移学习等技术来重新训练模型从而能够识别除初始设置之外的物品种类，例如可以重新训练模型来识别各种蔬菜，哪怕原始训练数据中只有一种蔬菜。为达成此目标，需要为每一个需要训练的标签准备一系列训练图片。

接下来，将介绍在 Oxford-IIIT Pet 数据集上训练新对象检测模型的过程，该模型将能够检测猫和狗的位置并识别每种动物的品种。本项目假设在 Ubuntu 16.04 系统上运行，在开始之前需要设置开发环境，具体如下。

- 设置 Google Cloud 项目、配置计费并启用必要的 Cloud API。
- 设置 Google Cloud SDK。
- 安装 TensorFlow。

（1）安装 TensorFlow 对象检测 API

假设已经安装了 TensorFlow，那么可以使用以下命令安装对象检测 API 和其他依赖项。

```
git clone https://github.com/tensorflow/models
cd models/research
sudo apt-get installprotobuf-compiler python-pil python-lxml
protoc object_detection/protos/* .proto --python_out = .
export PYTHONPATH = $PYTHONPATH:`pwd`:`pwd`/slim
```

通过运行以下命令来测试安装。

```
python object_detection/builders/model_builder_test.py
```

安装过程如下。

```
ModelBuilderTF1Test.test_create_faster_rcnn_models_from_config_mask_rcnn
ModelBuilderTF1Test.test_create_rfcn_model_from_config
...
```

（2）下载 Oxford-IIIT Pet Dataset

下载 Oxford-IIIT Pet Dataset 数据集，然后转换为 TFRecords 并上传到 TensorFlow GCS。TensorFlow 对象检测 API 使用 TFRecord 格式进行训练和验证数据集。可使用以下命令下载 Oxford-IIIT Pet 数据集并转换为 TFRecords。

```
wget http://www.robots.ox.ac.uk/~vgg/data/pets/data/images.tar.gz
wget http://www.robots.ox.ac.uk/~vgg/data/pets/data/annotations.tar.gz
tar -xvf annotations.tar.gz
tar -xvf images.tar.gz
python object_detection/dataset_tools/create_pet_tf_record.py \
    --label_map_path=object_detection/data/pet_label_map.pbtxt \
    --data_dir=`pwd` \
    --output_dir=`pwd`
```

接下来应该会看到两个新生成的文件：pet_train. record 和 pet_val. record。如果要在 GCP 上使用数据集，需要使用以下命令将其上传到 Cloud Storage（TensorFlow 云服务器）。这里需要注意的是，同样上传了一个“文字说明标签”（包含在 git 存储库中），它将模型预测的数字索引与类别名称对应起来（例如，4 -> “basset hound”，5 -> “beagle”）。

```
gsutil cp pet_train_with_masks.record ${YOUR_GCS_BUCKET}/data/pet_train.record
gsutil cp pet_val_with_masks.record ${YOUR_GCS_BUCKET}/data/pet_val.record
gsutil cp object_detection/data/pet_label_map.pbtxt \
    ${YOUR_GCS_BUCKET}/data/pet_label_map.pbtxt
```

（3）上传用于迁移学习的预训练 COCO 模型

从头开始训练一个物体检测器模型可能需要几天时间，为了加快训练速度，将使用模型中提供的参数初始化参数，该模型已经在 COCO 数据集上进行了预训练。这个基于 ResNet101 的 Faster R-CNN 模型（简化的 RCNN 模型）的权重将成为新模型的起点（也称为微调检查点），并将训练时间从几天缩短到几个小时。如果要从此模型初始化，需要下载并将其放入 Cloud Storage，代码如下。

```
wget https://storage.googleapis.com/download.tensorflow.org/models/object_detection/faster_rc-
nn_resnet101_coco_11_06_2017.tar.gz
tar -xvf faster_rcnn_resnet101_coco_11_06_2017.tar.gz
gsutil cp faster_rcnn_resnet101_coco_11_06_2017/model.ckpt.* ${YOUR_GCS_BUCKET}/data/
```

（4）配置管道

使用 TensorFlow 对象检测 API 中的协议缓冲区的配置信息，可以在 object_detection/samples/configs/ 中找到本项目的配置文件。这些配置文件可用于调整模型和训练参数（例如学习率、dropout 和正则化参数）。本项目需要修改提供的配置文件，以了解上传数据集的位置并微调检查点。需要更改 PATH_TO_BE_CONFIGURED 字符串，以便它们指向上传到 Cloud Storage 存储分区的数据集文件和微调属性参数。之后，还需要将配置文件上传到 Cloud Storage，代码如下。

```
sed -i "s |PATH_TO_BE_CONFIGURED |" ${YOUR_GCS_BUCKET}"/data |g" object_detection/samples/con-
figs/faster_rcnn_resnet101_pets.config
gsutil cp object_detection/samples/configs/faster_rcnn_resnet101_pets.config \
    ${YOUR_GCS_BUCKET}/data/faster_rcnn_resnet101_pets.config
```

（5）运行训练和评估

在 GCP 上运行前，必须先打包 TensorFlow Object Detection API 和 TF Slim，代码如下。

```
python setup.pysdist
(cd slim && python setup.pysdist)
```

仔细检查是否已将数据集上传到 Cloud Storage 存储分区，可以使用 Cloud Storage 浏览器检查存储分区。目录结构应如下所示。

```
+ ${YOUR_GCS_BUCKET}/
  + data/
   - faster_rcnn_resnet101_pets.config
   - model.ckpt.index
   - model.ckpt.meta
   - model.ckpt.data-00000-of-00001
   - pet_label_map.pbtxt
   - pet_train.record
   - pet_val.record
```

代码打包后，准备开始训练和评估工作，代码如下。

```
gcloud ml-engine jobs submit training `whoami`_object_detection_`date +%s` \
    --job-dir=${YOUR_GCS_BUCKET}/train \
    --packages dist/object_detection-0.1.tar.gz,slim/dist/slim-0.1.tar.gz \
    --module-name object_detection.train \
```

此时可以在机器学习引擎仪表板上看到进程并检查日志以确保进程正在进行中。请注意，此训练作业使用具有 5 个工作 GPU 和 3 个参数服务器的分布式异步梯度下降算法实现。

（6）导出 TensorFlow 图

为了在训练后对一些示例图像运行检测，建议尝试使用 Jupyter notebook 演示。但是，在此之前，必须将经过训练的模型导出到 TensorFlow 原型，并将学习到的权重作为常量进行处理。首先，需要确定要导出的候选检查点，可以使用 Google Cloud Storage Browser 搜索存储分区。检查点应存储在 ${YOUR_GCS_BUCKET}/train 目录下。检查点通常由以下 3 个文件组成。

- model. ckpt-$ {CHECKPOINT_NUMBER} . data-00000-of-00001。
- model. ckpt-$ {CHECKPOINT_NUMBER} . index。
- model. ckpt-$ {CHECKPOINT_NUMBER} . meta。

确定要导出的候选检查点（通常是最新的）后，从 tensorflow/models 目录运行以下命令。

```
# Please define CEHCKPOINT_NUMBER based on the checkpoint you'd like to export
export CHECKPOINT_NUMBER = ${CHECKPOINT_NUMBER}

# Fromtensorflow/models
gsutil cp ${YOUR_GCS_BUCKET}/train/model.ckpt-${CHECKPOINT_NUMBER}.* .
python object_detection/export_inference_graph \
    --input_type image_tensor \
    --pipeline_config_path object_detection/samples/configs/faster_rcnn_resnet101_pets.con-
fig \
    --checkpoint_path model.ckpt-${CHECKPOINT_NUMBER} \
    --inference_graph_path output_inference_graph.pb
```

执行完成后，会看到导出的图形，图形将存储在名为 output_inference_graph. pb 的文件中。

8.3 Android 物体检测识别器

在准备好 TensorFlow Lite 模型后，接下来将使用这个模型开发一个 Android 物体检测识别器。本项目提供了以下两种文字分析解决方案。

- lib_task_api：直接使用现成的 Task 库集成模型 API 进行推断识别。
- lib_interpreter：使用 TensorFlow Lite Interpreter Java API 创建自定义推断管道。

在本项目的内部 App 文件 build. gradle 中，设置了使用上述哪一种方案的方法，读者可自行查看学习。

8.3.1 准备工作

1）使用 Android Studio 导入本项目源码工程“object_detection”，如图 8-2 所示。

2）更新 build. gradle。

打开 App 模块中的文件 build. gradle，分别设置 Android 的编译版本和运行版本，设置需要使用的库文件，添加对 TensorFlow Lite 模型库的引用，代码如下。

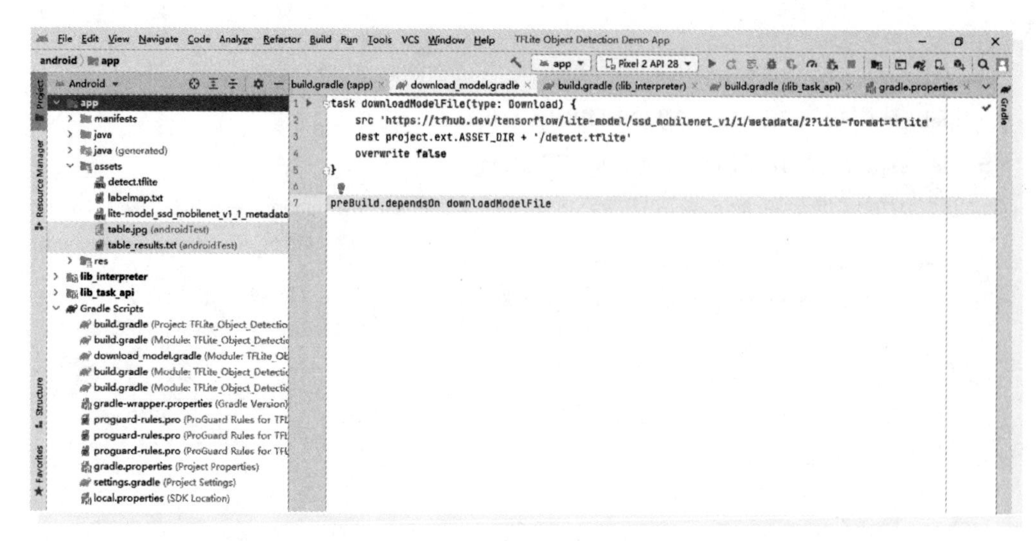

● 图 8-2　导入工程

```
apply plugin: 'com.android.application'
apply plugin: 'de.undercouch.download'

android {
    compileSdkVersion 30
    defaultConfig {
        applicationId "org.tensorflow.lite.examples.detection"
        minSdkVersion 21
        targetSdkVersion 30
        versionCode 1
        versionName "1.0"

        testInstrumentationRunner "androidx.test.runner.AndroidJUnitRunner"
    }
    buildTypes {
        release {
            minifyEnabled false
            proguardFiles getDefaultProguardFile('proguard-android.txt'), 'proguard-rules.pro'
        }
    }
    aaptOptions {
        noCompress "tflite"
    }
    compileOptions {
        sourceCompatibility = '1.8'
        targetCompatibility = '1.8'
```

```
    }
    lintOptions {
        abortOnError false
    }
    flavorDimensions "tfliteInference"
    productFlavors {
        //TFLite 推断是使用 TFLiteJava 解释器构建的
        interpreter {
            dimension "tfliteInference"
        }
        //默认:TFLite 推断是使用 TFLite 任务库(高级 API)构建的
        taskApi {
            getIsDefault().set(true)
            dimension "tfliteInference"
        }
    }
}

//导入下载模型任务
project.ext.ASSET_DIR =projectDir.toString() + '/src/main/assets'
project.ext.TMP_DIR   = project.buildDir.toString() + '/downloads'

//下载默认模型；如果希望使用自己的模型，请将它们放在 assets 目录中，并注释掉这一行
apply from:'download_model.gradle'

dependencies {
    implementationfileTree(dir: 'libs', include: ['* .jar','* .aar'])
    interpreterImplementation project(":lib_interpreter")
    taskApiImplementation project(":lib_task_api")
    implementation 'androidx.appcompat:appcompat:1.0.0'
    implementation 'androidx.coordinatorlayout:coordinatorlayout:1.0.0'
    implementation 'com.google.android.material:material:1.0.0'

    androidTestImplementation 'androidx.test.ext:junit:1.1.1'
    androidTestImplementation 'com.google.truth:truth:1.0.1'
    androidTestImplementation 'androidx.test:runner:1.2.0'
    androidTestImplementation 'androidx.test:rules:1.1.0'
}
```

8.3.2 页面布局

1）本项目主界面的页面布局文件是 tfe_od_activity_camera.xml，功能是在 Android 屏幕上方显示相机预览窗口，在屏幕下方显示悬浮式的系统配置参数。文件 tfe_od_activity_camera.xml 的具体实现代码如下。

```
<androidx.coordinatorlayout.widget.CoordinatorLayout xmlns:android="http://schemas.android.com/apk/res/android"
xmlns:tools="http://schemas.android.com/tools"
    android:layout_width="match_parent"
    android:layout_height="match_parent"
    android:background="#00000000">

    <!--相对布局-->
    <RelativeLayout xmlns:android="http://schemas.android.com/apk/res/android"
        xmlns:tools="http://schemas.android.com/tools"
        android:layout_width="match_parent"
        android:layout_height="match_parent"
        android:background="@android:color/black"
        android:orientation="vertical">

        <!--帧布局-->
        <FrameLayout xmlns:android="http://schemas.android.com/apk/res/android"
            xmlns:tools="http://schemas.android.com/tools"
            android:id="@+id/container"
            android:layout_width="match_parent"
            android:layout_height="match_parent"
            tools:context="org.tensorflow.demo.CameraActivity" />

        <!--使用Toplbar组件-->
        <androidx.appcompat.widget.Toolbar
            android:id="@+id/toolbar"
            android:layout_width="match_parent"
            android:layout_height="?attr/actionBarSize"
            android:layout_alignParentTop="true"
            android:background="@color/tfe_semi_transparent">

        <!--使用ImaqeView组件显示一幅图片-->
            <ImageView
                android:layout_width="wrap_content"
                android:layout_height="wrap_content"
                android:src="@drawable/tfl2_logo" />
        </androidx.appcompat.widget.Toolbar>

    </RelativeLayout>

    <include
        android:id="@+id/bottom_sheet_layout"
        layout="@layout/tfe_od_layout_bottom_sheet" />
</androidx.coordinatorlayout.widget.CoordinatorLayout>
```

2）在上面的页面布局文件 tfe_od_activity_camera. xml 中，通过调用文件 tfe_od_layout_bottom_sheet. xml 在主界面屏幕下方显示悬浮式的系统参数配置面板。文件 tfe_od_activity_camera. xml 的

主要实现代码如下所示。

```
<!--使用线性布局,面板 1-->
<LinearLayout
    android:layout_width="match_parent"
    android:layout_height="wrap_content"
    android:orientation="horizontal">

    <!--显示第 1 行文字信息-->
    <TextView
        android:id="@+id/frame"
        android:layout_width="wrap_content"
        android:layout_height="wrap_content"
        android:layout_marginTop="10dp"
        android:text="Frame"
        android:textColor="@android:color/black" />

    <!--显示第 2 行文字-->
    <TextView
        android:id="@+id/frame_info"
        android:layout_width="match_parent"
        android:layout_height="wrap_content"
        android:layout_marginTop="10dp"
        android:gravity="right"
        android:text="640*480"
        android:textColor="@android:color/black" />
</LinearLayout>
<!--显示线性布局,面板 2-->

<LinearLayout
    android:layout_width="match_parent"
    android:layout_height="wrap_content"
    android:orientation="horizontal">
    <!--显示第 1 行文字-->

    <TextView
        android:id="@+id/crop"
        android:layout_width="wrap_content"
        android:layout_height="wrap_content"
        android:layout_marginTop="10dp"
        android:text="Crop"
        android:textColor="@android:color/black" />

    <!--显示第 2 行文字-->
    <TextView
        android:id="@+id/crop_info"
        android:layout_width="match_parent"
        android:layout_height="wrap_content"
        android:layout_marginTop="10dp"
```

```
            android:gravity = "right"
            android:text = "640* 480"
            android:textColor = "@ android:color/black" / >
    < /LinearLayout >
    < ! --显示线性布局，面板 2-- >
    < LinearLayout
        android:layout_width = "match_parent"
        android:layout_height = "wrap_content"
        android:orientation = "horizontal" >

        < ! --显示第 1 行文字信息-- >
        < TextView
            android:id = "@ + id/inference"
            android:layout_width = "wrap_content"
            android:layout_height = "wrap_content"
            android:layout_marginTop = "10dp"
            android:text = "Inference Time"
            android:textColor = "@ android:color/black" / >

        < ! --显示第 2 行文字信息-- >
        < TextView
            android:id = "@ + id/inference_info"
            android:layout_width = "match_parent"
            android:layout_height = "wrap_content"
            android:layout_marginTop = "10dp"
            android:gravity = "right"
            android:text = "640* 480"
            android:textColor = "@ android:color/black" / >
    < /LinearLayout >

    < View
        android:layout_width = "match_parent"
        android:layout_height = "1px"
        android:layout_marginTop = "10dp"
        android:background = "@ android:color/darker_gray" / >

    < ! --使用相对布局-- >
    < RelativeLayout
        android:layout_width = "match_parent"
        android:layout_height = "wrap_content"
        android:layout_marginTop = "10dp"
        android:orientation = "horizontal" >

        < TextView
            android:layout_width = "wrap_content"
            android:layout_height = "wrap_content"
            android:layout_marginTop = "10dp"
            android:text = "Threads"
            android:textColor = "@ android:color/black" / >
```

```
    <LinearLayout
        android:layout_width="wrap_content"
        android:layout_height="wrap_content"
        android:layout_alignParentRight="true"
        android:background="@drawable/rectangle"
        android:gravity="center"
        android:orientation="horizontal"
        android:padding="4dp">

        <!--横线图像-->
        <ImageView
            android:id="@+id/minus"
            android:layout_width="wrap_content"
            android:layout_height="wrap_content"
            android:src="@drawable/ic_baseline_remove" />

        <TextView
            android:id="@+id/threads"
            android:layout_width="wrap_content"
            android:layout_height="wrap_content"
            android:layout_marginLeft="10dp"
            android:layout_marginRight="10dp"
            android:text="4"
            android:textColor="@android:color/black"
            android:textSize="14sp" />

        <!--在最下方显示一幅图像-->
        <ImageView
            android:id="@+id/plus"
            android:layout_width="wrap_content"
            android:layout_height="wrap_content"
            android:src="@drawable/ic_baseline_add" />
    </LinearLayout>
</RelativeLayout>
```

8.3.3 实现主 Activity

本项目的主 Activity 功能是由文件 CameraActivity. java 实现的，功能是调用前面的布局文件 tfe_od_activity_camera. xml，在 Android 屏幕上方显示相机预览窗口，在屏幕下方显示悬浮式的系统配置参数。文件 CameraActivity. java 的具体实现流程如下。

1）设置摄像头预览界面的公共属性，代码如下。

```
public abstract classCameraActivity extends AppCompatActivity
    implements OnImageAvailableListener,
        Camera.PreviewCallback,
        CCompoundButton.OnCheckedChangeListener,
```

```
        View.OnClickListener {
  private static final Logger LOGGER = new Logger();

  private static final int PERMISSIONS_REQUEST = 1;

  private static final String PERMISSION_CAMERA = Manifest.permission.CAMERA;
  protected intpreviewWidth = 0;
  protected intpreviewHeight = 0;
  private boolean debug = false;
  private Handler handler;
  privateHandlerThread handlerThread;
  private booleanuseCamera2API;
  private booleanisProcessingFrame = false;
  private byte[][] yuvBytes = new byte[3][];
  private int[] rgbBytes = null;
```

2）在初始化函数 onCreate( ) 中加载布局文件 tfe_od_activity_camera. xml，代码如下。

```
  @Override
  protected void onCreate(final BundlesavedInstanceState) {
    LOGGER.d("onCreate " + this);
    super.onCreate(null);
getWindow().addFlags(WindowManager.LayoutParams.FLAG_KEEP_SCREEN_ON);

setContentView(R.layout.tfe_od_activity_camera);
    Toolbar toolbar =findViewById(R.id.toolbar);
setSupportActionBar(toolbar);
getSupportActionBar().setDisplayShowTitleEnabled(false);

    if (hasPermission()) {
setFragment();
    } else {
requestPermission();
    }
```

3）获取悬浮面板中的配置参数，系统将根据这些配置参数加载显示预览界面，代码如下。

```
    threadsTextView = findViewById(R.id.threads);
    plusImageView = findViewById(R.id.plus);
    minusImageView = findViewById(R.id.minus);
    apiSwitchCompat = findViewById(R.id.api_info_switch);
    bottomSheetLayout = findViewById(R.id.bottom_sheet_layout);
    gestureLayout = findViewById(R.id.gesture_layout);
    sheetBehavior = BottomSheetBehavior.from(bottomSheetLayout);
    bottomSheetArrowImageView =findViewById(R.id.bottom_sheet_arrow);
```

4）获取视图树观察者对象，设置底页回调处理事件，代码如下。

```
ViewTreeObserver vto = gestureLayout.getViewTreeObserver();
vto.addOnGlobalLayoutListener(
      newViewTreeObserver.OnGlobalLayoutListener() {
        @Override
        public voidonGlobalLayout() {
          if (Build.VERSION.SDK_INT < Build.VERSION_CODES.JELLY_BEAN) { //检查当前设备的 Android 版本
            gestureLayout.getViewTreeObserver().removeGlobalOnLayoutListener(this);
          } else {
            gestureLayout.getViewTreeObserver().removeOnGlobalLayoutListener(this);
          }
          //int width =bottomSheetLayout.getMeasuredWidth();
          int height =gestureLayout.getMeasuredHeight();

          sheetBehavior.setPeekHeight(height);
        }
      });
sheetBehavior.setHideable(false);

sheetBehavior.setBottomSheetCallback(                          //树视图轮询处理函数
      newBottomSheetBehavior.BottomSheetCallback() {
        @Override
        public voidonStateChanged(@NonNull View bottomSheet, int newState) {
          switch (newState) {                                  //如果选择状态发生改变
            caseBottomSheetBehavior.STATE_HIDDEN:              //隐藏底部内容
              break;
            caseBottomSheetBehavior.STATE_EXPANDED:            //展开树视图
              {
                bottomSheetArrowImageView.setImageResource(R.drawable.icn_chevron_down);
              }
              break;
            case BottomSheetBehavior.STATE_COLLAPSED:          //关闭树视图
              {
                bottomSheetArrowImageView.setImageResource(R.drawable.icn_chevron_up);
              }
              break;
            case BottomSheetBehavior.STATE_DRAGGING:           //拖拽树视图
              break;
            case BottomSheetBehavior.STATE_SETTLING:
              bottomSheetArrowImageView.setImageResource(R.drawable.icn_chevron_up);
              break;
          }
        }

        @Override
        public voidonSlide(@NonNull View bottomSheet, float slideOffset) {}
```

```
        });

frameValueTextView = findViewById(R.id.frame_info);
cropValueTextView = findViewById(R.id.crop_info);
    inferenceTimeTextView = findViewById(R.id.inference_info);

    apiSwitchCompat.setOnCheckedChangeListener(this);

    plusImageView.setOnClickListener(this);
    minusImageView.setOnClickListener(this);
  }

  protected int[] getRgbBytes() {
    imageConverter.run();
    return rgbBytes;
  }

  protected intgetLuminanceStride() {
    return yRowStride;
  }

  protected byte[] getLuminance() {
    return yuvBytes[0];
  }
```

5）创建 android. hardware. Camera API 的回调，打开手机中的相机预览界面，使用 ImageUtils. convertYUV420SPToARGB8888( )函数将相机 data（数据）转换成 rgbBytes（RGB 格式的数据），代码如下。

```
@Override
public voidonPreviewFrame(final byte[] bytes, final Camera camera) {
  if (isProcessingFrame) {
    LOGGER.w("Dropping frame!");
    return;
  }

  try {
    //已知分辨率,初始化存储位图一次
    if (rgbBytes == null) {
      Camera.SizepreviewSize = camera.getParameters().getPreviewSize();
      previewHeight = previewSize.height;
      previewWidth = previewSize.width;
      rgbBytes = new int[previewWidth * previewHeight];
      onPreviewSizeChosen(new Size(previewSize.width, previewSize.height), 90);
    }
  } catch (final Exception e) {
```

```
      LOGGER.e(e, "Exception!");
      return;
    }

    isProcessingFrame = true;
    yuvBytes[0] = bytes;
    yRowStride = previewWidth;

    imageConverter =
        new Runnable() {
          @Override
          public void run() {
            ImageUtils.convertYUV420SPToARGB8888(bytes, previewWidth, previewHeight, rgbBytes);
          }
        };

    postInferenceCallback =
        new Runnable() {
          @Override
          public void run() {
            camera.addCallbackBuffer(bytes);
            isProcessingFrame = false;
          }
        };
    processImage();
  }
```

6）编写 onImageAvailable( )函数实现 Camera2 API 的回调，代码如下。

```
@Override
public voidonImageAvailable(final ImageReader reader) {
  //这里需要等待,直到从 onPreviewSizeChosen 得到一些尺寸
  if (previewWidth = = 0 ||previewHeight = = 0) {
    return;
  }
  if (rgbBytes = = null) {
    rgbBytes = new int[previewWidth * previewHeight];
  }
  try {
    final Image image = reader.acquireLatestImage();

    if (image = = null) {
      return;
    }
```

```
    if (isProcessingFrame) {
      image.close();
      return;
    }
    isProcessingFrame = true;
    Trace.beginSection("imageAvailable");
    final Plane[] planes = image.getPlanes();
    fillBytes(planes, yuvBytes);
    yRowStride = planes[0].getRowStride();
    final intuvRowStride = planes[1].getRowStride();
    final intuvPixelStride = planes[1].getPixelStride();

    imageConverter =
        new Runnable() {
          @Override
          public void run() {
            ImageUtils.convertYUV420ToARGB8888(
                yuvBytes[0],
                yuvBytes[1],
                yuvBytes[2],
                previewWidth,
                previewHeight,
                yRowStride,
                uvRowStride,
                uvPixelStride,
                rgbBytes);
          }
        };

    postInferenceCallback =
        new Runnable() {
          @Override
          public void run() {
            image.close();
            isProcessingFrame = false;
          }
        };

    processImage();
  } catch (final Exception e) {
    LOGGER.e(e, "Exception!");
    Trace.endSection();
    return;
  }
  Trace.endSection();
}
```

7）编写 onImageAvailable( )函数，功能是判断当前手机设备是否支持所需的硬件要求或更高要求，如果是则返回 True，代码如下。

```
  private boolean isHardwareLevelSupported(
      CameraCharacteristics characteristics, intrequiredLevel) {
    int deviceLevel = characteristics.get(CameraCharacteristics.INFO_SUPPORTED_HARDWARE_
LEVEL);
    if (deviceLevel == CameraCharacteristics.INFO_SUPPORTED_HARDWARE_LEVEL_LEGACY) {
      return requiredLevel == deviceLevel;
    }
    //使用数字排序
    return requiredLevel <= deviceLevel;
  }
```

8）启用当前设备中的摄像功能，代码如下。

```
  private StringchooseCamera() {
    final CameraManager manager = (CameraManager) getSystemService(Context.CAMERA_SERVICE);
    try {
      for (final StringcameraId : manager.getCameraIdList()) {
        final CameraCharacteristics characteristics = manager.getCameraCharacteristics(cam-
eraId);

        //不使用前向摄像头
        final Integer facing = characteristics.get(CameraCharacteristics.LENS_FACING);
        if (facing != null && facing == CameraCharacteristics.LENS_FACING_FRONT) {
          continue;
        }

        final StreamConfigurationMap map =
            characteristics.get(CameraCharacteristics.SCALER_STREAM_CONFIGURATION_MAP);

        if (map == null) {
          continue;
        }

        //对于没有完全支持的内部摄像头,请返回 camera1 API
        //这将有助于解决使用 camera2 API 导致预览失真或损坏的遗留问题
        useCamera2API =
            (facing == CameraCharacteristics.LENS_FACING_EXTERNAL)
                || isHardwareLevelSupported(
                    characteristics, CameraCharacteristics.INFO_SUPPORTED_HARDWARE_LEVEL_
                    FULL);
        LOGGER.i("Camera API lv2?: %s",useCamera2API);
        return cameraId;
```

```
    }
  } catch (CameraAccessException e) {
    LOGGER.e(e, "Not allowed to access camera");
  }

  return null;
}
```

8.3.4 物体识别界面

本实例的物体识别 Activity（界面）是由文件 DetectorActivity. java 实现的，功能是调用 lib_task_api 或 lib_interpreter 方案实现物体识别。文件 DetectorActivity. java 的具体实现流程如下。

1）在设置了 Camera（相机）捕获图片的一些参数（如图片预览大小 previewSize、摄像头方向 sensorOrientation 等）后，最重要的是回调之前传到 fragment 中 cameraConnectionCallback 的 onPreviewSizeChosen( )函数。它是预览图片的宽、高后，执行的回调函数，代码如下。

```
public void onPreviewSizeChosen(final Size size, final int rotation) {
  final floattextSizePx =
    TypedValue.applyDimension(
      TypedValue.COMPLEX_UNIT_DIP, TEXT_SIZE_DIP, getResources().getDisplayMetrics());
  borderedText = new BorderedText(textSizePx);
  borderedText.setTypeface(Typeface.MONOSPACE);

  tracker = newMultiBoxTracker(this);

  int cropSize = TF_OD_API_INPUT_SIZE;

  try {
    detector =
        TFLiteObjectDetectionAPIModel.create(
            this,
            TF_OD_API_MODEL_FILE,
            TF_OD_API_LABELS_FILE,
            TF_OD_API_INPUT_SIZE,
            TF_OD_API_IS_QUANTIZED);
    cropSize = TF_OD_API_INPUT_SIZE;
  } catch (finalIOException e) {
    e.printStackTrace();
    LOGGER.e(e, "Exception initializing Detector!");
    Toast toast =
        Toast.makeText(
            getApplicationContext(), "Detector could not be initialized", Toast.LENGTH_SHORT);
    toast.show();
```

```
      finish();
    }

    previewWidth = size.getWidth();
    previewHeight = size.getHeight();

    sensorOrientation = rotation - getScreenOrientation();
    LOGGER.i("Camera orientation relative to screen canvas: %d",sensorOrientation);

    LOGGER.i("Initializing at size %dx%d",previewWidth, previewHeight);
    rgbFrameBitmap = Bitmap.createBitmap(previewWidth, previewHeight, Config.ARGB_8888);
    croppedBitmap = Bitmap.createBitmap(cropSize, cropSize, Config.ARGB_8888);

    frameToCropTransform =
        ImageUtils.getTransformationMatrix(
        previewWidth, previewHeight,
        cropSize, cropSize,
        sensorOrientation, MAINTAIN_ASPECT);

    cropToFrameTransform = new Matrix();
    frameToCropTransform.invert(cropToFrameTransform);

    trackingOverlay = (OverlayView) findViewById(R.id.tracking_overlay);
    trackingOverlay.addCallback(
        newDrawCallback() {
          @Override
          public voiddrawCallback(final Canvas canvas) {
            tracker.draw(canvas);
            if (isDebug()) {
              tracker.drawDebug(canvas);
            }
          }
        });

    tracker.setFrameConfiguration(previewWidth, previewHeight, sensorOrientation);
  }
```

2）处理相机中的图像，将流式 YUV420_888 图像转换为可理解的图，系统会自动启动一个处理图像的线程，这意味着可以随意使用当前线程而不会崩溃。如果图像处理速度无法跟上相机的进给速度，则会丢弃相机相框，代码如下。

```
  protected voidprocessImage() {
    ++timestamp;
    final longcurrTimestamp = timestamp;
```

```
    trackingOverlay.postInvalidate();

    //不需要互斥,因为此方法不可重入.
    if (computingDetection) {
      readyForNextImage();
      return;
    }
    computingDetection = true;
    LOGGER.i("Preparing image " +currTimestamp + " for detection in bg thread.");

    rgbFrameBitmap. setPixels (getRgbBytes (), 0, previewWidth, 0, 0, previewWidth, previe-
wHeight);

    readyForNextImage();

    final Canvas canvas = new Canvas(croppedBitmap);
    canvas.drawBitmap(rgbFrameBitmap, frameToCropTransform, null);
    //用于检查实际 TensorFlow Lite 输入
    if (SAVE_PREVIEW_BITMAP) {
      ImageUtils.saveBitmap(croppedBitmap);
    }

    runInBackground(
        new Runnable() {
          @Override
          public void run() {
            LOGGER.i("Running detection on image " +currTimestamp);
            final longstartTime = SystemClock.uptimeMillis();
            final List<Detector.Recognition> results = detector.recognizeImage(croppedBit-
map);
            lastProcessingTimeMs =SystemClock.uptimeMillis() - startTime;

            cropCopyBitmap = Bitmap.createBitmap(croppedBitmap);
            final Canvas canvas = new Canvas(cropCopyBitmap);
            final Paint paint = new Paint();
            paint.setColor(Color.RED);
            paint.setStyle(Style.STROKE);
            paint.setStrokeWidth(2.0f);

            float minimumConfidence = MINIMUM_CONFIDENCE_TF_OD_API;
            switch (MODE) {
              case TF_OD_API:
                minimumConfidence = MINIMUM_CONFIDENCE_TF_OD_API;
                break;
            }
```

```
          final List < Detector.Recognition > mappedRecognitions =
              newArrayList < Detector.Recognition > ();

          for (final Detector.Recognition result : results) {
            finalRectF location = result.getLocation();
            if (location ! = null && result.getConfidence() > = minimumConfidence) {
              canvas.drawRect(location, paint);

              cropToFrameTransform.mapRect(location);

              result.setLocation(location);
              mappedRecognitions.add(result);
            }
          }

          tracker.trackResults(mappedRecognitions, currTimestamp);
          trackingOverlay.postInvalidate();

          computingDetection = false;

          runOnUiThread(
              new Runnable() {
                @Override
                public void run() {
                  showFrameInfo(previewWidth + "x" + previewHeight);
                  showCropInfo(cropCopyBitmap.getWidth() + "x" + cropCopyBitmap.getHeight());
                  showInference(lastProcessingTimeMs + "ms");
                }
              });
        }
      });
}
```

8.3.5 相机预览界面拼接

编写文件 CameraConnectionFragment. java，功能是在识别物体后会用文字标注识别结果，并将识别结果和相机预览界面拼接在一起，构成一幅完整的图形。文件 CameraConnectionFragment. java 的具体实现流程如下。

1）设置常用属性，例如设置相机的预览大小为 320，这将被设置为能够容纳正方形相机方框的最小像素的大小，代码如下。

```
private static final int MINIMUM_PREVIEW_SIZE = 320;

/ * * 将屏幕旋转到 JPEG 图像的方向 * /
```

```
private static finalSparseIntArray ORIENTATIONS = new SparseIntArray();

private static final String FRAGMENT_DIALOG = "dialog";

static {
  ORIENTATIONS.append(Surface.ROTATION_0, 90);
  ORIENTATIONS.append(Surface.ROTATION_90, 0);
  ORIENTATIONS.append(Surface.ROTATION_180, 270);
  ORIENTATIONS.append(Surface.ROTATION_270, 180);
}

/** 一个{@ link Semaphore}用于在关闭相机之前阻止应用程序退出 */
private final SemaphorecameraOpenCloseLock = new Semaphore(1);
/** 用于接收可用帧的{@ link OnImageAvailableListener} */
private final OnImageAvailableListenerimageListener;
/** TensorFlow 所需输入的大小(正方形位图的宽度和高度),以像素为单位 */
private final SizeinputSize;
/** 设置布局标识符 */
private final int layout;
```

2）使用 TextureView. SurfaceTextureListener 处理 TextureView 上的多个生命周期事件，代码如下。

```
private final TextureView.SurfaceTextureListener surfaceTextureListener =
    new TextureView.SurfaceTextureListener() {
      @Override
      public void onSurfaceTextureAvailable(
          finalSurfaceTexture texture, final int width, final int height) {
      openCamera(width, height);
      }

      @Override
      public void onSurfaceTextureSizeChanged(
          finalSurfaceTexture texture, final int width, final int height) {
        configureTransform(width, height);
      }
      @Override
      public boolean onSurfaceTextureDestroyed(finalSurfaceTexture texture) {
        return true;
      }

      @Override
      public void onSurfaceTextureUpdated(finalSurfaceTexture texture) {}
    };
```

```
private CameraConnectionFragment(
    finalConnectionCallback connectionCallback,
    final OnImageAvailableListenerimageListener,
    final int layout,
    final SizeinputSize) {
  this.cameraConnectionCallback = connectionCallback;
  this.imageListener = imageListener;
  this.layout = layout;
  this.inputSize = inputSize;
}
```

3）编写 chooseOptimalSize( )函数设置相机的参数，并根据设置的参数返回最佳大小的预览界面。如果没有足够大的界面，则返回任意值，其中设置的宽度和高度至少与两者最小值相同。如果有可能，可以选择完全匹配的值。各参数的具体说明如下。

- choices：相机为预期输出类支持的大小列表
- width：所需的最小宽度
- height：所需的最小高度

函数 chooseOptimalSize( )的具体实现代码如下所示。

```
protected static Size chooseOptimalSize(final Size[] choices, final int width, final int height) {
  final int minSize = Math.max(Math.min(width, height), MINIMUM_PREVIEW_SIZE);
  final Size desiredSize = new Size(width, height);

  //设置至少与预览界面一样大的分辨率
  booleanexactSizeFound = false;
  final List<Size>bigEnough = new ArrayList<Size>();
  final List<Size>tooSmall = new ArrayList<Size>();
  for (final Size option : choices) {
    if (option.equals(desiredSize)) {
      //设置大小,但不要返回,以便记录剩余列表的大小
    exactSizeFound = true;
    }

    if (option.getHeight() >= minSize && option.getWidth() >= minSize) {
      bigEnough.add(option);
    } else {
      tooSmall.add(option);
    }
  }

  LOGGER.i("Desired size: " +desiredSize + ", min size: " + minSize + "x" + minSize);
  LOGGER.i("Valid preview sizes: [" + TextUtils.join(", ", bigEnough) + "]");
```

```
    LOGGER.i("Rejected preview sizes: [" + TextUtils.join(", ", tooSmall) + "]");

    if (exactSizeFound) {
      LOGGER.i("Exact size match found.");
      return desiredSize;
    }

    //挑选最小的
    if (bigEnough.size() > 0) {
      final Size chosenSize = Collections.min(bigEnough, new CompareSizesByArea());
      LOGGER.i("Chosen size: " + chosenSize.getWidth() + "x" + chosenSize.getHeight());
      return chosenSize;
    } else {
      LOGGER.e("Couldn't find any suitable preview size");
      return choices[0];
    }
  }
```

4）编写 showToast( )函数，功能是显示 UI 线程上的提醒消息，代码如下。

```
private void showToast(final String text) {
  final Activity activity = getActivity();
  if (activity != null) {
    activity.runOnUiThread(
        new Runnable() {
          @Override
          public void run() {
            Toast.makeText(activity, text, Toast.LENGTH_SHORT).show();
          }
        });
  }
}
```

5）编写 setUpCameraOutputs( )函数，功能是设置与相机相关的成员变量，代码如下。

```
private void setUpCameraOutputs() {
  final Activity activity = getActivity();
  final CameraManager manager = (CameraManager) activity.getSystemService(Context.CAMERA_
SERVICE);
  try {
    final CameraCharacteristics characteristics = manager.getCameraCharacteristics(cam-
eraId);

    final StreamConfigurationMap map =
        characteristics.get(CameraCharacteristics.SCALER_STREAM_CONFIGURATION_MAP);
```

```
      sensorOrientation = characteristics.get(CameraCharacteristics.SENSOR_ORIENTATION);

      //如果尝试使用过大的预览界面,可能会超过相机总线的带宽限制,导致预览变形,会存储垃圾捕获数据
      previewSize =
          chooseOptimalSize(
              map.getOutputSizes(SurfaceTexture.class),
              inputSize.getWidth(),
              inputSize.getHeight());

      //将 TextureView 的纵横比与拾取的预览界面相匹配
      final int orientation =getResources().getConfiguration().orientation;
      if (orientation = = Configuration.ORIENTATION_LANDSCAPE) {
        textureView.setAspectRatio(previewSize.getWidth(), previewSize.getHeight());
      } else {
        textureView.setAspectRatio(previewSize.getHeight(), previewSize.getWidth());
      }
    } catch (final CameraAccessException e) {
      LOGGER.e(e, "Exception!");
    } catch (final NullPointerException e) {
      //当使用 Camera2 API,且此代码运行的设备不支持时,会引发 NPE
      ErrorDialog.newInstance(getString(R.string.tfe_od_camera_error))
          .show(getChildFragmentManager(), FRAGMENT_DIALOG);
      throw new IllegalStateException(getString(R.string.tfe_od_camera_error));
    }

    cameraConnectionCallback.onPreviewSizeChosen(previewSize, sensorOrientation);
  }
```

6）编写 openCamera( ) 函数，功能是打开由 CameraConnectionFragmen 指定的相机，代码如下。

```
  private void openCamera(final int width, final int height) {
    setUpCameraOutputs();
    configureTransform(width, height);
    final Activity activity =getActivity();
    final CameraManager manager = (CameraManager) activity.getSystemService(Context.CAMERA_
SERVICE);
    try {
      if (! cameraOpenCloseLock.tryAcquire(2500, TimeUnit.MILLISECONDS)) {
        throw newRuntimeException("Time out waiting to lock camera opening.");
      }
      manager.openCamera(cameraId, stateCallback, backgroundHandler);
    } catch (final CameraAccessException e) {
      LOGGER.e(e, "Exception!");
    } catch (final InterruptedException e) {
```

```
    throw newRuntimeException("Interrupted while trying to lock camera opening.", e);
  }
}
```

7）编写 closeCamera( )函数，功能是关闭当前的 CameraDevice 相机，代码如下。

```
private void closeCamera() {
  try {
    cameraOpenCloseLock.acquire();
    if (null ! =captureSession) {
      captureSession.close();
      captureSession = null;
    }
    if (null ! =cameraDevice) {
      cameraDevice.close();
      cameraDevice = null;
    }
    if (null ! =previewReader) {
      previewReader.close();
      previewReader = null;
    }
  } catch (final InterruptedException e) {
    throw new RuntimeException("Interrupted while trying to lock camera closing.", e);
  } finally {
    cameraOpenCloseLock.release();
  }
}
```

8）分别启动前台线程和后台线程，代码如下。

```
/**启动后台线程及其{@link Handler}*/
private void startBackgroundThread() {
  backgroundThread = new HandlerThread("ImageListener");
  backgroundThread.start();
  backgroundHandler = new Handler(backgroundThread.getLooper());
}

/**停止后台线程及其{@link Handler} */
private void stopBackgroundThread() {
backgroundThread.quitSafely();
  try {
    backgroundThread.join();
    backgroundThread = null;
    backgroundHandler = null;
  } catch (final InterruptedException e) {
    LOGGER.e(e, "Exception!");
  }
}
```

9）为相机预览界面创建新的 CameraCaptureSession 缓存，代码如下。

```
private void createCameraPreviewSession() {
  try {
    final SurfaceTexture texture = textureView.getSurfaceTexture();
    assert texture ! = null;

    //将默认缓冲区的大小配置为所需的相机预览大小
    texture.setDefaultBufferSize(previewSize.getWidth(), previewSize.getHeight());

    //这是需要开始预览的输出界面
    final Surface surface = new Surface(texture);

    //用输出界面设置 CaptureRequest.Builder
    previewRequestBuilder =cameraDevice.createCaptureRequest(CameraDevice.TEMPLATE_PREVIEW);
    previewRequestBuilder.addTarget(surface);

    LOGGER.i("Opening camera preview: " +previewSize.getWidth() + "x" + previewSize.getH-
eight());

    //为预览帧创建读取器
    previewReader =
      ImageReader.newInstance(
        previewSize.getWidth(), previewSize.getHeight(), ImageFormat.YUV_420_888, 2);

    previewReader.setOnImageAvailableListener(imageListener, backgroundHandler);
    previewRequestBuilder.addTarget(previewReader.getSurface());

    //为相机预览创建一个 CameraCaptureSession
    cameraDevice.createCaptureSession(
        Arrays.asList(surface, previewReader.getSurface()),
        new CameraCaptureSession.StateCallback() {

          @Override
          public void onConfigured(final CameraCaptureSession cameraCaptureSession) {
            //相机已经关闭
            if (null = =cameraDevice) {
              return;
            }

            //当会话准备就绪时,开始显示预览
            captureSession = cameraCaptureSession;
            try {
              //自动对焦,连续用于相机预览
```

```
                previewRequestBuilder.set(
                  CaptureRequest.CONTROL_AF_MODE,
                  CaptureRequest.CONTROL_AF_MODE_CONTINUOUS_PICTURE);
                //在必要时自动启用闪存
                previewRequestBuilder.set(
                  CaptureRequest.CONTROL_AE_MODE, CaptureRequest.CONTROL_AE_MODE_ON_AUTO_FLASH);

                //显示相机预览
                previewRequest = previewRequestBuilder.build();
                captureSession.setRepeatingRequest(
                  previewRequest, captureCallback, backgroundHandler);
              } catch (final CameraAccessException e) {
                LOGGER.e(e, "Exception!");
              }
            }

            @Override
            public void onConfigureFailed(final CameraCaptureSession cameraCaptureSession) {
              showToast("Failed");
            }
          },
          null);
    } catch (final CameraAccessException e) {
      LOGGER.e(e, "Exception!");
    }
}
```

10）编写 configureTransform( ) 函数，功能是将必要的 Matrix 转换配置为 mTextureView。在 setUpCameraOutputs 中确定相机预览大小，并且在固定 mTextureView 的大小后需要调用此方法。其中参数 viewWidth 表示 mTextureView 的宽度，参数 viewHeight 表示 mTextureView 的高度，代码如下。

```
private void configureTransform(final int viewWidth, final int viewHeight) {
  final Activity activity = getActivity();
  if (null == textureView || null == previewSize || null == activity) {
    return;
  }
  final int rotation = activity.getWindowManager().getDefaultDisplay().getRotation();
  final Matrix matrix = new Matrix();
  final RectF viewRect = new RectF(0, 0, viewWidth, viewHeight);
  final RectF bufferRect = new RectF(0, 0, previewSize.getHeight(), previewSize.getWidth());
  final float centerX = viewRect.centerX();
  final float centerY = viewRect.centerY();
  if (Surface.ROTATION_90 == rotation || Surface.ROTATION_270 == rotation) {
```

```
      bufferRect.offset(centerX - bufferRect.centerX(), centerY - bufferRect.centerY());
      matrix.setRectToRect(viewRect, bufferRect, Matrix.ScaleToFit.FILL);
      final float scale =
          Math.max(
              (float)viewHeight / previewSize.getHeight(),
              (float)viewWidth / previewSize.getWidth());
      matrix.postScale(scale, scale, centerX, centerY);
      matrix.postRotate(90 * (rotation - 2), centerX, centerY);
    } else if (Surface.ROTATION_180 = = rotation) {
      matrix.postRotate(180, centerX, centerY);
    }
    textureView.setTransform(matrix);
  }
```

8.3.6 lib_task_api 方案

本项目默认使用 TensorFlow Lite 任务库中开箱即用的 API 实现物体检测和识别功能，通过文件 TFLiteObjectDetectionAPIModel. java 调用 TensorFlow 对象检测 API 训练的检测模型包装器，代码如下。

```
/**
使用 TensorFlow 对象检测 API 训练的检测模型包装器
 */
public class TFLiteObjectDetectionAPIModel implements Detector {
  private static final String TAG = "TFLiteObjectDetectionAPIModelWithTaskApi";

  /** 只返回这么多结果 */
  private static final int NUM_DETECTIONS = 10;

  private final MappedByteBuffer modelBuffer;

  /** 使用 TensorFlow Lite 运行模型推断的驱动程序类的实例 */
  private ObjectDetector objectDetector;

  /** 用于配置 ObjectDetector 选项的生成器 */
  private final ObjectDetectorOptions.BuilderoptionsBuilder;

  /**
   * 初始化对图像进行分类的 TensorFlow 会话
   * {@ code-labelFilename}{@ code-inputSize}和{@ code-isQuantized}不是必需的,而是为了与使用
   * TFLite 解释器 Java API 的实现保持一致
   * *@param modelFilename 模型文件路径
   * *@param labelFilename 标签文件路径
   * *@param inputSize 图像输入的大小
```

```
  * *@param isQuantized 布尔值,表示模型是否量化
  */
  public static Detector create(
      final Context context,
      final StringmodelFilename,
      final StringlabelFilename,
      final intinputSize,
      final booleanisQuantized)
      throwsIOException {
    return new TFLiteObjectDetectionAPIModel(context,modelFilename);
  }

  private TFLiteObjectDetectionAPIModel(Context context, StringmodelFilename) throws IOException
{
    modelBuffer = FileUtil.loadMappedFile(context, modelFilename);
    optionsBuilder = ObjectDetectorOptions.builder().setMaxResults(NUM_DETECTIONS);
    objectDetector = ObjectDetector.createFromBufferAndOptions(modelBuffer, optionsBuild-
er.build());
  }

  @Override
  public List<Recognition> recognizeImage(final Bitmap bitmap) {
    //记录此方法,以便使用 systrace 进行分析
    Trace.beginSection("recognizeImage");
    List<Detection> results =objectDetector.detect(TensorImage.fromBitmap(bitmap));

    //将{@link Detection}对象列表转换为{@link Recognition}对象列表,以匹配其他推理方法的接口,
    //例如使用 TFLite Java API
    final ArrayList<Recognition> recognitions = new ArrayList<>();
    int cnt = 0;
    for (Detection detection : results) {
      recognitions.add(
          new Recognition(
              "" + cnt ++,
              detection.getCategories().get(0).getLabel(),
              detection.getCategories().get(0).getScore(),
              detection.getBoundingBox()));
    }
    Trace.endSection(); // "recognizeImage"
    return recognitions;
  }
  @Override
  public void enableStatLogging(final boolean logStats) {}

  @Override
```

```
  public StringgetStatString() {
    return"";
  }
  @Override
  public void close() {
    if (objectDetector ! = null) {
      objectDetector.close();
    }
  }

  @Override
  public void setNumThreads(int numThreads) {
    if (objectDetector ! = null) {
      optionsBuilder.setNumThreads(numThreads);
      recreateDetector();
    }
  }

  @Override
  public void setUseNNAPI(boolean isChecked) {
    throw new UnsupportedOperationException(
        "在此任务中不允许操作硬件加速器,只允许使用 CPU!");
  }

  private void recreateDetector() {
    objectDetector.close();
    objectDetector = ObjectDetector.createFromBufferAndOptions(modelBuffer, optionsBuild-
er.build());
  }
}
```

8.3.7 lib_interpreter 方案

本项目还可以使用 lib_interpreter 方案实现物体检测和识别功能。本方案使用 TensorFlow Lite 中的 Interpreter Java API 创建自定义识别函数。本功能主要由文件 TFLiteObjectDetectionAPIModel. java 实现，代码如下。

```
  /**内存映射资源中的模型文件 */
  private static MappedByteBuffer loadModelFile(AssetManager assets, String modelFilename)
      throws IOException {
    AssetFileDescriptor fileDescriptor = assets.openFd(modelFilename);
    FileInputStream inputStream = new FileInputStream(fileDescriptor.getFileDescriptor());
    FileChannel fileChannel = inputStream.getChannel();
```

```
    long startOffset = fileDescriptor.getStartOffset();
    long declaredLength = fileDescriptor.getDeclaredLength();
    return fileChannel.map(FileChannel.MapMode.READ_ONLY, startOffset, declaredLength);
  }
  /**
   *初始化对图像进行分类的 TensorFlow 会话
   *  *@param modelFilename 模型文件路径
   *  *@param labelFilename 标签文件路径
   *  *@param inputSize 图像输入的大小
   *  *@param isQuantized 布尔值,表示模型是否量化
   */
  public static Detector create(
      final Context context,
      final StringmodelFilename,
      final StringlabelFilename,
      final intinputSize,
      final booleanisQuantized)
      throwsIOException {
    final TFLiteObjectDetectionAPIModel d = new TFLiteObjectDetectionAPIModel();

    MappedByteBuffer modelFile = loadModelFile(context.getAssets(), modelFilename);
    MetadataExtractor metadata = new MetadataExtractor(modelFile);
    try (BufferedReader br =
        new BufferedReader(
            new InputStreamReader(
                metadata.getAssociatedFile(labelFilename), Charset.defaultCharset()))) {
      String line;
      while ((line = br.readLine()) != null) {
        Log.w(TAG, line);
        d.labels.add(line);
      }
    }

    d.inputSize = inputSize;

    try {
      Interpreter.Options options = new Interpreter.Options();
      options.setNumThreads(NUM_THREADS);
      options.setUseXNNPACK(true);
      d.tfLite = new Interpreter(modelFile, options);
      d.tfLiteModel = modelFile;
      d.tfLiteOptions = options;
    } catch (Exception e) {
      throw newRuntimeException(e);
    }
```

```
    d.isModelQuantized = isQuantized;
    //预先分配缓冲区
    int numBytesPerChannel;
    if (isQuantized) {
      numBytesPerChannel = 1; //量化
    } else {
      numBytesPerChannel = 4; //浮点数
    }
    d.imgData = ByteBuffer.allocateDirect(1 * d.inputSize * d.inputSize * 3 * numBytesPer-
Channel);
    d.imgData.order(ByteOrder.nativeOrder());
    d.intValues = new int[d.inputSize * d.inputSize];

    d.outputLocations = new float[1][NUM_DETECTIONS][4];
    d.outputClasses = new float[1][NUM_DETECTIONS];
    d.outputScores = new float[1][NUM_DETECTIONS];
    d.numDetections = new float[1];
    return d;
  }

  @Override
  public List<Recognition> recognizeImage(final Bitmap bitmap) {
    //记录此方法,以便使用 systrace 进行分析
    Trace.beginSection("recognizeImage");

    Trace.beginSection("preprocessBitmap");
    //根据提供的参数,将图像数据从 0~255 的整数预处理为标准化浮点数
    bitmap.getPixels(intValues, 0, bitmap.getWidth(), 0, 0, bitmap.getWidth(), bitmap.getH-
eight());

    imgData.rewind();
    for (int i = 0; i < inputSize; ++i) {
      for (int j = 0; j < inputSize; ++j) {
        int pixelValue = intValues[i * inputSize + j];
        if (isModelQuantized) {
          //量化模型
          imgData.put((byte) ((pixelValue >> 16) & 0xFF));
          imgData.put((byte) ((pixelValue >> 8) & 0xFF));
          imgData.put((byte) (pixelValue & 0xFF));
        } else { // Float model
          imgData.putFloat((((pixelValue >> 16) & 0xFF) - IMAGE_MEAN) / IMAGE_STD);
          imgData.putFloat((((pixelValue >> 8) & 0xFF) - IMAGE_MEAN) / IMAGE_STD);
          imgData.putFloat(((pixelValue & 0xFF) - IMAGE_MEAN) / IMAGE_STD);
        }
```

```
  }
}
Trace.endSection(); //预处理位图

//将输入数据复制到 TensorFlow 中
Trace.beginSection("feed");
outputLocations = new float[1][NUM_DETECTIONS][4];
outputClasses = new float[1][NUM_DETECTIONS];
outputScores = new float[1][NUM_DETECTIONS];
numDetections = new float[1];

Object[]inputArray = {imgData};
Map<Integer, Object>outputMap = new HashMap<>();
outputMap.put(0, outputLocations);
outputMap.put(1, outputClasses);
outputMap.put(2, outputScores);
outputMap.put(3, numDetections);
Trace.endSection();

//运行推断调用
Trace.beginSection("run");
tfLite.runForMultipleInputsOutputs(inputArray, outputMap);
Trace.endSection();

//显示最佳检测结果
//将其缩放回输入大小后,需要使用输出中的检测数据,而不是顶部声明的 NUM_DETECTONS 变量
//因为在某些模型上,它们并不总是输出相同的检测总数
//例如,模型的 NUM_DETECTIONS=20,但有时它只输出 16 个预测数据
//如果不使用输出的 numDetections,将获得无意义的数据
int numDetectionsOutput =
    min(
        NUM_DETECTIONS,
        (int)numDetections[0]); //从浮点数转换为整数,使用最小值以确保安全

final ArrayList<Recognition> recognitions = new ArrayList<>(numDetectionsOutput);
for (int i = 0; i <numDetectionsOutput; ++i) {
  final RectF detection =
      new RectF(
        outputLocations[0][i][1] * inputSize,
        outputLocations[0][i][0] * inputSize,
        outputLocations[0][i][3] * inputSize,
        outputLocations[0][i][2] * inputSize);

  recognitions.add(
      new Recognition(
```

```
            "" + i, labels.get((int) outputClasses[0][i]), outputScores[0][i], detection));
  }
  Trace.endSection(); // "recognizeImage"
  return recognitions;
}
```

上述两种方案的识别文件都是 Detector. java，功能是调用各自方案下面的文件 TFLiteObject-DetectionAPIModel. java 实现具体识别功能，代码如下。

```
/**与不同识别引擎交互的通用接口*/
public interface Detector {
  List<Recognition> recognizeImage(Bitmap bitmap);
  void enableStatLogging(final boolean debug);
  String getStatString();
  void close();
  void setNumThreads(int numThreads);
  void setUseNNAPI(boolean isChecked);
  /**检测器返回的一个常量的结果,描述识别的内容 */
  public class Recognition {
    /**
    *已识别内容的唯一标识符。
    */
    private final String id;

    /**显示名称*/
    private final String title;

    /**
    *相对于其他可能性的识别度分数,分数越高越好
    */
    private final Float confidence;

    /**用于识别目标对象的位置 */
    private RectF location;

    public Recognition(
        final String id, final String title, final Float confidence, finalRectF location) {
      this.id = id;
      this.title = title;
      this.confidence = confidence;
      this.location = location;
    }
    public String getId() {
      return id;
    }
```

```
    public String getTitle() {
      return title;
    }

    public Float getConfidence() {
      return confidence;
    }
    public RectF getLocation() {
      return new RectF(location);
    }
    public void setLocation(RectF location) {
      this.location = location;
    }
    @Override
    public String toString() {
      String resultString = "";
      if (id ! = null) {
          resultString + = "[" + id + "] ";
      }
      if (title ! = null) {
          resultString + = title + " ";
      }
      if (confidence ! = null) {
          resultString + = String.format("(% .1f% % ) ", confidence * 100.0f);
      }
      if (location ! = null) {
          resultString + = location + " ";
      }
      return resultString.trim();
    }
  }
}
```

8.4 iOS 物体检测识别器

在上一节讲解了开发 Android 物体检测识别器的过程。在本节的内容中，将详细讲解在 iOS 设备中使用 TensorFlow Lite 模型开发 iOS 物体检测识别器的过程。

8.4.1 系统介绍

使用 Xcode 导入本项目的 iOS 源码，如图 8-3 所示。

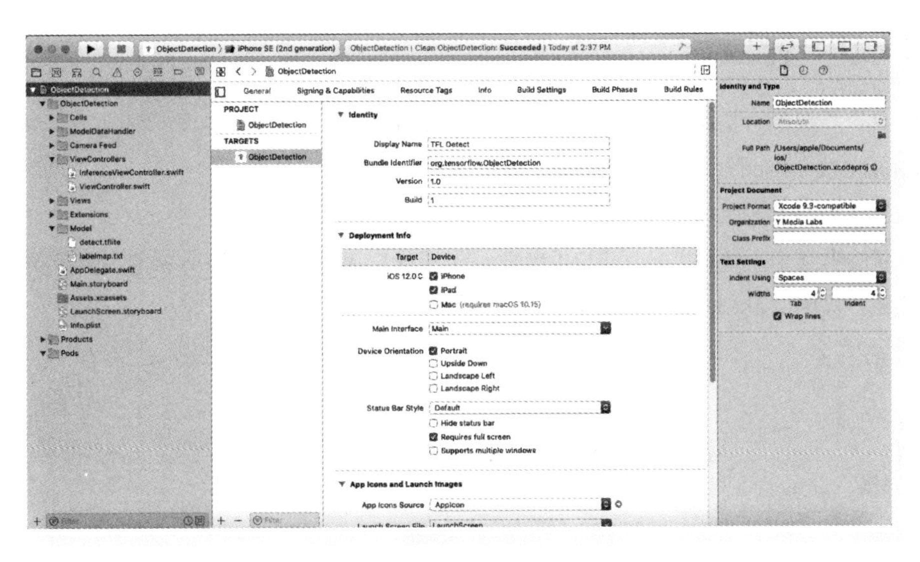

● 图 8-3　使用 Xcode 导入源码

在 Model 目录下保存了需要使用的 TensorFlow Lite 模型文件，如图 8-4 所示。

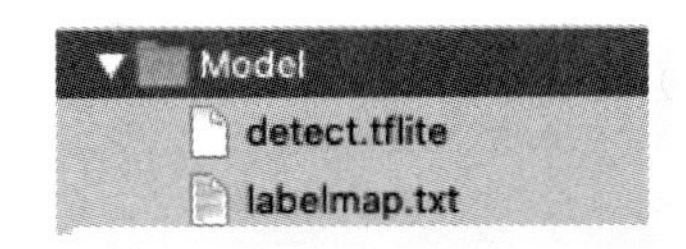

● 图 8-4　TensorFlow Lite 模型文件

通过故事板 Main. storyboard 文件设计 iOS 应用程序的 UI 界面，如图 8-5 所示。

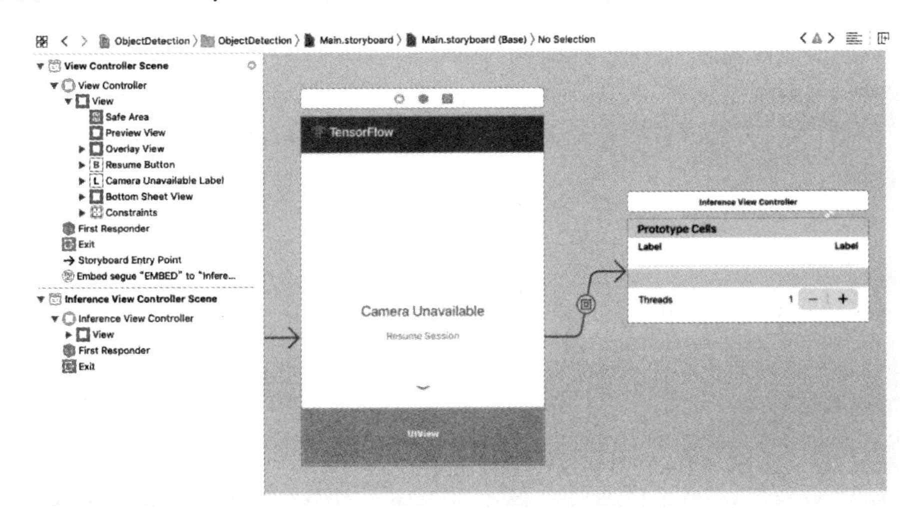

● 图 8-5　故事板 Main. storyboard 文件

8.4.2 视图文件

在 Xcode 工程的 ViewControllers 目录下保存了本项目的视图文件。视图文件和故事板 Main. storyboard 文件相互结合，构建 iOS 应用程序的 UI 界面。

1）编写主视图控制器文件 ViewController. swift，具体实现流程如下。

- 分别设置整个系统需要的公用 UI 参数，包括连接 Main. storyboards 故事板中的组件参数、常量、实例变量和实现视图管理功能的控制器等，代码如下。

```
import UIKit

class ViewController: UIViewController {

  //连接 Storyboards 故事板中的组件参数
  @IBOutlet weak var previewView: PreviewView!
  @IBOutlet weak var overlayView: OverlayView!
  @IBOutlet weak var resumeButton: UIButton!
  @IBOutlet weak var cameraUnavailableLabel: UILabel!

  @IBOutlet weak var bottomSheetStateImageView: UIImageView!
  @IBOutlet weak var bottomSheetView: UIView!
  @IBOutlet weak var bottomSheetViewBottomSpace: NSLayoutConstraint!

  //常量
  private let displayFont = UIFont.systemFont(ofSize: 14.0, weight: .medium)
  private let edgeOffset: CGFloat = 2.0
  private let labelOffset: CGFloat = 10.0
  private let animationDuration = 0.5
  private let collapseTransitionThreshold:CGFloat = -30.0
  private let expandTransitionThreshold:CGFloat = 30.0
  private let delayBetweenInferencesMs: Double = 200

  //实例变量
  private var initialBottomSpace: CGFloat = 0.0

  //随时保存结果
  private var result: Result?
  private var previousInferenceTimeMs:TimeInterval = Date.distantPast.timeIntervalSince1970 * 1000

  //管理功能的控制器
  private lazy var cameraFeedManager = CameraFeedManager(previewView: previewView)
  private var modelDataHandler: ModelDataHandler? =
      ModelDataHandler(modelFileInfo: MobileNetSSD.modelInfo, labelsFileInfo: MobileNetSSD.
labelsInfo)
```

```
private var inferenceViewController: InferenceViewController?

//处理视图的方法
override func viewDidLoad() {
  super.viewDidLoad()

  guard modelDataHandler ! = nil else {
    fatalError("Failed to load model")
  }
    cameraFeedManager.delegate = self
    overlayView.clearsContextBeforeDrawing = true

    addPanGesture()
}

override func didReceiveMemoryWarning() {
  super.didReceiveMemoryWarning()
  //处理所有可以重新创建的资源
}
```

- 编写 onClickResumeButton( )函数实现单击 Button 按钮后的处理程序，代码如下。

```
@IBAction func onClickResumeButton(_ sender: Any) {

cameraFeedManager.resumeInterruptedSession { (complete) in

      if complete {
        self.resumeButton.isHidden = true
        self.cameraUnavailableLabel.isHidden = true
      }
      else {
        self.presentUnableToResumeSessionAlert()
      }
    }
}
```

- 编写函数 prepare( )实现故事板 Segue 处理器，代码如下。

```
override func prepare(for segue: UIStoryboardSegue, sender: Any?) {
  super.prepare(for: segue, sender: sender)

  if segue.identifier = = "EMBED" {

    guard let tempModelDataHandler =modelDataHandler else {
      return
    }
```

```
    inferenceViewController = segue.destination as? InferenceViewController
    inferenceViewController?.wantedInputHeight = tempModelDataHandler.inputHeight
    inferenceViewController?.wantedInputWidth = tempModelDataHandler.inputWidth
    inferenceViewController?.threadCountLimit = tempModelDataHandler.threadCountLimit
    inferenceViewController?.currentThreadCount = tempModelDataHandler.threadCount
    inferenceViewController?.delegate = self

    guard lettempResult = result else {
      return
    }
    inferenceViewController?.inferenceTime = tempResult.inferenceTime

  }
 }
}
```

- 通过 extension 扩展实现推断视图控制器，代码如下。

```
extension ViewController: InferenceViewControllerDelegate {

func didChangeThreadCount(to count: Int) {
    if modelDataHandler?.threadCount = = count { return }
    modelDataHandler = ModelDataHandler(
      modelFileInfo: MobileNetSSD.modelInfo,
      labelsFileInfo: MobileNetSSD.labelsInfo,
      threadCount: count
    )
  }

}
```

- 通过 extension 扩展实现相机管理器的委托方法，代码如下。

```
extension ViewController: CameraFeedManagerDelegate {

  func didOutput(pixelBuffer: CVPixelBuffer) {
    runModel(onPixelBuffer: pixelBuffer)
  }
```

- 编写自定义函数分别实现会话处理，包括实现会话处理提示框、会话中断时更新 UI、会话中断结束后更新 UI；代码如下。

```
  //会话处理提示框
  func sessionRunTimeErrorOccurred() {

    //通过更新 UI 并提供一个按钮(如果可以手动恢复会话)来处理会话运行时错误
```

```
    self.resumeButton.isHidden = false
  }

  func sessionWasInterrupted(canResumeManually resumeManually: Bool) {

    //会话中断时更新 UI
    if resumeManually {
      self.resumeButton.isHidden = false
    }
    else {
      self.cameraUnavailableLabel.isHidden = false
    }
  }

  func sessionInterruptionEnded() {

    //会话中断结束后更新 UI
    if ! self.cameraUnavailableLabel.isHidden {
      self.cameraUnavailableLabel.isHidden = true
    }

    if ! self.resumeButton.isHidden {
      self.resumeButton.isHidden = true
    }
  }
```

- 如果发生错误则调用 presentVideoConfigurationErrorAlert( )函数弹出提醒框，代码如下。

```
func presentVideoConfigurationErrorAlert() {

    let alertController = UIAlertController(title: "Configuration Failed", message: "Config-
uration of camera has failed.", preferredStyle: .alert)
    let okAction = UIAlertAction(title: "OK", style: .cancel, handler: nil)
    alertController.addAction(okAction)

    present(alertController, animated: true, completion: nil)
  }
```

- 编写 presentCameraPermissionsDeniedAlert( )函数，如果当前没有获得相机权限则弹出提示框，代码如下。

```
func presentCameraPermissionsDeniedAlert() {

    let alertController = UIAlertController(title: "Camera Permissions Denied", message: "
Camera permissions have been denied for this app.You can change this by going to Settings", pre-
ferredStyle: .alert)
```

```
    let cancelAction = UIAlertAction(title: "Cancel", style: .cancel, handler: nil)
    let settingsAction = UIAlertAction(title: "Settings", style: .default) { (action) in

      UIApplication.shared.open(URL(string: UIApplication.openSettingsURLString)!, options: [:], completionHandler: nil)
    }

    alertController.addAction(cancelAction)
    alertController.addAction(settingsAction)

    present(alertController, animated: true, completion: nil)

  }
```

- 编写 runModel( )函数，功能是通过 TensorFlow 运行 PixelBuffer 以获得实时捕获结果，代码如下。

```
  @objc  func runModel(onPixelBuffer pixelBuffer: CVPixelBuffer) {

    let currentTimeMs = Date().timeIntervalSince1970 * 1000

    guard(currentTimeMs - previousInferenceTimeMs) >= delayBetweenInferencesMs else {
      return
    }

    previousInferenceTimeMs = currentTimeMs
    result = self.modelDataHandler?.runModel(onFrame: pixelBuffer)

    guard letdisplayResult = result else {
      return
    }

    let width = CVPixelBufferGetWidth(pixelBuffer)
    let height = CVPixelBufferGetHeight(pixelBuffer)

    DispatchQueue.main.async {

      //通过传递给推断视图控制器来显示结果
      self.inferenceViewController?.resolution = CGSize(width: width, height: height)

      var inferenceTime: Double = 0
      if letresultInferenceTime = self.result?.inferenceTime {
        inferenceTime = resultInferenceTime
```

```
        }
        self.inferenceViewController?.inferenceTime = inferenceTime
        self.inferenceViewController?.tableView.reloadData()

        //绘制边界框并显示类名和置信度分数
        self.drawAfterPerformingCalculations(onInferences: displayResult.inferences, withIm-
ageSize: CGSize(width: CGFloat(width), height: CGFloat(height)))
    }
  }
```

- 编写 drawAfterPerformingCalculations( )函数获取识别结果，将边界框矩形转换为当前视图，分别绘制相机边界框、显示类名和显示推断的可信度分数，代码如下。

```
func drawAfterPerformingCalculations(onInferences inferences: [Inference], withImageSize im-
ageSize:CGSize) {

    self.overlayView.objectOverlays = []
    self.overlayView.setNeedsDisplay()

    guard ! inferences.isEmpty else {
      return
    }

    var objectOverlays: [ObjectOverlay] = []

    for inference in inferences {

      //将边界框矩形转换为当前视图
       var convertedRect = inference.rect.applying(CGAffineTransform(scaleX: self.overlayView.
bounds.size.width / imageSize.width, y: self.overlayView.bounds.size.height / imageSize.height))

      if convertedRect.origin.x < 0 {
        convertedRect.origin.x = self.edgeOffset
      }

      if convertedRect.origin.y < 0 {
        convertedRect.origin.y = self.edgeOffset
      }

        if convertedRect.maxY > self.overlayView.bounds.maxY {
        convertedRect.size.height = self.overlayView.bounds.maxY - convertedRect.origin.y -
self.edgeOffset
      }
```

```
        if convertedRect.maxX > self.overlayView.bounds.maxX {
          convertedRect.size.width = self.overlayView.bounds.maxX - convertedRect.origin.x -
self.edgeOffset
        }

        let confidenceValue = Int(inference.confidence * 100.0)
        let string = "\(inference.className)  (\(confidenceValue)% )"

        let size = string.size(usingFont: self.displayFont)

        let objectOverlay = ObjectOverlay(name: string, borderRect: convertedRect, nameString-
Size: size, color: inference.displayColor, font: self.displayFont)

        objectOverlays.append(objectOverlay)
      }

      //将绘图交给覆盖视图
      self.draw(objectOverlays: objectOverlays)

    }
```

• 编写 draw( )函数，功能是使用检测到的边界框和类名更新覆盖视图，代码如下。

```
func draw(objectOverlays: [ObjectOverlay]) {

    self.overlayView.objectOverlays = objectOverlays
    self.overlayView.setNeedsDisplay()
  }

}
```

• 编写 addPanGesture( )函数添加平移手势处理功能，以使底部选项具有交互性，代码如下。

```
  private func addPanGesture() {
    let panGesture = UIPanGestureRecognizer(target: self, action: #selector(ViewController.
didPan(panGesture:)))
    bottomSheetView.addGestureRecognizer(panGesture)
  }
```

• 编写 changeBottomViewState( )函数，功能是更改底部选项是处于展开还是折叠状态，代码如下。

```
  private func changeBottomViewState() {

    guard let inferenceVC = inferenceViewController else {
```

```
        return
      }

      if bottomSheetViewBottomSpace.constant  = = inferenceVC.collapsedHeight - bottomSheetView.
bounds.size.height {

        bottomSheetViewBottomSpace.constant = 0.0
      }
      else {
        bottomSheetViewBottomSpace.constant  = inferenceVC.collapsedHeight - bottomSheetView.bounds.
size.height
      }
      setImageBasedOnBottomViewState()
    }
```

- 编写 changeBottomViewState( )函数，功能是根据底部选项图标是展开还是折叠设置显示图像，代码如下。

```
private func setImageBasedOnBottomViewState() {

  if bottomSheetViewBottomSpace.constant  = = 0.0 {
    bottomSheetStateImageView.image  =UIImage(named: "down_icon")
  }
  else {
    bottomSheetStateImageView.image  =UIImage(named: "up_icon")
  }
}
```

- 编写 changeBottomViewState( )函数响应用户在底部选项表上的平移操作，代码如下。

```
@objc func didPan(panGesture: UIPanGestureRecognizer) {

  //根据用户与底部选项表的交互选择打开或关闭底部工作表
  let translation  =panGesture.translation(in: view)

  switch panGesture.state {
  case .began:
    initialBottomSpace  = bottomSheetViewBottomSpace.constant
    translateBottomSheet(withVerticalTranslation: translation.y)
  case .changed:
    translateBottomSheet(withVerticalTranslation: translation.y)
  case .cancelled:
    setBottomSheetLayout(withBottomSpace: initialBottomSpace)
  case .ended:
    translateBottomSheetAtEndOfPan(withVerticalTranslation: translation.y)
    setImageBasedOnBottomViewState()
```

```
    initialBottomSpace = 0.0
  default:
    break
  }
}
```

- 编写 translateBottomSheet( )函数在平移手势状态不断变化时设置底部选项，代码如下。

```
private func translateBottomSheet(withVerticalTranslation verticalTranslation: CGFloat) {

  let bottomSpace = initialBottomSpace - verticalTranslation
  guard bottomSpace <= 0.0 && bottomSpace >= inferenceViewController!.collapsedHeight - bottomSheetView.bounds.size.height else {
    return
  }
  setBottomSheetLayout(withBottomSpace: bottomSpace)
}
```

- 编写 translateBottomSheetAtEndOfPan( )函数，功能是将底部选项状态更改为在平移结束时完全展开或闭合，代码如下。

```
private func translateBottomSheetAtEndOfPan(withVerticalTranslation verticalTranslation: CGFloat) {

  //将底部选项状态更改为在平移结束时完全打开或关闭
  let bottomSpace = bottomSpaceAtEndOfPan(withVerticalTranslation: verticalTranslation)
  setBottomSheetLayout(withBottomSpace: bottomSpace)
}
```

- 编写 bottomSpaceAtEndOfPan( )函数，功能是返回要保留的底部图纸视图的最终状态（完全折叠或展开），代码如下。

```
private func bottomSpaceAtEndOfPan(withVerticalTranslation verticalTranslation: CGFloat) -> CGFloat {

  //判断在平移手势结束时是完全展开还是折叠底部选项
  var bottomSpace = initialBottomSpace - verticalTranslation

  var height:CGFloat = 0.0
  if initialBottomSpace == 0.0 {
    height = bottomSheetView.bounds.size.height
  }
  else {
```

```
    height = inferenceViewController!.collapsedHeight
  }

  let currentHeight = bottomSheetView.bounds.size.height + bottomSpace

  if currentHeight - height < = collapseTransitionThreshold {
     bottomSpace = inferenceViewController!. collapsedHeight - bottomSheetView. bounds.
size.height
  }
  else ifcurrentHeight - height > = expandTransitionThreshold {
    bottomSpace = 0.0
  }
  else {
    bottomSpace = initialBottomSpace
  }

  return bottomSpace
}
```

• 编写 setBottomSheetLayout( )函数，功能是布局底部选项的底部相对于此控制器管理视图的间距，代码如下。

```
func setBottomSheetLayout(withBottomSpace bottomSpace: CGFloat) {

    view.setNeedsLayout()
    bottomSheetViewBottomSpace.constant =bottomSpace
    view.setNeedsLayout()
  }

}
```

2）编写推断视图控制器文件 InferenceViewController. swift，具体实现流程如下。

• 创建继承主视图类 UIViewController 的子类 InferenceViewController，在视图界面中显示识别信息，代码如下。

```
import UIKit

// 声明 InferenceViewControllerDelegate 推断方法
protocol InferenceViewControllerDelegate {

  /**
  当用户更改步进器的值以更新用于推断的线程数时,将调用此方法
   */
  func didChangeThreadCount(to count: Int)
}
```

```
class InferenceViewController:UIViewController {

  //要显示的信息
  private enum InferenceSections: Int, CaseIterable {
    case InferenceInfo
  }

  private enum InferenceInfo: Int, CaseIterable {
    case Resolution
    case Crop
    case InferenceTime

    func displayString() -> String {

      var toReturn = ""

      switch self {
      case .Resolution:
        toReturn = "Resolution"
      case .Crop:
        toReturn = "Crop"
      case .InferenceTime:
        toReturn = "Inference Time"

      }
      return toReturn
    }
  }

  //故事板的 Outlets 输出
  @ IBOutlet weak var tableView: UITableView!
  @ IBOutlet weak var threadStepper: UIStepper!
  @ IBOutlet weak var stepperValueLabel: UILabel!

  //常量
  private let normalCellHeight: CGFloat = 27.0
  private let separatorCellHeight: CGFloat = 42.0
  private let bottomSpacing: CGFloat = 21.0
  private let minThreadCount = 1
  private let bottomSheetButtonDisplayHeight:CGFloat = 60.0
  private let infoTextColor = UIColor.black
  private let lightTextInfoColor = UIColor(displayP3Red: 117.0/255.0, green: 117.0/255.0,
blue: 117.0/255.0, alpha: 1.0)
  private let infoFont = UIFont.systemFont(ofSize: 14.0, weight: .regular)
```

```
    private let highlightedFont = UIFont.systemFont(ofSize: 14.0, weight: .medium)

    //实例变量
    var inferenceTime: Double = 0
    var wantedInputWidth: Int = 0
    var wantedInputHeight: Int = 0
    var resolution:CGSize = CGSize.zero
    var threadCountLimit: Int = 0
    var currentThreadCount: Int = 0

    //委托
    var delegate: InferenceViewControllerDelegate?

    //计算属性
    var collapsedHeight: CGFloat {
      return bottomSheetButtonDisplayHeight

    }

    overridefunc viewDidLoad() {
      super.viewDidLoad()

      //设置步进器
      threadStepper.isUserInteractionEnabled = true
      threadStepper.maximumValue = Double(threadCountLimit)
      threadStepper.minimumValue = Double(minThreadCount)
      threadStepper.value = Double(currentThreadCount)

    }
```

- 将线程数的更改委托给 View Controller 并更改显示效果，代码如下。

```
    @IBAction func onClickThreadStepper(_ sender: Any) {

      delegate?.didChangeThreadCount(to: Int(threadStepper.value))
      currentThreadCount = Int(threadStepper.value)
      stepperValueLabel.text = "\(currentThreadCount)"
    }
}

//UITableView 数据源
extension InferenceViewController:UITableViewDelegate, UITableViewDataSource {

    func numberOfSections(in tableView: UITableView) -> Int {
```

```
    return InferenceSections.allCases.count
  }

  func tableView(_ tableView: UITableView, numberOfRowsInSection section: Int) -> Int {

    guard let inferenceSection = InferenceSections(rawValue: section) else {
      return 0
    }

    var rowCount = 0
    switch inferenceSection {
    case .InferenceInfo:
      rowCount = InferenceInfo.allCases.count
    }
    return rowCount
  }

  func tableView(_tableView: UITableView, heightForRowAt indexPath: IndexPath) -> CGFloat {

    var height:CGFloat = 0.0

    guard let inferenceSection = InferenceSections(rawValue: indexPath.section) else {
      return height
    }

    switch inferenceSection {
    case .InferenceInfo:
      if indexPath.row = = InferenceInfo.allCases.count - 1 {
        height = separatorCellHeight + bottomSpacing
      }
      else {
        height = normalCellHeight
      }
    }
    return height
  }
```

- 设置底部工作表中信息的显示格式，将格式化显示与推断相关的附加信息，代码如下。

```
func displayStringsForInferenceInfo(atRow row: Int) -> (String, String) {

  var fieldName: String = ""
  var info: String = ""

  guard letinferenceInfo = InferenceInfo(rawValue: row) else {
```

```
        return (fieldName, info)
      }

      fieldName = inferenceInfo.displayString()

      switch inferenceInfo {
      case .Resolution:
        info = "\(Int(resolution.width))x\(Int(resolution.height))"
      case .Crop:
        info = "\(wantedInputWidth)x\(wantedInputHeight)"
      case .InferenceTime:

        info = String(format: "% .2fms",inferenceTime)
      }

      return(fieldName, info)
    }
  }
```

3）在 View 目录下编写文件 CurvedView. swift，功能是创建一个 CurvedView 视图，它的左上角和右上角是圆形的，具体实现代码如下。

```
import UIKit

class CurvedView: UIView {

  let cornerRadius: CGFloat = 24.0

  override func layoutSubviews() {
    super.layoutSubviews()
    setMask()

  }

  /** 在视图上设置遮罩以使其拐角是圆形
   */
func setMask() {

    let maskPath = UIBezierPath(roundedRect:self.bounds,
                        byRoundingCorners: [.topLeft, .topRight],
                        cornerRadii: CGSize(width: cornerRadius, height: cornerRadius))
    let shape = CAShapeLayer()
    shape.path = maskPath.cgPath
    self.layer.mask = shape
  }
}
```

4）在 View 目录下编写文件 OverlayView. swift，功能是创建一个覆盖视图，这样可以在 UI 界面显示识别结果的文字内容，具体实现代码如下。

```
import UIKit

/**
此结构保存在检测到的对象上绘制覆盖视图的显示参数
 */
 struct ObjectOverlay {
   let name: String
   let borderRect: CGRect
   let nameStringSize: CGSize
   let color:UIColor
   let font:UIFont
}

/**
此 UIView 在检测到的对象上绘制覆盖视图
*/
class OverlayView: UIView {

 var objectOverlays: [ObjectOverlay] = []
 private let cornerRadius: CGFloat = 10.0
 private let stringBgAlpha: CGFloat
   = 0.7
 private let lineWidth:CGFloat = 3
 private let stringFontColor = UIColor.white
 private let stringHorizontalSpacing:CGFloat = 13.0
 private let stringVerticalSpacing:CGFloat = 7.0

 override func draw(_ rect: CGRect) {

   //绘制代码
   for objectOverlay in objectOverlays {

     drawBorders(of: objectOverlay)
     drawBackground(of: objectOverlay)
     drawName(of: objectOverlay)
   }
 }

 /**
 此函数用于绘制检测到的对象的边界
 */
 func drawBorders(of objectOverlay: ObjectOverlay) {
```

```
    let path =UIBezierPath(rect: objectOverlay.borderRect)
    path.lineWidth = lineWidth
    objectOverlay.color.setStroke()

    path.stroke()
  }

  /**
  此函数用于绘制字符串的背景
  */
  func drawBackground(of objectOverlay: ObjectOverlay) {

    let stringBgRect = CGRect(x: objectOverlay.borderRect.origin.x, y: objectOverlay.border-
Rect.origin.y, width: 2 * stringHorizontalSpacing + objectOverlay.nameStringSize.width,
height: 2 * stringVerticalSpacing + objectOverlay.nameStringSize.height
    )

    let stringBgPath = UIBezierPath(rect: stringBgRect)
    objectOverlay.color.withAlphaComponent(stringBgAlpha).setFill()
    stringBgPath.fill()
  }

  /**
  此函数用于绘制对象覆盖的名称
  */
  func drawName(of objectOverlay: ObjectOverlay) {

    //绘制字符串
    let stringRect = CGRect(x: objectOverlay.borderRect.origin.x + stringHorizontalSpacing,
y: objectOverlay.borderRect.origin.y + stringVerticalSpacing, width: objectOverlay.name-
StringSize.width, height: objectOverlay.nameStringSize.height)

    let attributedString = NSAttributedString(string: objectOverlay.name, attributes: [NSAt-
tributedString.Key.foregroundColor : stringFontColor, NSAttributedString.Key.font : objectO-
verlay.font])
attributedString.draw(in: stringRect)
  }

}
```

8.4.3 相机处理

在 Xcode 工程的 Camera Feed 目录下保存了实现相机功能的程序文件，调用该程序文件会要求使用相机权限采集图像，然后识别结果。

1）编写文件 PreviewView. swift，功能是显示相机采集到画面的预览结果，具体实现代码如下。

```
import UIKit
import AVFoundation

/ * *
相机帧将显示在此视图上
 * /
class PreviewView: UIView {

  var previewLayer: AVCaptureVideoPreviewLayer {
    guard let layer = layer as? AVCaptureVideoPreviewLayer else {
      fatalError("Layer expected is of type VideoPreviewLayer")
    }
    return layer
  }

  var session:AVCaptureSession? {
    get {
      return previewLayer.session
    }
    set {
      previewLayer.session = newValue
    }
  }

  override class var layerClass: AnyClass {
    return AVCaptureVideoPreviewLayer.self
  }
}
```

2）编写文件 CameraFeedManager. swift 实现相机采集处理功能，具体实现流程如下。

- 创建枚举相机保存相机初始化的状态，代码如下。

```
enum CameraConfiguration {

  case success
  case failed
  casepermissionDenied
}
```

- 创建类 CameraFeedManager，用于管理所有与相机相关的功能，代码如下。

```
class CameraFeedManager: NSObject {

  private let session:AVCaptureSession = AVCaptureSession()
  private let previewView: PreviewView
  private let sessionQueue = DispatchQueue(label: "sessionQueue")
  private var cameraConfiguration: CameraConfiguration = .failed
  private lazy var videoDataOutput = AVCaptureVideoDataOutput()
  private var isSessionRunning = false

  //相机管理器委托
  weak var delegate: CameraFeedManagerDelegate?

  //初始化
  init(previewView: PreviewView) {
    self.previewView = previewView
    super.init()

    //初始化会话
    session.sessionPreset = .high
    self.previewView.session = session
    self.previewView.previewLayer.connection?.videoOrientation = .portrait
    self.previewView.previewLayer.videoGravity = .resizeAspectFill
    self.attemptToConfigureSession()
  }
```

- 编写checkCameraConfigurationAndStartSession()函数，功能是根据相机配置是否成功启动AVCaptureSession，代码如下。

```
func checkCameraConfigurationAndStartSession() {
  sessionQueue.async {
      switch self.cameraConfiguration {
      case .success:
        self.addObservers()
        self.startSession()
      case .failed:
        DispatchQueue.main.async {
          self.delegate?.presentVideoConfigurationErrorAlert()
        }
      case .permissionDenied:
        DispatchQueue.main.async {
          self.delegate?.presentCameraPermissionsDeniedAlert()
        }
      }
    }
  }
```

* 编写 stopSession( )函数停止运行 AVCaptureSession，代码如下。

```
func stopSession() {
    self.removeObservers()
    sessionQueue.async {
      if self.session.isRunning {
        self.session.stopRunning()
        self.isSessionRunning = self.session.isRunning
      }
    }

}
```

* 编写 resumeInterruptedSession( )函数恢复中断的 AVCaptureSession，代码如下。

```
func resumeInterruptedSession(withCompletion completion: @escaping (Bool) -> ()) {

    sessionQueue.async {
      self.startSession()

      DispatchQueue.main.async {
        completion(self.isSessionRunning)
      }
    }
}
```

* 编写 startSession( )函数启动 AVCaptureSession，代码如下。

```
private func startSession() {
    self.session.startRunning()
    self.isSessionRunning = self.session.isRunning
}
```

* 编写 startSession( )函数请求相机的权限，处理请求会话配置并存储配置结果，代码如下。

```
private func attemptToConfigureSession() {
    switch AVCaptureDevice.authorizationStatus(for: .video) {
    case .authorized:
      self.cameraConfiguration = .success
    case .notDetermined:
      self.sessionQueue.suspend()
      self.requestCameraAccess(completion: { (granted) in
        self.sessionQueue.resume()
      })
    case .denied:
      self.cameraConfiguration = .permissionDenied
```

```
    default:
      break
    }

    self.sessionQueue.async {
      self.configureSession()
    }
  }
```

● 编写 requestCameraAccess( )函数请求获取相机权限，代码如下。

```
private func requestCameraAccess(completion: @escaping (Bool) -> ()) {
  AVCaptureDevice.requestAccess(for: .video) { (granted) in
    if ! granted {
      self.cameraConfiguration = .permissionDenied
    }
    else {
      self.cameraConfiguration = .success
    }
    completion(granted)
  }
}
```

● 编写 configureSession( )函数处理配置 AVCaptureSession（iOS 的一个内置框架）的所有步骤，代码如下。

```
private func configureSession() {

  guard cameraConfiguration == .success else {
    return
  }
  session.beginConfiguration()

  //尝试添加 AVCaptureDeviceInput
  guard addVideoDeviceInput() == true else {
    self.session.commitConfiguration()
    self.cameraConfiguration = .failed
    return
  }

  //尝试添加 AVCaptureVideoDataOutput
  guard addVideoDataOutput() else {
    self.session.commitConfiguration()
    self.cameraConfiguration = .failed
    return
  }
```

```
  session.commitConfiguration()
  self.cameraConfiguration = .success
}
```

- 编写 addVideoDeviceInput()函数将 AVCaptureDeviceInput 添加到当前 AVCaptureSession，代码如下。

```
private func addVideoDeviceInput() -> Bool {

  /**尝试获取默认的后置摄像头
   */
  guard let camera  = AVCaptureDevice.default(.builtInWideAngleCamera, for: .video, posi-
tion: .back) else {
    fatalError("Cannot find camera")
  }

  do {
    let videoDeviceInput = try AVCaptureDeviceInput(device: camera)
    if session.canAddInput(videoDeviceInput) {
      session.addInput(videoDeviceInput)
      return true
    }
    else {
      return false
    }
  }
  catch {
    fatalError("Cannot create video device input")
  }
}
```

- 编写 addVideoDataOutput()函数将 AVCaptureVideoDataOutput 添加到当前 AVCaptureSession，代码如下。

```
private func addVideoDataOutput() -> Bool {

  let sampleBufferQueue = DispatchQueue(label: "sampleBufferQueue")
  videoDataOutput.setSampleBufferDelegate(self, queue: sampleBufferQueue)
  videoDataOutput.alwaysDiscardsLateVideoFrames = true
  videoDataOutput.videoSettings = [ String(kCVPixelBufferPixelFormatTypeKey) : kCMPixel-
Format_32BGRA]

  if session.canAddOutput(videoDataOutput) {
    session.addOutput(videoDataOutput)
    videoDataOutput.connection(with: .video)?.videoOrientation = .portrait
```

```
      return true
    }
    return false
  }
```

● 编写用于通知Observers（观察处理器）的方法，代码如下。

```
  private func addObservers() {
    NotificationCenter.default.addObserver(self, selector: #selector(CameraFeedManager.ses-
sionRuntimeErrorOccurred(notification:)), name: NSNotification.Name.AVCaptureSessionRunt-
imeError, object: session)
    NotificationCenter.default.addObserver(self, selector: #selector(CameraFeedManager.ses-
sionWasInterrupted (notification:)), name: NSNotification. Name. AVCaptureSessionWasInter-
rupted, object: session)
    NotificationCenter.default.addObserver(self, selector: #selector(CameraFeedManager.ses-
sionInterruptionEnded), name: NSNotification. Name. AVCaptureSessionInterruptionEnded, ob-
ject: session)
  }

  private func removeObservers() {
    NotificationCenter.default.removeObserver(self, name: NSNotification.Name.AVCaptureSes-
sionRuntimeError, object: session)
    NotificationCenter.default.removeObserver(self, name: NSNotification.Name.AVCaptureSes-
sionWasInterrupted, object: session)
    NotificationCenter.default.removeObserver(self, name: NSNotification.Name.AVCaptureSes-
sionInterruptionEnded, object: session)
  }

  //通知 Observers
  @objc func sessionWasInterrupted(notification: Notification) {

    if let userInfoValue = notification.userInfo?[AVCaptureSessionInterruptionReasonKey]
as AnyObject?,
      let reasonIntegerValue = userInfoValue.integerValue,
      let reason =AVCaptureSession.InterruptionReason(rawValue: reasonIntegerValue) {
      print("Capture session was interrupted with reason \(reason)")

      var canResumeManually = false
      if reason == .videoDeviceInUseByAnotherClient {
        canResumeManually = true
      } else if reason == .videoDeviceNotAvailableWithMultipleForegroundApps {
        canResumeManually = false
      }

      self.delegate?.sessionWasInterrupted(canResumeManually: canResumeManually)
```

```
    }
  }

  @objc func sessionInterruptionEnded(notification: Notification) {

    self.delegate?.sessionInterruptionEnded()
  }

  @objc func sessionRuntimeErrorOccurred(notification: Notification) {
    guard let error = notification.userInfo? [AVCaptureSessionErrorKey] as? AVError else {
      return
    }

    print("Capture session runtime error: \(error)")

    if error.code = = .mediaServicesWereReset {
      sessionQueue.async {
        if self.isSessionRunning {
          self.startSession()
        } else {
          DispatchQueue.main.async {
            self.delegate?.sessionRunTimeErrorOccurred()
          }
        }
      }
    } else {
      self.delegate?.sessionRunTimeErrorOccurred()

    }
  }
}
```

- 将 AVCapture 视频数据输出到样本缓冲区委托，通过 captureOutput( )函数输出相机当前看到的帧的 CVPixelBuffer，代码如下。

```
extension CameraFeedManager: AVCaptureVideoDataOutputSampleBufferDelegate {
  func captureOutput(_output: AVCaptureOutput, didOutput sampleBuffer: CMSampleBuffer, from
connection: AVCaptureConnection) {

    // Converts theCMSampleBuffer to a CVPixelBuffer.
    let pixelBuffer: CVPixelBuffer? = CMSampleBufferGetImageBuffer(sampleBuffer)

    guard let imagePixelBuffer = pixelBuffer else {
```

```
        return
      }

      //将缓冲区中的样本委托给 ViewController.
      delegate?.didOutput(pixelBuffer: imagePixelBuffer)
    }

}
```

8.4.4 处理 TensorFlow Lite 模型

在 Xcode 工程的 ModelDataHandler 目录下编写文件 ModelDataHandler. swift，用于使用 TensorFlow Lite 模型实现物体检测识别功能，具体实现流程如下。

1）定义结构体 Result，存储通过 Interpreter 实现成功物体识别的结果，代码如下。

```
struct Result {
  let inferenceTime: Double
  let inferences: [Inference]
}
```

2）使用 Inference 存储一个格式化的推断，代码如下。

```
struct Inference {
  let confidence: Float
  let className: String
  let rect: CGRect
  let displayColor: UIColor
}

//有关模型文件或标签文件的信息
typealias FileInfo = (name: String, extension: String)
```

3）通过枚举类型存储有关 MobileNet SSD 型号的信息，代码如下。

```
enum MobileNetSSD {
  static let modelInfo: FileInfo = (name: "detect", extension: "tflite")
  static let labelsInfo: FileInfo = (name: "labelmap", extension: "txt")
}
```

4）定义 ModelDataHandler 类处理所有的预处理数据，并通过调用 Interpreter 在给定帧上运行推断。然后格式化获得的推断结果，并返回成功推断中前 N 个的结果，代码如下。

```
class ModelDataHandler: NSObject {

  //-内部属性
```

```
//TensorFlow Lite 解释器使用的当前线程数
  let threadCount: Int
  let threadCountLimit = 10

  let threshold: Float = 0.5

  //模型参数
  let batchSize = 1
  let inputChannels = 3
  let inputWidth = 300
  let inputHeight = 300

  //float 模型的图像平均值和标准差应与模型训练中使用的参数一致
  let imageMean: Float = 127.5
  let imageStd:  Float = 127.5

  //私有属性
  private var labels: [String] = []

  //TensorFlow Lite 的 Interpreter 对象,用于对给定模型执行推理
  private var interpreter: Interpreter

  private let bgraPixel = (channels: 4, alphaComponent: 3, lastBgrComponent: 2)
  private let rgbPixelChannels = 3
  private let colorStrideValue = 10
  private let colors = [
    UIColor.red,
    UIColor(displayP3Red: 90.0/255.0, green: 200.0/255.0, blue: 250.0/255.0, alpha: 1.0),
    UIColor.green,
    UIColor.orange,
    UIColor.blue,
    UIColor.purple,
    UIColor.magenta,
    UIColor.yellow,
    UIColor.cyan,
    UIColor.brown
  ]
```

5）实现初始化操作，设置 ModelDataHandler 的可失败初始值设定项（threadCount）。如果从应用程序的主捆绑包成功加载模型和标签文件，则会创建一个新实例。默认的 threadCount 值为 1，代码如下。

```
init?(modelFileInfo: FileInfo, labelsFileInfo: FileInfo, threadCount: Int = 1) {
  let modelFilename = modelFileInfo.name
```

```
    //构造模型文件的路径
    guard let modelPath = Bundle.main.path(
      forResource: modelFilename,
      ofType: modelFileInfo.extension
    ) else {
      print("Failed to load the model file with name: \(modelFilename).")
      return nil
    }

    //指定对应的 Interpreter 选项
    self.threadCount = threadCount
    var options = Interpreter.Options()
    options.threadCount = threadCount
    do {
      //创建 Interpreter
      interpreter = try Interpreter(modelPath: modelPath, options: options)
      //为模型输入 Tensor 的分配内存
      try interpreter.allocateTensors()
    } catch let error {
      print("Failed to create the interpreter with error: \(error.localizedDescription)")
      return nil
    }

    super.init()

    //加载标签文件中列出的类
    loadLabels(fileInfo: labelsFileInfo)
  }
```

6）处理所有的预处理数据，并通过调用 Interpreter 在指定的帧上运行推断。然后，格式化处理推断结果，并返回成功推断中前 N 个的结果，代码如下。

```
  func runModel(onFrame pixelBuffer: CVPixelBuffer) -> Result? {
    let imageWidth = CVPixelBufferGetWidth(pixelBuffer)
    let imageHeight = CVPixelBufferGetHeight(pixelBuffer)
    let sourcePixelFormat = CVPixelBufferGetPixelFormatType(pixelBuffer)
    assert(sourcePixelFormat == kCVPixelFormatType_32ARGB ||
          sourcePixelFormat == kCVPixelFormatType_32BGRA ||
            sourcePixelFormat == kCVPixelFormatType_32RGBA)


    let imageChannels = 4
    assert(imageChannels >= inputChannels)

    //将图像裁剪为到中心点最大的正方形，并将其缩小到模型尺寸
```

```
let scaledSize = CGSize(width: inputWidth, height: inputHeight)
guard letscaledPixelBuffer = pixelBuffer.resized(to: scaledSize) else {
  return nil
}

let interval:TimeInterval
let outputBoundingBox: Tensor
let outputClasses: Tensor
let outputScores: Tensor
let outputCount: Tensor
do {
  let inputTensor = try interpreter.input(at: 0)

  //从图像缓冲区中删除 alpha 组件以获取 RGB 数据
  guard letrgbData = rgbDataFromBuffer(
    scaledPixelBuffer,
    byteCount: batchSize * inputWidth * inputHeight * inputChannels,
    isModelQuantized: inputTensor.dataType = = .uInt8
  ) else {
    print("Failed to convert the image buffer to RGB data.")
    return nil
  }

  //将 RGB 数据复制到输入张量
  try interpreter.copy(rgbData, toInputAt: 0)

  //调用 Interpreter
  let startDate = Date()
  try interpreter.invoke()
  interval = Date().timeIntervalSince(startDate) * 1000

  outputBoundingBox = try interpreter.output(at: 0)
  outputClasses = try interpreter.output(at: 1)
  outputScores = try interpreter.output(at: 2)
  outputCount = try interpreter.output(at: 3)
} catch let error {
  print("Failed to invoke the interpreter with error: \(error.localizedDescription)")
  return nil
}

//格式化结果
let resultArray = formatResults(
  boundingBox: [Float](unsafeData: outputBoundingBox.data) ?? [],
  outputClasses: [Float](unsafeData: outputClasses.data) ?? [],
  outputScores: [Float](unsafeData: outputScores.data) ?? [],
```

```
    outputCount: Int(([Float](unsafeData: outputCount.data) ?? [0])[0]),
    width:CGFloat(imageWidth),
    height:CGFloat(imageHeight)
  )

  //返回推断结果
  let result = Result(inferenceTime: interval, inferences: resultArray)
  return result
}
```

7）筛选出可信度的“得分 < 阈值”的所有结果，并返回按降序排序的前 N 个结果，代码如下。

```
func formatResults(boundingBox: [Float], outputClasses: [Float], outputScores: [Float], outputCount: Int, width: CGFloat, height: CGFloat) -> [Inference]{
  var resultsArray: [Inference] = []
  if (outputCount == 0) {
    return resultsArray
  }
  for i in 0...outputCount - 1 {

    let score = outputScores[i]

    //筛选 confidence < threshold 的结果
    guard score >= threshold else {
      continue
    }

    //从标签列表中获取检测到的类的输出类名
    let outputClassIndex = Int(outputClasses[i])
    let outputClass = labels[outputClassIndex + 1]

    varrect: CGRect = CGRect.zero

    //将检测到的边界框转换为 CGRect
    rect.origin.y = CGFloat(boundingBox[4* i])
    rect.origin.x = CGFloat(boundingBox[4* i+1])
    rect.size.height = CGFloat(boundingBox[4* i+2]) - rect.origin.y
    rect.size.width = CGFloat(boundingBox[4* i+3]) - rect.origin.x

    //将检测到的 rect 设置模型尺寸,根据实际的图像尺寸来缩放 rect

    let newRect = rect.applying(CGAffineTransform(scaleX: width, y: height))

    //获取为类指定的颜色
```

```
      let colorToAssign = colorForClass(withIndex: outputClassIndex + 1)
      let inference = Inference(confidence: score,
                          className: outputClass,
                          rect: newRect,
                          displayColor: colorToAssign)
    resultsArray.append(inference)
    }

    //排序结果按可信度的降序排列。
    resultsArray.sort { (first, second) -> Bool in
      return first.confidence  > second.confidence
    }

    return resultsArray
  }
```

8）标签文件加载标签，并将其存储在 labels 属性中，代码如下。

```
  private func loadLabels(fileInfo: FileInfo) {
    let filename = fileInfo.name
    let fileExtension = fileInfo.extension
    guard letfileURL = Bundle.main.url(forResource: filename, withExtension: fileExtension) else {
      fatalError("Labels file not found in bundle.Please add a labels file with name " +
                 "\(filename).\(fileExtension) and try again.")
    }
    do {
      let contents = try String(contentsOf: fileURL, encoding: .utf8)
      labels = contents.components(separatedBy: .newlines)
    } catch {
      fatalError("Labels file named \(filename).\(fileExtension) cannot be read.Please add a "
+
                 "valid labels file and try again.")
    }
  }
```

9）返回指定图像缓冲区的 RGB 数据的表示形式，各参数的说明如下。

- buffer：用于转换为 RGB 数据的 BGRA 像素缓冲区。
- byteCount：使用模型的训练内容为 batchSize * imageWidth * imageHeight * ComponentScont。
- isModelQuantized：模型是否量化（即固定点值而非浮点数）。

返回指定图像缓冲区的 RGB 数据表示形式，如果无法创建缓冲区则返回 nil，代码如下。

```
private func rgbDataFromBuffer(
    _buffer:CVPixelBuffer,
    byteCount: Int,
```

```
    isModelQuantized: Bool
  ) -> Data? {
    CVPixelBufferLockBaseAddress(buffer, .readOnly)
    defer {
      CVPixelBufferUnlockBaseAddress(buffer, .readOnly)
    }
    guard let sourceData = CVPixelBufferGetBaseAddress(buffer) else {
      return nil
    }

    let width = CVPixelBufferGetWidth(buffer)
    let height = CVPixelBufferGetHeight(buffer)
    let sourceBytesPerRow = CVPixelBufferGetBytesPerRow(buffer)
    let destinationChannelCount = 3
    let destinationBytesPerRow = destinationChannelCount * width

    var sourceBuffer = vImage_Buffer(data: sourceData,
                                     height:vImagePixelCount(height),
                                     width:vImagePixelCount(width),
                                     rowBytes: sourceBytesPerRow)

    guard let destinationData = malloc(height * destinationBytesPerRow) else {
      print("Error: out of memory")
      return nil
    }

    defer {
      free(destinationData)
    }

    var destinationBuffer = vImage_Buffer(data: destinationData,
                                          height:vImagePixelCount(height),
                                          width:vImagePixelCount(width),
                                          rowBytes: destinationBytesPerRow)

    if (CVPixelBufferGetPixelFormatType(buffer) == kCVPixelFormatType_32BGRA){
        vImageConvert_BGRA8888toRGB888(&sourceBuffer, &destinationBuffer, UInt32(kvIm-
ageNoFlags))
    } else if (CVPixelBufferGetPixelFormatType(buffer) == kCVPixelFormatType_32ARGB) {
        vImageConvert_ARGB8888toRGB888(&sourceBuffer, &destinationBuffer, UInt32(kvIm-
ageNoFlags))
    }

    let byteData = Data(bytes: destinationBuffer.data, count: destinationBuffer.rowBytes *
height)
```

```
    if isModelQuantized {
      return byteData
    }

    //未量化,转换为浮点数
    let bytes = Array<UInt8>(unsafeData: byteData)!
    var floats = [Float]()
    for i in 0..<bytes.count {
      floats.append((Float(bytes[i]) -imageMean) / imageStd)
    }
    return Data(copyingBufferOf: floats)
  }
```

10）为特定类指定颜色，代码如下。

```
  private func colorForClass(withIndex index: Int) -> UIColor {

    //根据每个对象的索引为每个对象设置颜色
    let baseColor = colors[index % colors.count]

    var colorToAssign = baseColor

    let percentage =CGFloat((colorStrideValue / 2 - index / colors.count) * colorStrideValue)

    if let modifiedColor = baseColor.getModified(byPercentage: percentage) {
      colorToAssign = modifiedColor
    }

    return colorToAssign
  }
}
```

11）为给定数组的缓冲区指针创建新的缓冲区，代码如下。

```
extension Data {
  init<T>(copyingBufferOf array: [T]) {
    self = array.withUnsafeBufferPointer(Data.init)
  }
}
```

另外，在 Xcode 工程的 Cells 目录下编写文件 InfoCell. swift，功能是使用单元格形式显示识别结果列表，代码如下。

```
import UIKit

class InfoCell: UITableViewCell {
```

```
    @IBOutlet weak var fieldNameLabel: UILabel!
    @IBOutlet weak var infoLabel: UILabel!
}
```

到此为止，整个工程项目全部开发完毕。单击 Android Studio 顶部的运行按钮运行本项目，在 Android 设备中将会显示执行效果。屏幕上方分别显示相机预览窗口和相机中物体的识别结果，在屏幕下方显示悬浮式的系统配置参数。执行效果如图 8-6 所示。

● 图 8-6　执行效果

姿势预测器

经过前面内容的学习，读者已经学会了使用 TensorFlow Lite 开发物体检测识别系统的知识。在本章的内容中，将通过一个姿势预测器系统的实现过程，详细讲解使用 TensorFlow Lite 开发软件项目的过程，包括项目的架构分析、创建模型和具体实现等知识，并详细介绍开发 TensorFlow Lite 项目的流程。

9.1 系统介绍

在本项目中，通过使用计算机图形技术来对图片和视频中的人进行检测和判断，如判断图片中的人是否露出了肘臂。本项目的具体结构如图 9-1 所示。

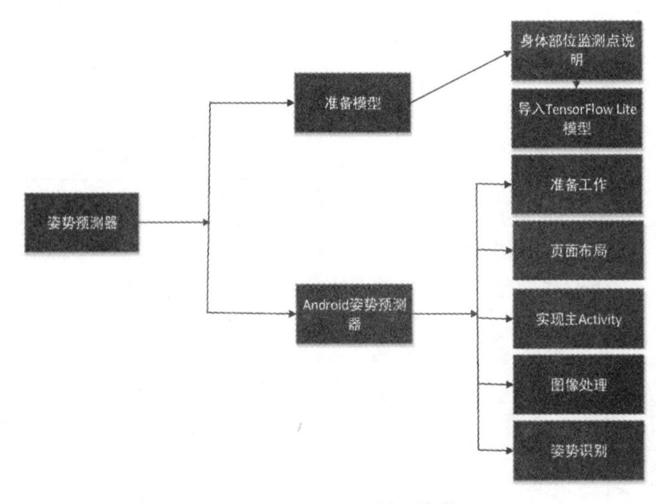

● 图 9-1　项目结构

9.2 准备模型

在创建姿势预测器系统之前，需要先创建识别模型。先使用 TensorFlow 创建普通的数据模型，然后转换为 TensorFlow Lite 数据模型。在本项目中，通过文件 mo. py 创建模型，接下来将详细讲解这个模型文件的具体实现过程。

9.2.1 身体部位监测点说明

为了实现清晰地识别人体器官和预测姿势的目的，本项目只是对图像中的人简单地预测身体关键位置所在，而不会去辨别此人是谁。身体部位关键点的检测使用编号部位的格式进行索引，并对每个部位的探测结果设置一个信任值。这个信任值取值范围在 0 ~ 1 之间，其中 1 表示最高信任值。身体部位的编号说明见表 9-1。

表 9-1　身体部位的编号说明

编　　号	部　　位
0	鼻子
1	左眼
2	右眼
3	左耳
4	右耳
5	左肩
6	右肩
7	左肘
8	右肘
9	左腕
10	右腕
11	左髋
12	右髋
13	左膝
14	右膝
15	左踝
16	右踝

9.2.2 导入 TensorFlow Lite 模型

1）使用 Android Studio 导入本项目源码工程 pose_estimation，如图 9-2 所示。

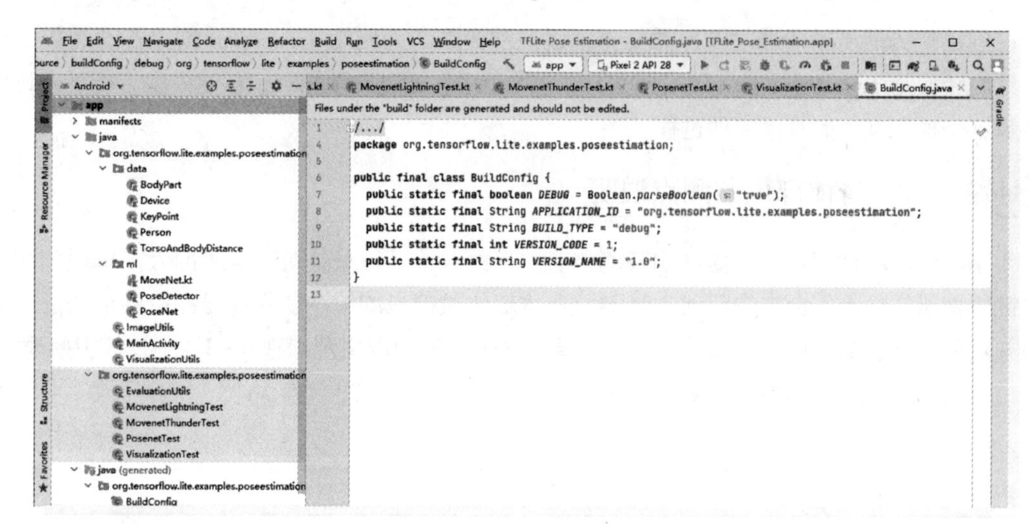

● 图 9-2 导入工程

2）将 TensorFlow Lite 模型添加到工程。

将在之前训练的 TensorFlow Lite 模型文件复制到 Android 工程中，代码如下。

```
pose_estimation/android/app/src/main/assets
```

复制到下面的目录中，结果界面如图 9-3 所示。

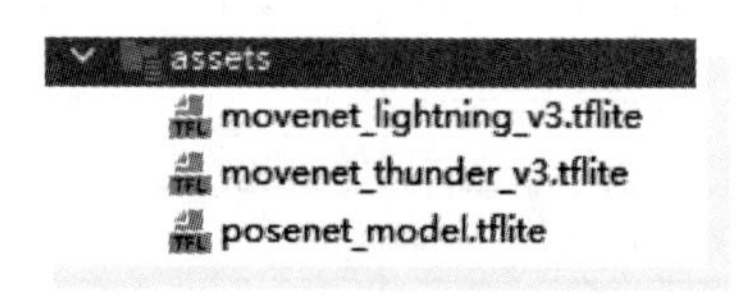

● 图 9-3 TensorFlow Lite 模型文件

9.3 Android 姿势预测器

在准备好 TensorFlow Lite 模型后，接下来将使用该模型开发一个 Android 身体姿势识别器系统。

9.3.1 准备工作

1）打开 App 模块中的文件 build. gradle，分别设置 Android 的编译版本和运行版本，设置需要使用的库文件，添加对 TensorFlow Lite 模型库的引用，代码如下。

```
plugins {
    id 'com.android.application'
    id 'kotlin-android'
}

android {
    compileSdkVersion 30
    buildToolsVersion "30.0.3"

    defaultConfig {
        applicationId "org.tensorflow.lite.examples.poseestimation"
        minSdkVersion 23
        targetSdkVersion 30
        versionCode 1
        versionName "1.0"

        testInstrumentationRunner "androidx.test.runner.AndroidJUnitRunner"
    }

    buildTypes {
        release {
            minifyEnabled false
            proguardFiles getDefaultProguardFile('proguard-android-optimize.txt'), 'pro-
guard-rules.pro'
        }
    }
    compileOptions {
        sourceCompatibility JavaVersion.VERSION_1_8
        targetCompatibility JavaVersion.VERSION_1_8
    }
    kotlinOptions {
        jvmTarget = '1.8'
    }
}

//下载 tflite 模型
apply from:"download.gradle"
dependencies {
    implementation "org.jetbrains.kotlin:kotlin-stdlib:$kotlin_version"
    implementation 'androidx.core:core-ktx:1.5.0'
    implementation 'androidx.appcompat:appcompat:1.3.0'
    implementation 'com.google.android.material:material:1.3.0'
    implementation 'androidx.constraintlayout:constraintlayout:2.0.4'
```

```
    implementation "androidx.activity:activity-ktx:1.2.3"
    implementation 'androidx.fragment:fragment-ktx:1.3.5'
    implementation 'org.tensorflow:tensorflow-lite:2.5.0'
    implementation 'org.tensorflow:tensorflow-lite-gpu:2.5.0'
    implementation 'org.tensorflow:tensorflow-lite-support:0.2.0'
    androidTestImplementation 'androidx.test.ext:junit:1.1.2'
    androidTestImplementation 'androidx.test.espresso:espresso-core:3.3.0'
    androidTestImplementation "com.google.truth:truth:1.1.3"
}
```

2）在文件 download. gradle 中设置下载 TensorFlow Lite 模型文件的链接，代码如下。

```
task downloadPosenetModel(type:DownloadUrlTask) {
    def modelPosenetDownloadUrl = "https://storage.googleapis.com/download.tensorflow.org/
models/tflite/posenet_mobilenet_v1_100_257x257_multi_kpt_stripped.tflite"
    doFirst {
        println "Downloading ${modelPosenetDownloadUrl}"
    }
    sourceUrl = "${modelPosenetDownloadUrl}"
    target = file("src/main/assets/posenet_model.tflite")
}

task downloadMovenetLightningModel(type:DownloadUrlTask) {
    def modelMovenetLightningDownloadUrl = "https://tfhub.dev/google/lite-model/movenet/
singlepose/lightning/3?lite-format=tflite"
    doFirst {
        println "Downloading ${modelMovenetLightningDownloadUrl}"
    }
    sourceUrl = "${modelMovenetLightningDownloadUrl}"
    target = file("src/main/assets/movenet_lightning_v3.tflite")
}

task downloadMovenetThunderModel(type:DownloadUrlTask) {
    def modelMovenetThunderDownloadUrl = "https://tfhub.dev/google/lite-model/movenet/sin-
glepose/thunder/3?lite-format=tflite"
    doFirst {
        println "Downloading ${modelMovenetThunderDownloadUrl}"
    }
    sourceUrl = "${modelMovenetThunderDownloadUrl}"
    target = file("src/main/assets/movenet_thunder_v3.tflite")
}

task downloadModel {
    dependsOn downloadPosenetModel
    dependsOn downloadMovenetLightningModel
```

```
    dependsOn downloadMovenetThunderModel
}

class DownloadUrlTask extends DefaultTask {
    @ Input
    String sourceUrl

    @ OutputFile
    File target

    @ TaskAction
    void download() {
        ant.get(src:sourceUrl, dest: target)
    }
}

preBuild.dependsOn downloadModel
```

9.3.2 页面布局

本项目的页面布局文件是 activity_main. xml，功能是在 Android 界面中显示相机预览框视图，主要实现代码如下。

```
    <SurfaceView
        android:id="@ +id/surfaceView"
        android:layout_width="match_parent"
        android:layout_height="match_parent" />

    <androidx.appcompat.widget.Toolbar
        android:id="@ +id/toolbar"
        android:layout_width="match_parent"
        android:layout_height="? attr/actionBarSize"
        android:background="#66000000">

        <ImageView
            android:layout_width="wrap_content"
            android:layout_height="wrap_content"
            android:contentDescription="@ null"
            android:src="@ drawable/tfl2_logo" />
    </androidx.appcompat.widget.Toolbar>

    <include layout="@ layout/bottom_sheet_layout"/>
</androidx.coordinatorlayout.widget.CoordinatorLayout>
```

在上述代码中，调用了文件 bottom_ sheet_layout. xml 中的布局信息，功能是在相机预览界面下方显示一个滑动面板，在面板中显示识别得分，还可以设置设备的类型和模型文件的类型。文件 bottom_sheet_layout. xml 的主要实现代码如下。

```
<ImageView
    android:contentDescription="@null"
    android:id="@+id/bottom_sheet_arrow"
    android:layout_width="wrap_content"
    android:layout_height="wrap_content"
    android:layout_gravity="center"
    android:src="@drawable/icn_chevron_up" />

<TextView
    android:id="@+id/tvTime"
    android:layout_width="match_parent"
    android:layout_height="wrap_content" />

<TextView
    android:id="@+id/tvScore"
    android:layout_width="match_parent"
    android:layout_height="wrap_content" />

<LinearLayout
    android:layout_width="match_parent"
    android:layout_height="wrap_content"
    android:orientation="horizontal">

    <TextView
        android:layout_width="wrap_content"
        android:layout_height="wrap_content"
        android:text="@string/tfe_pe_tv_device" />

    <Spinner
        android:id="@+id/spnDevice"
        android:layout_width="match_parent"
        android:layout_height="wrap_content" />
</LinearLayout>

<LinearLayout
    android:layout_width="match_parent"
    android:layout_height="wrap_content"
    android:orientation="horizontal">

    <TextView
        android:layout_width="wrap_content"
        android:layout_height="wrap_content"
```

```
        android:text = "@ string/tfe_pe_tv_model" />

    <Spinner
        android:id = "@ + id/spnModel"
        android:layout_width = "match_parent"
        android:layout_height = "wrap_content" />
</LinearLayout>
```

9.3.3 实现主 Activity

本项目的主 Activity 功能是由文件 MainActivity. kt 实现的，功能是调用布局文件 activity_main. xml 在屏幕上方显示一个相机预览界面，在屏幕下方显示识别结果的文字信息和控制按钮。文件 MainActivity. kt 的具体实现流程如下。

1）定义需要的常量，设置实现相机预览功能的常量参数，代码如下。

```
private lateinit var surfaceHolder: SurfaceHolder

/** 用于在后台运行任务的处理句柄    */
private var backgroundHandler: Handler? = null

/** 相机预览的大小   */
private var previewSize: Size? = null

/** 用于运行不阻塞 UI 任务的附加线程 */
private var backgroundThread: HandlerThread? = null

/** 当前[CameraDevice]的 ID */
private var cameraId: String = ""

/** 相机预览的宽度 */
private var previewWidth = 0

/** 相机预览的高度 */
private var previewHeight = 0

/** 对打开的相机设备的引用 */
private var cameraDevice: CameraDevice? = null

/** 用于捕捉相机预览功能的会话 */
private var captureSession: CameraCaptureSession? = null

/** Posenet 库的对象 */
private var poseDetector: PoseDetector? = null
```

```
/**默认设备是 GPU*/
private var device = Device.CPU

/** Default 0 = =Movenet Lightning model */
private var modelPos = 2

/**用于提取帧数据的形状  */
private var imageReader: ImageReader? = null

/**得分阈值 */
private val minConfidence = .2f

/** CaptureRequest.Builder(捕获请求生成器)用于相机预览 */
private var previewRequestBuilder:CaptureRequest.Builder? = null

/**[CaptureRequest]由[.previewRequestBuilder]生成*/
private var previewRequest: CaptureRequest? = null

private lateinit var tvScore: TextView
private lateinit var tvTime: TextView
private lateinit var spnDevice: Spinner
private lateinit var spnModel: Spinner
```

2）定义图像侦听器，从预览的相机界面中加载图像，实时监控图像的变化，代码如下。

```
private var imageAvailableListener = object :ImageReader.OnImageAvailableListener {
    override fun onImageAvailable(imageReader: ImageReader) {
        //需要等待,直到从 onPreviewSizeChosen 得到一些尺寸
        if (previewWidth = = 0 || previewHeight = = 0) {
            return
        }

        val image = imageReader.acquireLatestImage() ?: return
        val nv21Buffer =
          ImageUtils.yuv420ThreePlanesToNV21(image.planes, previewWidth, previewHeight)
        val imageBitmap = ImageUtils.getBitmap(nv21Buffer!!, previewWidth, previewHeight)

        //创建用于纵向显示的旋转版本
        val rotateMatrix = Matrix()
        rotateMatrix.postRotate(90.0f)

        val rotatedBitmap = Bitmap.createBitmap(
          imageBitmap!!, 0, 0, previewWidth, previewHeight,
          rotateMatrix, true
```

```
        )
        image.close()

        processImage(rotatedBitmap)
    }
}
```

3）编写 changeModel( )函数，功能是在应用程序运行时更改模型，代码如下。

```
private fun changeModel(position: Int) {
    modelPos = position
    createPoseEstimator()
}
```

4）编写 changeDevice( )函数，功能是在应用程序运行时更改设备的类型，代码如下。

```
private fun changeDevice(position: Int) {
    device = when (position) {
        0 -> Device.CPU
        1 -> Device.GPU
        else -> Device.NNAPI
    }
    createPoseEstimator()
}
```

5）通过 initSpinner( )函数初始化微调器，用户可以选择型号和设备，代码如下。

```
private fun initSpinner() {
    ArrayAdapter.createFromResource(
        this,
        R.array.tfe_pe_models_array,
        android.R.layout.simple_spinner_item
    ).also { adapter ->
        //设置显示选项列表时要使用的布局
        adapter.setDropDownViewResource(android.R.layout.simple_spinner_dropdown_item)
        // Apply the adapter to the spinner
        spnModel.adapter = adapter
        spnModel.onItemSelectedListener = changeModelListener
    }

    ArrayAdapter.createFromResource(
        this,
        R.array.tfe_pe_device_name, android.R.layout.simple_spinner_item
    ).also {adaper ->
        adaper.setDropDownViewResource(android.R.layout.simple_spinner_dropdown_item)

        spnDevice.adapter = adaper
```

```
        spnDevice.onItemSelectedListener = changeDeviceListener
    }
}
```

6）编写 requestPermission( )函数获取需要用到的权限，代码如下。

```
private fun requestPermission() {
    when (PackageManager.PERMISSION_GRANTED) {
        ContextCompat.checkSelfPermission(
            this,
            Manifest.permission.CAMERA
        ) -> {
            //打开相机,此功能需要对应权限的 API
            openCamera()
        }
        else -> {
            //可以直接请求许可
            //调用 ActivityResultCallback,返回请求的结果
            requestPermissionLauncher.launch(
                Manifest.permission.CAMERA
            )
        }
    }
}
```

7）编写 openCamera( )函数打开设备中的相机，代码如下。

```
private fun openCamera() {
    //检查是否授予了权限
    if (checkPermission(
            Manifest.permission.CAMERA,
            Process.myPid(),
            Process.myUid()
        ) == PackageManager.PERMISSION_GRANTED
    ) {
        setUpCameraOutputs()
        val manager = getSystemService(Context.CAMERA_SERVICE) as CameraManager
        manager.openCamera(cameraId, stateCallback, backgroundHandler)
    }
}

private fun closeCamera() {
    captureSession?.close()
    captureSession = null
    cameraDevice?.close()
    cameraDevice = null
```

```
        imageReader?.close()
        imageReader = null
    }
```

8）编写 setUpCameraOutputs( )函数设置与相机相关的成员变量，代码如下。

```
private fun setUpCameraOutputs() {
    val manager = getSystemService(Context.CAMERA_SERVICE) as CameraManager
    try {
        for (cameraId in manager.cameraIdList) {
            val characteristics = manager.getCameraCharacteristics(cameraId)

            //在本示例中不使用前置相机
            val cameraDirection = characteristics.get(CameraCharacteristics.LENS_FACING)
            if (cameraDirection != null &&
                cameraDirection == CameraCharacteristics.LENS_FACING_FRONT
            ) {
                continue
            }

            previewSize = Size(PREVIEW_WIDTH, PREVIEW_HEIGHT)

            imageReader = ImageReader.newInstance(
                PREVIEW_WIDTH, PREVIEW_HEIGHT,
                ImageFormat.YUV_420_888, /*maxImages*/ 2
            )

            previewHeight = previewSize!!.height
            previewWidth = previewSize!!.width

            this.cameraId = cameraId

            //找到了一个可行的相机并完成了成员变量的设置
            //不需要迭代其他可用的相机
            return
        }
    } catch (e: CameraAccessException) {
    } catch (e: NullPointerException) {
        //当使用 Camera2 API,且此代码运行的设备不支持时,会引发 NPE 错误
    }
}
```

9）分别通过 startBackgroundThread( )函数、stopBackgroundThread( )函数启动和停止后台线程，代码如下。

```
private fun startBackgroundThread() {
    backgroundThread = HandlerThread("imageAvailableListener").also { it.start() }
```

```
        backgroundHandler = Handler(backgroundThread!!.looper)
    }

    private fun stopBackgroundThread() {
        backgroundThread?.quitSafely()
        try {
            backgroundThread?.join()
            backgroundThread = null
            backgroundHandler = null
        } catch (e: InterruptedException) {
            // do nothing
        }
    }
```

10）编写 createCameraPreviewSession（）函数为相机预览创建新的［CameraCaptureSession］（捕捉相机会话）对象实例，代码如下。

```
    private fun createCameraPreviewSession() {
        try {
            //以 YUV 格式从预览中捕获图像
            imageReader = ImageReader.newInstance(
              previewSize!!.width, previewSize!!.height, ImageFormat.YUV_420_888, 2
            )
            imageReader!!.setOnImageAvailableListener(imageAvailableListener, backgroundHandler)

            //记录图像
            val recordingSurface = imageReader!!.surface

            //使用输出曲面设置 CaptureRequest.Builder
            previewRequestBuilder = cameraDevice!!.createCaptureRequest(
              CameraDevice.TEMPLATE_PREVIEW
            )
            previewRequestBuilder!!.addTarget(recordingSurface)

            //为相机预览创建一个 CameraCaptureSession
            cameraDevice!!.createCaptureSession(
                listOf(recordingSurface),
                object : CameraCaptureSession.StateCallback() {
                    override funonConfigured(cameraCaptureSession: CameraCaptureSession) {
                        //已经关上相机
                        if (cameraDevice == = null) return

                        //当会话准备就绪时开始显示预览
                        captureSession = cameraCaptureSession
                        try {
                            //对于相机预览,自动对焦应该是连续的
```

```
                    previewRequestBuilder!!.set(
                      CaptureRequest.CONTROL_AF_MODE,
                      CaptureRequest.CONTROL_AF_MODE_CONTINUOUS_PICTURE
                    )
                    //最后开始显示相机预览
                    previewRequest = previewRequestBuilder!!.build()
                    captureSession!!.setRepeatingRequest(
                    previewRequest!!,
                        null, null
                    )
                } catch (e: CameraAccessException) {
                    Log.e(TAG, e.toString())
                }
            }

            override fun onConfigureFailed(cameraCaptureSession: CameraCaptureSession) {
              Toast.makeText(this@MainActivity, "Failed", Toast.LENGTH_SHORT).show()
            }
        },
        null
    )
    } catch (e: CameraAccessException) {
        Log.e(TAG, "Error creating camera preview session.", e)
    }
}
```

11）编写processImage()函数，功能是使用库Movenet处理图像，代码如下。

```
private fun processImage(bitmap: Bitmap) {
    var score = 0f
    var outputBitmap = bitmap

    //运行姿势检测模型,在原始图像上绘制点和线
    poseDetector?.estimateSinglePose(bitmap)?.let { person ->
        score = person.score
        if (score >minConfidence) {
          outputBitmap = drawBodyKeypoints(bitmap, person)
        }
    }

    //绘制"位图"和"人物"
    val canvas: Canvas =surfaceHolder.lockCanvas()

    val screenWidth: Int
    val screenHeight: Int
```

```
    val left: Int
    val top: Int

    if (canvas.height > canvas.width) {
        val ratio = outputBitmap.height.toFloat() / outputBitmap.width
        screenWidth = canvas.width
        left = 0
        screenHeight = (canvas.width * ratio).toInt()
        top = (canvas.height - screenHeight) / 2
    } else {
        val ratio = outputBitmap.width.toFloat() / outputBitmap.height
        screenHeight = canvas.height
        top = 0
        screenWidth = (canvas.height * ratio).toInt()
        left = (canvas.width - screenWidth) / 2
    }
    val right: Int = left + screenWidth
    val bottom: Int = top + screenHeight

    canvas.drawBitmap(
        outputBitmap, Rect(0, 0, outputBitmap.width, outputBitmap.height),
        Rect(left, top, right, bottom), Paint()
    )
    surfaceHolder.unlockCanvasAndPost(canvas)
    tvScore.text = getString(R.string.tfe_pe_tv_score).format(score)
    poseDetector?.lastInferenceTimeNanos()?.let {
      tvTime.text =
        getString(R.string.tfe_pe_tv_time).format(it * 1.0f / 1_000_000)
    }
}
```

12）编写 ErrorDialog 类，功能是当程序出错时显示一个错误消息对话框，代码如下。

```
class ErrorDialog : DialogFragment() {

    override fun onCreateDialog(savedInstanceState: Bundle?): Dialog =
        AlertDialog.Builder(activity)
            .setMessage(requireArguments().getString(ARG_MESSAGE))
            .setPositiveButton(android.R.string.ok) { _, _ ->
            }
            .create()

    companion object {

        @JvmStatic
```

```
            private val ARG_MESSAGE = "message"

            @JvmStatic
            fun newInstance(message: String): ErrorDialog = ErrorDialog().apply {
                arguments = Bundle().apply {putString(ARG_MESSAGE, message) }
            }
        }
    }
}
```

9.3.4 图像处理

用相机预览图像时，会实时预测图像中人物的姿势，并通过图像处理技术绘制出人物的四肢。

1）编写程序文件 ImageUtils. kt，实现用于操作图像的类 ImageUtils。提取相机中的图像，并使用线条绘制四肢和头部，将回执结果保存到缓存中，具体实现代码如下。

```
object ImageUtils {

    private const val TAG = "ImageUtils"

    @RequiresApi(VERSION_CODES.KITKAT)
    fun yuv420ThreePlanesToNV21(
        yuv420888planes: Array<Plane>, width: Int, height: Int
    ):ByteBuffer? {
        val imageSize = width * height
        val out =ByteArray(imageSize + 2 * (imageSize / 4))
        if (areUVPlanesNV21(yuv420888planes, width, height)) {
            //复制 Y 的值
            yuv420888planes[0].buffer[out, 0, imageSize]
            val uBuffer = yuv420888planes[1].buffer
            val vBuffer = yuv420888planes[2].buffer
            //从 V 缓冲区获取第一个 V 值,因为 U 缓冲区不包含它。
            vBuffer[out, imageSize, 1]
            //从 U 缓冲区复制第一个 U 值和剩余的 VU 值
            uBuffer[out, imageSize + 1, 2 * imageSize / 4 - 1]
        } else {
            //回退处理并逐个复制 UV 值,虽然速度较慢,但非常有效
            unpackPlane(
                yuv420888planes[0],
                width,
                height,
                out,
                0,
```

```
            1
        )
        //拆包 U
        unpackPlane(
            yuv420888planes[1],
            width,
            height,
            out,
            imageSize + 1,
            2
        )
        //拆包 V
        unpackPlane(
            yuv420888planes[2],
            width,
            height,
            out,
            imageSize,
            2
        )
    }
    return ByteBuffer.wrap(out)
}

@TargetApi(VERSION_CODES.KITKAT)
private fun unpackPlane(
    plane: Plane, width: Int, height: Int, out:ByteArray, offset: Int, pixelStride: Int
) {
    val buffer = plane.buffer
    buffer.rewind()

    //计算当前平面的大小
    //假设它具有与原始图像相同的纵横比
    val numRow = (buffer.limit() + plane.rowStride - 1) / plane.rowStride
    if (numRow = = 0) {
        return
    }
    val scaleFactor = height / numRow
    val numCol = width / scaleFactor

    //提取输出缓冲区中的数据
    var outputPos = offset
    var rowStart = 0
    for (row in 0 untilnumRow) {
        var inputPos = rowStart
```

```
            for (col in 0 untilnumCol) {
                out[outputPos] = buffer[inputPos]
                outputPos += pixelStride
                inputPos += plane.pixelStride
            }
            rowStart += plane.rowStride
        }
    }

@RequiresApi(VERSION_CODES.KITKAT)
private fun areUVPlanesNV21(planes: Array<Plane>, width: Int, height: Int): Boolean {
    val imageSize = width * height
    val uBuffer = planes[1].buffer
    val vBuffer = planes[2].buffer

    //备份缓冲区属性
    val vBufferPosition = vBuffer.position()
    val uBufferLimit = uBuffer.limit()

    //将V缓冲区提前1字节,因为U缓冲区不包含第一个V值
    vBuffer.position(vBufferPosition + 1)
    //切掉U缓冲区的最后一个字节,因为V缓冲区不包含最后一个U值
    uBuffer.limit(uBufferLimit - 1)

    //检查缓冲区与具有预期的元素数是否相等
    val areNV21 =
      vBuffer.remaining() == 2 * imageSize / 4 - 2 && vBuffer.compareTo(uBuffer) == 0

    //将缓冲区恢复到其初始状态
    vBuffer.position(vBufferPosition)
    uBuffer.limit(uBufferLimit)
    return areNV21
}

fun getBitmap(data: ByteBuffer, width: Int, height: Int): Bitmap? {
    data.rewind()
    val imageInBuffer = ByteArray(data.limit())
    data[imageInBuffer, 0,imageInBuffer.size]
    try {
        val image = YuvImage(
          imageInBuffer, ImageFormat.NV21, width, height, null
        )
        val stream = ByteArrayOutputStream()
        image.compressToJpeg(Rect(0, 0, width, height), 80, stream)
```

```
            val bmp = BitmapFactory.decodeByteArray(stream.toByteArray(), 0, stream.size())
            stream.close()
            return bmp
        } catch (e: Exception) {
            Log.e(TAG, "Error: " + e.message)
        }
        return null
    }
}
```

2）编写文件 MoveNet. kt 实现移动处理，因为相机中的人物动作是动态的，所以需要实时绘制人物四肢和头部的运动轨迹。文件 MoveNet. kt 的具体实现流程如下。

- 编写 processInputImage( )函数准备用于检测的输入图像，代码如下。

```
    private fun processInputImage(bitmap: Bitmap, inputWidth: Int, inputHeight: Int): Ten-
sorImage? {
        val width: Int = bitmap.width
        val height: Int = bitmap.height

        val size = if (height > width) width else height
        val imageProcessor = ImageProcessor.Builder().apply {
            add(ResizeWithCropOrPadOp(size, size))
            add(ResizeOp(inputWidth, inputHeight, ResizeOp.ResizeMethod.BILINEAR))
        }.build()
        val tensorImage = TensorImage(DataType.FLOAT32)
        tensorImage.load(bitmap)
        return imageProcessor.process(tensorImage)
    }
```

- 编写 initRectF( )函数定义默认的裁剪区域，当算法无法从上一帧可靠地确定裁剪区域时，该函数提供初始裁剪区域（从两侧填充完整图像，使其成为方形图像），代码如下。

```
    private fun initRectF(imageWidth: Int, imageHeight: Int): RectF {
        val xMin: Float
        val yMin: Float
        val width: Float
        val height: Float
        if (imageWidth > imageHeight) {
            width = 1f
            height = imageWidth.toFloat() / imageHeight
            xMin = 0f
            yMin = (imageHeight / 2f - imageWidth / 2f) / imageHeight
        } else {
            height = 1f
            width = imageHeight.toFloat() / imageWidth
```

```
        yMin = 0f
        xMin = (imageWidth / 2f - imageHeight / 2) / imageWidth
    }
    return RectF(
        xMin,
        yMin,
        xMin + width,
        yMin + height
    )
}
```

● 编写torsoVisible()函数检查是否有足够的躯干关键点，此函数检查模型是否有把握预测指定裁剪区域中的一个肩部/髋部，代码如下。

```
private fun torsoVisible(keyPoints: List<KeyPoint>): Boolean {
    return ((keyPoints[BodyPart.LEFT_HIP.position].score > MIN_CROP_KEYPOINT_SCORE).or(
        keyPoints[BodyPart.RIGHT_HIP.position].score > MIN_CROP_KEYPOINT_SCORE
    )).and(
        (keyPoints[BodyPart.LEFT_SHOULDER.position].score > MIN_CROP_KEYPOINT_SCORE).or(
            keyPoints[BodyPart.RIGHT_SHOULDER.position].score > MIN_CROP_KEYPOINT_SCORE
        )
    )
}
```

● 编写函数determineRectF()，功能是确定要裁剪图像，以供模型运行推断的区域，该函数的算法使用前一帧检测到的关节来估计包围目标人全身并以两个髋关节中点为中心的正方形区域。裁剪尺寸由每个关节与中心点之间的距离确定。当模型对四个躯干关节预测不确定时，该函数determineRectF()将返回默认裁剪，即填充为方形的完整图像，代码如下。

```
private fun determineRectF(
    keyPoints: List<KeyPoint>,
    imageWidth: Int,
    imageHeight: Int
):RectF {
    val targetKeyPoints = mutableListOf<KeyPoint>()
    keyPoints.forEach {
        targetKeyPoints.add(
            KeyPoint(
                it.bodyPart,
                PointF(
                    it.coordinate.x * imageWidth,
                    it.coordinate.y * imageHeight
                ),
                it.score
            )
```

```
        )
    }
    if (torsoVisible(keyPoints)) {
        val centerX =
            (targetKeyPoints[BodyPart.LEFT_HIP.position].coordinate.x +
                targetKeyPoints[BodyPart.RIGHT_HIP.position].coordinate.x) / 2f
        val centerY =
            (targetKeyPoints[BodyPart.LEFT_HIP.position].coordinate.y +
                targetKeyPoints[BodyPart.RIGHT_HIP.position].coordinate.y) / 2f

        val torsoAndBodyDistances =
            determineTorsoAndBodyDistances(keyPoints, targetKeyPoints, centerX, centerY)

        val list = listOf(
            torsoAndBodyDistances.maxTorsoXDistance * TORSO_EXPANSION_RATIO,
            torsoAndBodyDistances.maxTorsoYDistance * TORSO_EXPANSION_RATIO,
            torsoAndBodyDistances.maxBodyXDistance * BODY_EXPANSION_RATIO,
            torsoAndBodyDistances.maxBodyYDistance * BODY_EXPANSION_RATIO
        )

        var cropLengthHalf = list.maxOrNull() ?: 0f
        val tmp = listOf(centerX, imageWidth - centerX, centerY, imageHeight - centerY)
        cropLengthHalf = min(cropLengthHalf, tmp.maxOrNull() ?: 0f)
        val cropCorner = Pair(centerY - cropLengthHalf, centerX - cropLengthHalf)

        return if (cropLengthHalf > max(imageWidth, imageHeight) / 2f) {
            initRectF(imageWidth, imageHeight)
        } else {
            val cropLength = cropLengthHalf * 2
            RectF(
                cropCorner.second / imageWidth,
                cropCorner.first / imageHeight,
                (cropCorner.second + cropLength) / imageWidth,
                (cropCorner.first + cropLength) / imageHeight,
            )
        }
    } else {
        return initRectF(imageWidth, imageHeight)
    }
}
```

- 编写 torsoVisible( )函数计算每个关键点到中心位置的最大距离。该函数返回两组关键点之间的最大距离：本实例将测试身体部位的 17 个关键点和 4 个躯干关键点。返回的信息将用于确定动作的大小，代码如下。

```
private fun determineTorsoAndBodyDistances(
    keyPoints: List<KeyPoint>,
    targetKeyPoints: List<KeyPoint>,
    centerX: Float,
    centerY: Float
): TorsoAndBodyDistance {
    val torsoJoints = listOf(
        BodyPart.LEFT_SHOULDER.position,
        BodyPart.RIGHT_SHOULDER.position,
        BodyPart.LEFT_HIP.position,
        BodyPart.RIGHT_HIP.position
    )

    var maxTorsoYRange = 0f
    var maxTorsoXRange = 0f
    torsoJoints.forEach { joint ->
        val distY = abs(centerY - targetKeyPoints[joint].coordinate.y)
        val distX = abs(centerX - targetKeyPoints[joint].coordinate.x)
        if (distY > maxTorsoYRange) maxTorsoYRange = distY
        if (distX > maxTorsoXRange) maxTorsoXRange = distX
    }

    var maxBodyYRange = 0f
    var maxBodyXRange = 0f
    for (joint inkeyPoints.indices) {
        if (keyPoints[joint].score < MIN_CROP_KEYPOINT_SCORE) continue
        val distY = abs(centerY - keyPoints[joint].coordinate.y)
        val distX = abs(centerX - keyPoints[joint].coordinate.x)

        if (distY > maxBodyYRange) maxBodyYRange = distY
        if (distX > maxBodyXRange) maxBodyXRange = distX
    }
    return TorsoAndBodyDistance(
        maxTorsoYRange,
        maxTorsoXRange,
        maxBodyYRange,
        maxBodyXRange
    )
}
```

3）编写文件 PoseNet.kt 实现姿势处理，具体实现代码如下。

- 编写 postProcessModelOuputs()函数将 Posenet 热图和偏移量输出转换为关键点列表，代码如下。

```
private fun postProcessModelOuputs(
    heatmaps: Array<Array<Array<FloatArray>>>,
```

```
    offsets: Array<Array<Array<FloatArray>>>
): Person {
    val height = heatmaps[0].size
    val width = heatmaps[0][0].size
    val numKeypoints = heatmaps[0][0][0].size

    //查找最可能存在关键点的位置(行、列)
    val keypointPositions = Array(numKeypoints) { Pair(0, 0) }
    for (keypoint in 0 until numKeypoints) {
        var maxVal = heatmaps[0][0][0][keypoint]
        var maxRow = 0
        var maxCol = 0
        for (row in 0 until height) {
            for (col in 0 until width) {
                if (heatmaps[0][row][col][keypoint] > maxVal) {
                    maxVal = heatmaps[0][row][col][keypoint]
                    maxRow = row
                    maxCol = col
                }
            }
        }
        keypointPositions[keypoint] = Pair(maxRow, maxCol)
    }

    //通过偏移量调整计算关键点的 x 和 y 坐标
    val xCoords = IntArray(numKeypoints)
    val yCoords = IntArray(numKeypoints)
    val confidenceScores = FloatArray(numKeypoints)
    keypointPositions.forEachIndexed { idx, position ->
        val positionY = keypointPositions[idx].first
        val positionX = keypointPositions[idx].second
        yCoords[idx] = ((
                position.first / (height -1).toFloat() * inputHeight +
                        offsets[0][positionY][positionX][idx]
                ) * (cropSize.toFloat() / inputHeight)).toInt() + (cropHeight / 2).toInt()
                xCoords[idx] = ((
                position.second / (width -1).toFloat() * inputWidth +
                        offsets[0][positionY]
                                [positionX][idx + numKeypoints]
                ) * (cropSize.toFloat() / inputWidth)).toInt() + (cropWidth / 2).toInt()
        confidenceScores[idx] = sigmoid(heatmaps[0][positionY][positionX][idx])
    }

    val keypointList = mutableListOf<KeyPoint>()
    var totalScore = 0.0f
```

```
    enumValues<BodyPart>().forEachIndexed { idx, it ->
        keypointList.add(
            KeyPoint(
                it,
                PointF(xCoords[idx].toFloat(), yCoords[idx].toFloat()),
                confidenceScores[idx]
            )
        )
        totalScore += confidenceScores[idx]
    }
    return Person(keypointList.toList(), totalScore / numKeypoints)
}

override fun lastInferenceTimeNanos(): Long = lastInferenceTimeNanos

override fun close() {
    interpreter.close()
}
```

- 编写 processInputImage( )函数将输入图像缩放并裁剪为张量图像，代码如下。

```
private fun processInputImage(bitmap: Bitmap): TensorImage {
    //重置裁剪宽度和高度
    cropWidth = 0f
    cropHeight = 0f
    cropSize = if (bitmap.width > bitmap.height) {
    cropWidth = (bitmap.width - bitmap.height).toFloat()
        bitmap.height
    } else {
        cropHeight = (bitmap.height - bitmap.width).toFloat()
        bitmap.width
    }

    val imageProcessor = ImageProcessor.Builder().ap          ply {
        add(ResizeWithCropOrPadOp(cropSize, cropSize))
        add(ResizeOp(inputWidth, inputHeight, ResizeOp.ResizeMethod.BILINEAR))
        add(NormalizeOp(MEAN, STD))
    }.build()
    val tensorImage = TensorImage(DataType.FLOAT32)
    tensorImage.load(bitmap)
    return imageProcessor.process(tensorImage)
}
```

- 编写 initOutputMap( )函数，功能是为要填充的模型实现初始化处理，将输出保存为 1 * x * y * z 格式的浮点型数组的参数 outputMap，代码如下。

```
private fun initOutputMap(interpreter: Interpreter): HashMap<Int, Any> {
    val outputMap = HashMap<Int, Any>()

    //包含热图1 * 9 * 9 * 17
    val heatmapsShape = interpreter.getOutputTensor(0).shape()
    outputMap[0] = Array(heatmapsShape[0]) {
        Array(heatmapsShape[1]) {
            Array(heatmapsShape[2]) { FloatArray(heatmapsShape[3]) }
        }
    }

    //包含偏移量1 * 9 * 9 * 34
    val offsetsShape = interpreter.getOutputTensor(1).shape()
    outputMap[1] = Array(offsetsShape[0]) {
        Array(offsetsShape[1]) { Array(offsetsShape[2]) { FloatArray(offsetsShape[3]) } }
    }

    //包含向前位移1 * 9 * 9 * 32
    val displacementsFwdShape = interpreter.getOutputTensor(2).shape()
    outputMap[2] = Array(offsetsShape[0]) {
        Array(displacementsFwdShape[1]) {
            Array(displacementsFwdShape[2]) {FloatArray(displacementsFwdShape[3]) }
        }
    }

    //包含向后位移1 * 9 * 9 * 32
    val displacementsBwdShape = interpreter.getOutputTensor(3).shape()
    outputMap[3] = Array(displacementsBwdShape[0]) {
        Array(displacementsBwdShape[1]) {
            Array(displacementsBwdShape[2]) {FloatArray(displacementsBwdShape[3]) }
        }
    }

    return outputMap
}
```

9.3.5 姿势识别

1）编写文件 EvaluationUtils.kt 实现识别处理过程中的评估测试功能，推断从图像中检测到的人是否与预期结果相匹配。如果检测结果在预期结果的可接受误差范围内，则会视为正确。文件 EvaluationUtils.kt 的具体实现代码如下。

```
object EvaluationUtils {
```

```
private const val ACCEPTABLE_ERROR = 10f // max 10 pixels
private const val BITMAP_FIXED_WIDTH_SIZE = 400
fun assertPoseDetectionResult(
    person: Person,
    expectedResult: Map<BodyPart, PointF>
) {
    //检查模型是否有足够的信息检测到此人
    assertThat(person.score).isGreaterThan(0.5f)

    for ((bodyPart, expectedPointF) in expectedResult) {
        val keypoint = person.keyPoints.firstOrNull { it.bodyPart == bodyPart }
        assertWithMessage("$bodyPart must exist").that(keypoint).isNotNull()

        val detectedPointF = keypoint!!.coordinate
        val distanceFromExpectedPointF = distance(detectedPointF, expectedPointF)
        assertWithMessage("Detected $bodyPart must be close to expected result")
            .that(distanceFromExpectedPointF).isAtMost(ACCEPTABLE_ERROR)
    }
}

/**
 *使用资源名称从资产文件夹加载图像
 *注意:图像隐式调整为固定的400px宽度,同时保持其比率
 *这对于保持测试图像的一致性是必要的,因为将根据设备屏幕大小加载不同的位图分辨率
 */
fun loadBitmapResourceByName(name: String): Bitmap {
    val resources = InstrumentationRegistry.getInstrumentation().context.resources
    val resourceId = resources.getIdentifier(
        name, "drawable",
        InstrumentationRegistry.getInstrumentation().context.packageName
    )
    val options = BitmapFactory.Options()
    options.inMutable = true
    return scaleBitmapToFixedSize(BitmapFactory.decodeResource(resources, resourceId,
    options))
}

private fun scaleBitmapToFixedSize(bitmap: Bitmap): Bitmap {
    val ratio = bitmap.width.toFloat() / bitmap.height
    return Bitmap.createScaledBitmap(
        bitmap,
        BITMAP_FIXED_WIDTH_SIZE,
        (BITMAP_FIXED_WIDTH_SIZE / ratio).toInt(),
        false
    )
```

```
    }

    private fun distance(point1:PointF, point2: PointF): Float {
        return ((point1.x - point2.x).pow(2) + (point1.y - point2.y).pow(2)).pow(0.5f)
    }
}
```

2）编写文件 MovenetLightningTest. kt，功能是使用 Movenet 数据模型识别动作，在数组 EXPECTED_DETECTION_RESULT1 中存储了预期的检测结果，具体实现代码如下。

```
@RunWith(AndroidJUnit4::class)
class MovenetLightningTest {

    companion object {

        private const val TEST_INPUT_IMAGE1 = "image1"
        private val EXPECTED_DETECTION_RESULT1 = mapOf(
            BodyPart.NOSE to PointF(193.0462f, 87.497574f),
            BodyPart.LEFT_EYE to PointF(209.29642f, 75.67456f),
            BodyPart.RIGHT_EYE to PointF(182.6607f, 78.23213f),
            BodyPart.LEFT_EAR to PointF(239.74228f, 88.43133f),
            BodyPart.RIGHT_EAR to PointF(176.84341f, 89.485374f),
            BodyPart.LEFT_SHOULDER to PointF(253.89224f, 162.15315f),
            BodyPart.RIGHT_SHOULDER to PointF(152.12976f, 155.90091f),
            BodyPart.LEFT_ELBOW to PointF(270.097f, 260.88635f),
            BodyPart.RIGHT_ELBOW to PointF(148.23059f, 239.923f),
            BodyPart.LEFT_WRIST to PointF(275.47607f, 335.0756f),
            BodyPart.RIGHT_WRIST to PointF(142.26117f, 311.81918f),
            BodyPart.LEFT_HIP to PointF(238.68332f, 329.58127f),
            BodyPart.RIGHT_HIP to PointF(178.08572f, 331.83063f),
            BodyPart.LEFT_KNEE to PointF(260.20868f, 468.5389f),
            BodyPart.RIGHT_KNEE to PointF(141.22626f, 467.30423f),
            BodyPart.LEFT_ANKLE to PointF(273.98502f, 588.24274f),
            BodyPart.RIGHT_ANKLE to PointF(95.03668f, 597.6913f),
        )

        private const val TEST_INPUT_IMAGE2 = "image2"
        private val EXPECTED_DETECTION_RESULT2 = mapOf(
            BodyPart.NOSE to PointF(185.01096f, 86.7739f),
            BodyPart.LEFT_EYE to PointF(193.2121f, 75.5961f),
            BodyPart.RIGHT_EYE to PointF(172.3854f, 76.547386f),
            BodyPart.LEFT_EAR to PointF(204.05804f, 77.61157f),
            BodyPart.RIGHT_EAR to PointF(156.31363f, 78.961266f),
            BodyPart.LEFT_SHOULDER to PointF(219.9895f, 125.02336f),
            BodyPart.RIGHT_SHOULDER to PointF(144.1854f, 131.37856f),
```

```
        BodyPart.LEFT_ELBOW to PointF(259.59085f, 197.88562f),
        BodyPart.RIGHT_ELBOW to PointF(180.91986f, 214.5548f),
        BodyPart.LEFT_WRIST to PointF(247.00491f, 214.88852f),
        BodyPart.RIGHT_WRIST to PointF(233.76907f, 212.72563f),
        BodyPart.LEFT_HIP to PointF(219.44794f, 289.7696f),
        BodyPart.RIGHT_HIP to PointF(176.40805f, 293.85168f),
        BodyPart.LEFT_KNEE to PointF(206.05576f, 421.18146f),
        BodyPart.RIGHT_KNEE to PointF(173.7746f, 426.6271f),
        BodyPart.LEFT_ANKLE to PointF(188.79883f, 534.07745f),
        BodyPart.RIGHT_ANKLE to PointF(157.41333f, 566.5951f),
            )
    }

    private lateinit var poseDetector: PoseDetector
    private lateinit var appContext: Context

    @Before
    fun setup() {
        appContext = InstrumentationRegistry.getInstrumentation().targetContext
        poseDetector = MoveNet.create(appContext, Device.CPU, ModelType.Lightning)
    }

    @Test
    fun testPoseEstimationResultWithImage1() {
        val input = EvaluationUtils.loadBitmapResourceByName(TEST_INPUT_IMAGE1)

        //由于Movenet使用前一帧的优化检测结果,因此使用同一图像多次运行该帧以改进结果
        poseDetector.estimateSinglePose(input)
        poseDetector.estimateSinglePose(input)
        poseDetector.estimateSinglePose(input)
        val person = poseDetector.estimateSinglePose(input)
        EvaluationUtils.assertPoseDetectionResult(person, EXPECTED_DETECTION_RESULT1)
    }

    @Test
    fun testPoseEstimationResultWithImage2() {
        val input = EvaluationUtils.loadBitmapResourceByName(TEST_INPUT_IMAGE2)

        poseDetector.estimateSinglePose(input)
        poseDetector.estimateSinglePose(input)
        poseDetector.estimateSinglePose(input)
        val person = poseDetector.estimateSinglePose(input)
        EvaluationUtils.assertPoseDetectionResult(person, EXPECTED_DETECTION_RESULT2)
    }
}
```

本项目的识别性能很大程度取决于设备性能以及输出的幅度（热点图和偏移向量）。本项目对于不同尺寸的图片的预测结果是固定的，也就是说，在原始图像和缩小后图像中预测姿势位置是一样的。这也意味着能精确地配置性能消耗。最终的输出幅度决定了缩小后的图片和输入的图片尺寸的相关程度，输出幅度同样影响图层的尺寸和输出的模型。更高的输出幅度决定了需要用更小的网络和输出的图层分辨率，和更小的准确度。

在本实例中，输出幅度可以设置为 8、16 或 32。换句话说，当输出幅度为 32 时会拥有最高性能和最差的可信度；当输出幅度为 8 时则会拥有最高的可信度和最低的性能。本项目给出的建议是 16，更高的输出幅度速度更快，但也会导致更低的可信度。

到此为止，整个工程项目全部开发完毕。单击 Android Studio 顶部的运行按钮运行本项目，在 Android 设备中将会显示执行效果。在屏幕上方会显示摄像头的拍摄界面，在下方会显示视频的识别结果，执行效果如图 9-4 所示。

• 图 9-4　执行效果